U0283453

"十二五"职业教育国家规划教材

经全国职业教育教材审定委员会审定

2011年普通高等教育精品教材

全国高职高专教育土建类专业教学指导委员会规划推荐教材

供 热 工 程

（第三版）

（供热通风与空调工程技术专业适用）

本教材编审委员会组织编写

蒋志良　主编

相里梅琴　汤万龙　副主编

王宇清　主审

中国建筑工业出版社

图书在版编目（CIP）数据

供热工程/蒋志良主编. —3 版. —北京：中国建筑工业出版社，2014.7（2022.12重印）

"十二五"职业教育国家规划教材. 经全国职业教育教材审定委员会审定. 2011 年普通高等教育精品教材. 全国高职高专教育土建类专业教学指导委员会规划推荐教材（供热通风与空调工程技术专业适用）

ISBN 978-7-112-16434-9

I.①供… Ⅱ.①蒋… Ⅲ.①供热系统-高等职业教育-教材 Ⅳ.①TU833

中国版本图书馆 CIP 数据核字（2014）第 030557 号

本书为高等职业技术学院和高等专科学校供热通风与空调工程技术专业《供热工程》课程用教材，并列入普通高等教育"十一五"国家级规划教材。

内容包括供暖和供热管网两大部分，共 11 个教学单元。主要阐述了以热水和蒸汽作为热媒的供暖系统和集中供热系统的常用形式、基本组成；介绍了常用设备构造、工作原理及选用，管路布置与敷设要求，设计计算的基本知识，供热管网水压图及水力工况分析等方面的内容。

本书除可作为高等职业技术学院供热通风与空调工程技术专业用教材外，还可供从事供暖和集中供热工作的工程技术人员参考。

为了更好地支持相应课程的教学，我们向采用本书作为教材的教师提供课件，有需要者可与出版社联系。

建工书院：http：//edu.cabplink.com/index

邮箱：jckj@cabp.com.cn　电话：010-58337285

责任编辑：齐庆梅　朱首明
责任校对：刘梦然　党　蕾

"十二五"职业教育国家规划教材
经全国职业教育教材审定委员会审定
2011 年普通高等教育精品教材
全国高职高专教育土建类专业教学指导委员会规划推荐教材

供 热 工 程
（第三版）

（供热通风与空调工程技术专业适用）
本教材编审委员会组织编写
蒋志良　主编
相里梅琴　汤万龙　副主编
王宇清　主审

*

中国建筑工业出版社出版、发行（北京西郊百万庄）
各地新华书店、建筑书店经销
北京红光制版公司制版
北京建筑工业印刷厂印刷

*

开本：787×1092毫米　1/16　印张：15¾　插页：1　字数：377千字
2015 年 7 月第三版　　2022 年 12 月第二十三次印刷
定价：**30.00** 元（赠教师课件）
ISBN 978-7-112-16434-9
（25123）

本教材编审委员会名单

主　任：贺俊杰

副主任：刘春泽　张　健

委　员：陈思仿　范柳先　孙景芝　刘　玲　蔡可键

　　　　蒋志良　贾永康　王青山　余　宁　白　桦

　　　　杨　婉　吴耀伟　王　丽　马志彪　刘成毅

　　　　程广振　丁春静　胡伯书　尚久明　于　英

　　　　崔吉福

第三版前言

第三版教材是在 2010 年 11 月第二版《供热工程》教材的基础上，根据近几年供热工程方面的新规范、新技术、新工艺和新的研究成果，结合高等职业教育特点、以培养学生职业能力为导向进行修订的。在第二版教材的基础上主要在以下几个方面作了调整和修改：

一、增加供热工程设备、附属设备选择方法的内容和例题

如：增加了根据产品样本进行散热器、热水循环泵和补水泵选择的例题；增加了常用热补偿器选用的例题等。同时增加了一些单一知识点的小型计算。如：单管系统散热器平均温度的计算；双管系统自然循环作用压力的计算；除污器选择的方法介绍和选用；根据建筑面积进行集中供热管网热负荷估算计算等。

二、增加了节能技术措施方面的内容介绍

将供热系统循环泵选用节能、室外热力网的节能、供暖系统的节能等方面的技术措施，融入现有相关章节的内容中。

三、增删或简化部分内容

如：增加供暖系统方案选用的介绍；增加了室内外供热系统的管材、阀门选用的介绍；增加了供暖系统施工图设计时所需原始资料的介绍；简化了围护结构的传热系数的理论计算介绍，增加了直接利用相关技术资料查用各种围护结构实际传热系数的介绍；简化了自然循环热水供暖系统的水力计算，仅介绍方法和步骤；简化了围护结构的最小传热热阻和经济传热热阻的内容等等。

四、按照最新规范对全书内容进行了完善

对全国一些主要城市的室外气象参数进行了修改；对部分表述不太完善的语言、定义等按专业术语进行了调整。修订过程中注重专业理论与工程实际相结合，突出工程技术的应用，努力提高学生分析问题和解决实际工程问题的能力。

第三版全书由苏州大学蒋志良进行修订，并统稿。

在本书修订过程中，得到了原教材编者的大力支持，同时，也得到了广大使用本教材的相关学校任课教师的指正。在此一并向他们表示衷心的感谢。

为方便任课教师制作电子课件，我们制作了包括本书中公式、图表等内容的素材库，可发送邮件至 jiangongshe@163.com 索取。

本书由于以工程实际应用为指导进行修订，理论知识分析比较浅，若有不妥或错误之处，请广大读者批评指正。

第二版前言

第二版教材是在 2005 年 1 月第一版《供热工程》教材的基础上,根据近几年供热工程方面的新材料、新技术、新工艺和新的研究成果,以及课程体系、教学方法手段改革的需要进行修订的。与第一版教材相比,本教材主要在以下几个方面作了调整和修改:

一、调整了部分章节的结构和内容。例如,原第一章供暖室内外空气计算参数的内容,根据教学的需要调整到现教材的第二章中;将原教材第一章经调整后改为绪论,将原教材第三章有关热水供暖系统的内容调整为第一章;原教材的第四章至第十二章,依次调整为第三章至第十一章。

二、增删了部分内容。例如,替换了供暖施工图示例;调整了供暖设计热负荷计算例题;增加了外墙传热系数计算的例题;替换了部分机械循环热水供暖系统管路水力计算例题;增删了部分补偿器的内容;增加了图纸会审的内容等。

三、对全书的文字表述进行了完善。修订了部分表述不太完善的语言;根据供热技术发展的要求对部分设备分类、定义表述等专业语言进行了调整。

四、修改过程中,注意吸收增加新工艺、新技术的应用,注重专业理论与工程实际相结合,突出工程技术的应用,注重学生施工图读识能力的培养,努力提高学生分析问题和解决问题能力。

本书第一章至第六章由南京铁道职业技术学院蒋志良进行修订,第七章至第十一章由徐州建筑职业技术学院相里梅琴进行修订,全书由蒋志良主编统稿。

在本书修订过程中,得到了原教材编者的大力支持,同时,也得到了广大使用本教材的相关学校任课教师的指正。在此一并向他们表示衷心的感谢。

由于水平有限,不妥之处在所难免,请广大读者批评指正。

第一版前言

《供热工程》是供热通风与空调工程技术专业的一门重要课程。本书是为高等职业技术学院和高等专科学校该课程教学编写的教材。

本书主要研究以热水和蒸汽作为热媒的供暖系统和集中供热系统,全书分为十二章。阐述了各种系统的常用形式、基本组成;系统常用设备的构造、工作原理以及选用方法;系统设计方法和计算的基本原理等方面的内容。

本书结构严谨、层次分明,充分体现了近年来在供暖和供热方面的新材料、新技术、新设备和新的研究成果。突出高职特色,以实用为目的,以必需够用为度,力求做到简明扼要、通俗易懂。文字上尽量准确、通畅,注重了理论与实际的结合,加强了实践与应用环节,有利于提高学生的动手能力以及分析问题和解决问题的能力,培养学生的工程实践经验。

该书除可作为高等职业技术学院和高等专科学校供热通风与空调工程技术专业用教材外,还可供从事供暖和集中供热工作的工程技术人员参考。

本书由徐州建筑职业技术学院蒋志良主编,并负责编写了第三、四、六、七章;徐州建筑职业技术学院相里梅琴编写了第一、二、五章,并负责第八至第十二章的统稿;平顶山工学院的王靖编写了第八、九、十一章;新疆建设职业技术学院汤万龙编写了第十、十二章。

本书承蒙黑龙江建筑职业技术学院王宇清主审,她结合自己多年的教学和实践经验,提出了许多宝贵意见,在此谨致诚挚的谢意。在编写中还参考了许多其他相关资料和书籍,在此对这些作者一并表示衷心的感谢。

由于编者水平有限,加上国内、外供热技术和标准的发展与更新很快,书中若有不妥和错误之处,敬请广大读者批评指正。

目　　录

绪　　论

1. 供热工程的研究对象

人们在日常生活和社会生产中都需要大量的热能，如在生活中煮饭、饮水、洗涤、医疗、消毒和供暖等，在生产中拖动、锻压、蒸煮、烘干以及直接或间接加热等。热能工程是将自然界的能源直接或间接地转化成热能，满足人们需要的科学技术。热能工程中，生产、输配和应用中、低品位热能的工程技术称为供热工程。热媒是可以用来输送热能的媒介物，常用的热媒是热水和蒸汽。

供热系统包括热源、供热管网和热用户三个基本组成部分。

（1）热源：主要是指生产和制备一定参数（温度、压力）热媒的锅炉房或热电厂。

（2）供热管网：是指输送热媒的室外供热管路系统。主要解决建筑物外部从热源到热用户之间热能的输配问题，是本课程的主要研究对象。

（3）热用户：是指直接使用或消耗热能的室内供暖、通风空调、热水供应和生产工艺用热系统等。室内供暖系统是冬季消耗热能的大户，也是本课程的主要研究对象。通风空调系统、热水供应系统作为独立课程分别学习，不作为本课程学习的内容。

因此，本课程的研究对象包括室内供暖系统、室外供热管网两大部分内容，通过学习使学生掌握供暖系统和集中供热系统的工作原理、组成及形式；掌握一般热水供暖系统和集中供热系统设计的工作原理、方法和步骤；熟悉蒸汽及辐射供暖系统的基本原理及设计方法；了解常用设备、附件的构造、原理，并掌握选用方法；理解水力工况分析的基本原理和分析方法。

2. 供热技术的发展概况

人类利用热能是从熟食、取暖开始的，后来又将热能应用于生产中，并经过长期的实践，丰富和发展了供热理论。

供热技术的发展，起初是以炉灶为热源的局部供热。19世纪欧洲的产业革命，使供热技术发展到以锅炉为热源、以蒸汽或热水为热媒的集中供热。集中供热方式始于1877年，当时在美国纽约，建成了第一个区域锅炉房向附近十四家热用户供热。到了20世纪初，由于社会化大生产的出现和电力负荷的增多，使供热技术有了新的发展，出现了热电联产，且以热电厂为热源进行区域供热。最近几十年来，区域供热发展很快，能够明显地达到节约能源、改善环境、提高人民生活水平和满足生产用热要求。

我国在供热技术发展中曾对人类做出了杰出的贡献。据有关记载，在夏、商、周时期就有供暖火炉。火炉是我国宫殿中常用的供暖方式，至今在北京故宫和颐和园中还完整地保存着。这些利用烟气供暖的方式，如火炉、火墙和火炕等，目前在我国北方农村还被广泛地使用着。但是在长期的封建社会中，供热技术的发展一直受到束缚，新中国成立前，我国只有极少数的工厂有自备的供热系统，供热事业很落后。

新中国成立后，随着国民经济建设的发展和人民生活水平的不断提高，我国的供暖和集中供热事业得到了迅速的发展。在东北、西北、华北三北地区，许多民用建筑、多数工业企业都装设了集中式供暖设备，居住的舒适性、卫生与环境条件得到很大的改善。

自1959年我国第一座城市热电站——北京东郊热电站投入运行，到改革开放前，我国只有哈尔滨、沈阳等7个城市有集中供热。改革开放后发展迅速，1981年增加到15个城市，到1998年有集中供热设施的城市猛增到286个，供热面积也从1981年的0.225亿 m^2 猛增至1998年的8.7亿 m^2。截至2005年年底，城镇供热面积达25.2056亿 m^2。

在集中供热发展的同时，也面临着许多问题和困难。我国从计划经济向社会主义市场经济全面转轨，城镇集中供热也逐渐从作为职工福利转变为适应市场经济的用热交费制度，现有的供热体制、供热收费制度等已不能适应新时期市场经济条件下供热事业发展的需要。2002年3月，中华人民共和国建设部的城建函〔2002〕49号下发了"关于改革城镇供热体制的通知"（征求意见稿），通知中明确表示，改革单位统包的用热制度，停止福利供热，实行热商品化、货币化；加大建筑节能技术的推广应用和供热设施的改革力度，提高热能利用效率，改善城镇大气环境的质量；加快供热企业改革，引入竞争机制，培育和规范城镇供热市场。更进一步明确了以后供热技术的发展方向。

此外，从20世纪60年代开始，我国已经能够自行设计大、中、小型的成套设备、各种锅炉，设计制造多种铸铁、钢制和铝合金的散热设备。特别是近年来拓宽了国际技术交流的渠道，大量先进技术陆续引进，国内供热技术的开发能力也不断地增强，城镇供热在设计标准、工艺水平和技术性能、自动化程度等方面有了很大的进步。

3. 集中供热的基本概念

供热系统根据热源和供热规模的大小，可分为分散供热和集中供热两种基本形式。所谓分散供热，是指热用户较少、热源和管网规模较小的单体或小范围供热方式。而集中供热是指从一个或多个热源通过管网向城市、镇或其中某些区域热用户供热。它的供热量和范围比小型分散供热大得多，输送距离也长得多。

集中供热由于热效率高、节省燃料，减少了对环境的污染，且机械化程度和自动化程度较高，目前，已成为现代化城镇的重要基础设施之一，城镇公共事业的重要组成部分。

4. 集中供热系统的基本形式

由前述内容已知，集中供热系统由三大部分组成：热源、热力网（管网）和热用户。热源在热能工程中，泛指能从中吸取热量的任何物质、装置或天然能源。目前最广泛应用的是区域锅炉房和热电厂，该热源是使用煤、油、天然气等作为燃料，燃烧产生的热能，将热能传递给水而产生热水或蒸汽。此外也可以利用核能、地热、热泵、电能、工业余热作为集中供热系统的热源。

下面主要介绍区域锅炉房和热电厂供热系统。

以区域锅炉房（内装置热水锅炉或蒸汽锅炉）为热源的供热系统，称为区域锅炉房集中供热系统。

图0-1所示为区域蒸汽锅炉房集中供热系统的示意图。

由蒸汽锅炉1产生的蒸汽，通过蒸汽干管2输送到各热用户，如供暖、通风、热水供应和生产工艺系统等。各室内用热系统的凝结水，经过疏水器3和凝水干管4返回锅炉房的凝结水箱5，再由锅炉给水泵6将给水送进锅炉重新加热。

以热电厂作为热源的供热系统，称为热电厂集中供热系统。由热电厂同时供应电能和

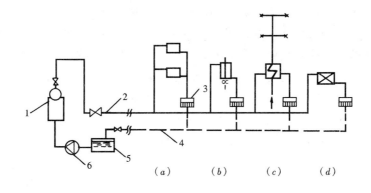

图 0-1　区域蒸汽锅炉房集中供热系统示意图

1—蒸汽锅炉；2—蒸汽干管；3—疏水器；4—凝水干管；5—凝结水箱；6—锅炉给水泵

（a）、（b）、（c）和（d）——室内供暖、通风、热水供应和生产工艺用热系统

热能的能源综合供应方式，称为热电联产。

热电厂内的主要设备之一是供热汽轮机，它驱动发电机产生电能，同时利用做过功的抽（排）汽供热。供热汽轮机的种类很多，下面以在热电厂内安装有两个可调节抽汽口的供热汽轮机为例，简要介绍热电厂供热系统的工作原理。

图 0-2 中蒸汽锅炉 1 产生的过热蒸汽，进入供热汽轮机 2 膨胀做功，驱动发电机 3 产生电能，投入电网向城镇供电。

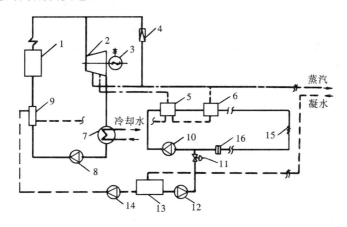

图 0-2　热电厂集中供热系统原则性示意图

1—蒸汽锅炉；2—供热汽轮机；3—发电机；4—减压减温装置；5—基本加热器；6—尖峰加热器；7—冷凝器；

8—凝结水泵；9—回热装置；10—管网循环水泵；11—补给水压力调节器；12—补给水泵；13—水处理装置；

14—给水泵；15—热用户；16—除污器

在汽轮机中当蒸汽膨胀到高压可调抽汽口的压力时（压力可保持在 8～13bar 以内不变），可抽出部分蒸汽向外供热，通常向生产工艺热用户供热。当蒸汽在汽轮机中继续膨胀到低压可调抽汽口压力时（压力保持在 1.2～2.5bar 以内不变），再抽出部分蒸汽，送入热水供热系统的管网水加热器 5 中（通常称为基本加热器，在整个供暖季节都投入运行），将热水管网的回水加热。在室外温度较低，需要加热到更高的供水温度，而基本加热器不能满足要求时，可通过尖（高）峰加热器 6 再将管网水进一步加热。尖峰加热器所需的蒸汽，可由高压抽汽口或从蒸汽锅炉通过减压减温装置 4 获得。高低压可调节抽汽口的抽汽量将根据热用户热负荷的变化而变化，同时调节装置将相应改变进入冷凝器 7 的蒸汽量，以保持所需的发电量不变。蒸汽在冷凝器中被冷却水冷却为凝结水，用凝结水泵 8 送入回热装置 9（由几个换热器和除氧器组成）逐级加热后，再进入蒸汽锅炉重新加热。

由于供热汽轮机是利用作过功的蒸汽向外供热，与凝汽式发电方式相比，大大减少了凝汽器的冷源损失，因而热电厂的热能利用效率远高于凝汽式发电厂。凝汽式发电厂的热效率为 25%～40%，而热电厂的热效率可达 70%～80%。

蒸汽在热用户放热后，凝水返回热电厂水处理装置 13，再通过给水泵 14 送进电厂的回热装置加热。

热水管网的循环水泵 10，驱动管网内的水不断循环而被加热和冷却。通过热水管网的补给水泵 12，补充热水管网的漏水量。利用补给水压力调节器 11，控制热水供热系统的压力。

5. 供暖及供暖期的概念

所谓供暖，就是使室内获得热量并保持一定的室内温度，以达到适宜的生活条件或工作条件的技术。所有供暖系统都由热媒制备（热源）、热媒输送和热媒利用（散热设备）三个主要部分组成。

从开始供暖到结束供暖的期间称为供暖期。《民用建筑供暖通风与空气调节设计规范》GB 50736—2012（以下简称《暖通规范》）规定，设计计算用供暖期天数，应按累年日平均温度稳定低于或等于供暖室外临界温度的总日数确定。对一般民用建筑供暖室外临界温度，宜采用 5℃。各地的供暖期天数及起止日期，可从有关资料中查取。我国幅员辽阔，各地设计计算用供暖期天数不一，东北、华北、西北、新疆、西藏等地区的供暖期均较长，少的也有 100 多天，多的可达 200 天以上。例如北京设计计算用供暖期天数，可达 129 天。设计计算用供暖期，是计算供暖建筑物的能量消耗，进行技术经济分析、比较等的不可缺少的数据，并不指具体某地方的实际供暖期，各地的实际供暖期应由各地主管部门根据实际情况自行确定。

6. 供暖系统分类

（1）根据三个主要组成部分的相互位置关系分类

可分为局部供暖系统和集中供暖系统。热媒制备、热媒输送和热媒利用三个主要组成部分在构造上都在一起的供暖系统，称为局部供暖系统，如烟气供暖（火炉、火墙和火炕等），电热供暖和燃气供暖等。虽然燃气和电能通常由远处输送到室内来，但热量的转化和利用都是在散热设备上实现的。

热源和散热设备分别设置，用热媒管道相连接，由热源向各个房间或各个建筑物供给热量的供暖系统，称为集中式供暖系统。《暖通规范》规定：累年日平均温度稳定低于或等于 5℃的日数大于或等于 90 天的地区，宜设置集中供暖。同时也规定：设置供暖的公共建筑和工业建筑，当其位于严寒地区或寒冷地区，且在非工作时间或中断使用的时间内，为了防止水管及其他用水设备等发生冻结，室内温度必须保持 0℃以上，而利用房间蓄热量不能满足要求时，应按 5℃设置值班供暖。

（2）根据热媒种类不同分类

可分为热水供暖系统、蒸汽供暖系统、热风供暖系统。热水供暖系统的热媒是热水。根据热水在系统中循环流动的动力的不同，热水供暖系统又分为以自然循环压力为动力的自然循环热水供暖系统（重力循环热水供暖系统）、以水泵扬程为动力的机械循环热水供暖系统。

蒸汽供暖系统的热媒是蒸汽。根据蒸汽压力的不同，蒸汽供暖系统可分为低压蒸汽供暖系统（蒸汽压力在 0.05～0.07MPa）和高压蒸汽供暖系统（蒸汽压力在 0.07MPa 以上）。

热风供暖系统以热空气作为热媒，即把空气加热到适当的温度直接送入房间，以满足供暖要求。根据需要和实际情况，可设独立的热风供暖系统或采用通风和空调联合的系统。例如暖风机、热风幕等就是热风供暖的典型设备。

（3）根据散热设备散热方式的不同分类

可分为对流供暖和辐射供暖。以对流换热为主要方式的供暖，称为对流供暖。系统中的散热设备是散热器，因而这种系统也称为散热器供暖系统。利用热空气作为热媒，向室内供给热量的供暖系统，称为热风供暖系统。它也是以对流方式向室内供热。辐射供暖是以辐射传热为主的一种供暖方式。辐射供暖系统的散热设备，主要采用金属辐射板或以建筑物部分顶棚、地板或墙壁作为辐射散热面。

7. 供热工程发展面临的主要问题及建筑节能

（1）供热工程发展面临的主要问题，一是节能减排，不但要研发供热领域的新技术和新设备，同时要加强新建筑的保温和既有建筑节能改造，降低单位供暖面积的能耗；二是采用绿色能源。如太阳能、风能、地热能、余热综合利用、热泵供热技术应用等；三是提高供热系统运行管理水平。包括管理人员素质和管理技术水平的提升，以在满足供热要求下，减少燃料、电、水的耗量，实现节能减排。

（2）建筑节能

建筑节能是供暖系统节能的前提和基础。要通过对建筑的节能设计和既有建筑节能改造，降低建筑的能耗，使其达到规范所规定的建筑物耗热指标。

建筑节能设计时，主要是要校核建筑物的体形系数、窗墙面积比是否符合节能标准要求，通过采用高效保温节能的墙体，改善窗户的保温性能和气密性等方法和手段实现建筑节能的目的。

思 考 题 与 习 题

1. 什么是热能工程？什么是供热工程？

2. 供热工程的研究对象主要有哪些？

3. 我国供热技术的发展概况如何？

4. 什么是集中供热？什么是分散供热？集中供热有什么特点？

5. 集中供热系统有几种基本形式？

6. 什么叫供暖？什么叫供暖期？设计计算用供暖期天数是怎样规定的？

7. 供暖系统如何分类？

8. 供热工程发展面临的主要问题是什么？

教学单元 1   热 水 供 暖 系 统

供暖系统根据热媒的不同，可分为热水供暖系统、蒸汽供暖系统、热风供暖系统。由于热水供暖系统的热能利用率较高，输送时无效损失较小，散热设备不易腐蚀，使用周期长，且散热设备表面温度低，符合卫生要求，系统操作方便，运行安全，易于实现供水温度的集中调节，系统蓄热能力高，散热均衡，适于远距离输送。因此，《暖通规范》规定，民用建筑应采用热水供暖系统。

热水供暖系统按循环动力的不同，可分为自然循环和机械循环系统。目前应用最广泛的是机械循环热水供暖系统。

本章将主要介绍自然循环和机械循环低温热水供暖系统的形式和管路的布置。

1.1   自然循环热水供暖系统

1.1.1   自然循环热水供暖系统的工作原理

图 1-1 为自然循环热水供暖系统的工作原理图。图中假设整个系统有一个加热中心（锅炉）和一个冷却中心（散热器），用供、回水管路把散热器和锅炉连接起来。在系统的最高处连接一个膨胀水箱，用来容纳水受热膨胀而增加的体积。

运行前，先将系统内充满水，水在锅炉中被加热后，密度减小，水向上浮升，经供水管道流入散热器。在散热器内热水被冷却，密度增加，水再沿回水管道返回锅炉。

在水的循环流动过程中，供水和回水由于温度差的存在，产生了密度差，系统就是靠供回水的密度差作为循环动力的。这种系统称为自然（重力）循环热水供暖系统。分析该系统循环作用压力时，忽略水在管路中流动时管壁散热产生的水冷却。认为水温只是在锅炉和散热器处发生变化。

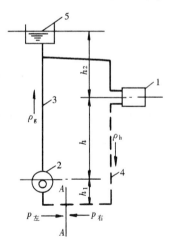

图 1-1   自然循环热水
供暖系统工作原理图

1—散热器；2—热水锅炉；3—供水管路；4—回水管路；5—膨胀水箱

假想回水管路的最低点断面 A—A 处有一阀门，若阀门突然关闭，A—A 断面两侧会受到不同的水柱压力，两侧的水柱压力差就是推动水在系统中循环流动的自然循环作用压力。

A—A 断面两侧的水柱压力分别为

$$p_左 = g(h_1\rho_h + h\rho_g + h_2\rho_g)$$
$$p_右 = g(h_1\rho_h + h\rho_h + h_2\rho_g)$$

系统的循环作用压力为

$$\Delta p = p_{右} - p_{左} = gh(\rho_h - \rho_g) \tag{1-1}$$

式中　Δp——自然循环系统的作用压力，Pa；

g——重力加速度，m/s²；

h——加热中心至冷却中心的垂直距离，m；

ρ_h——回水密度，kg/m³；

ρ_g——供水密度，kg/m³。

从式（1-1）中可以看出，自然循环作用压力的大小与供、回水的密度差和锅炉中心与散热器中心的垂直距离有关。低温热水供暖系统，供回水温度一定（95/70℃）时，为了提高系统的循环作用压力，应尽量增大锅炉与散热设备之间的垂直距离。但自然循环系统的作用压力都不大，作用半径一般不超过 50 m。

1.1.2　自然循环热水供暖系统的形式及作用压力

1. 自然循环热水供暖系统的形式

图 1-2 中（a）、（b）是自然循环热水供暖系统的两种主要形式。上供下回式系统的供水干管敷设在所有散热器之上，回水干管敷设在所有散热器之下。

无论是自然循环还是机械循环热水供暖系统，都应考虑系统充水时，如果未能将空气完全排尽，随着水温的升高或水在流动中压力的降低，水中溶解的空气会逐渐析出，空气会在管道的某些高点处形成气塞，阻碍水的循环流动。空气如果积存于散热器中，散热器就会不热。另外，氧气还会加剧管路系统的腐蚀。所以，热水供暖系统应考虑如何排除空气。自然循环上供下回式热水供暖系统可通过设在供水总立管最上部的膨胀水箱排空气。

在自然循环系统中，水的循环作用压力较小，流速较低，水平干管中水的流速小于 0.2m/s，而干管中空气气泡的浮升速度为 0.1 ~ 0.2m/s。立管中约为 0.25m/s，一般超过了水的流动速度，因此空气能够逆着水流方向向高处聚集，通过膨胀水箱排除。

自然循环上供下回式热水供暖系统的供水干管应顺水流方向设下降坡度，坡度值为 0.005~0.01。散热器支管也应沿水流方向设下降坡度，坡度值为不小于 0.01，以便空气能逆着水流方向上升，聚集到供水干管最高处设置的膨胀水箱排除。

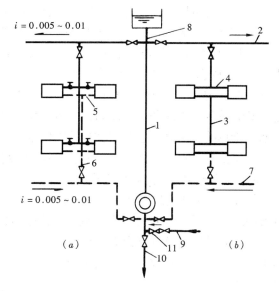

图 1-2　自然循环供暖系统

（a）双管上供下回式系统；（b）单管上供下回式系统

1—总立管；2—供水干管；3—供水立管；4—散热器供水支管；5—散热器回水支管；6—回水立管；7—回水干管；8—膨胀水箱连接管；9—充水管（接上水管）；10—泄水管（接下水道）；11—止回阀

回水干管应该有向锅炉方向下降的坡度，以便于系统停止运行或检修时能通过回水干管顺利泄水。

2. 自然循环双管系统作用压力

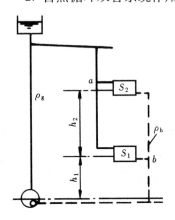

图 1-3 双管上供下回式系统原理图

图 1-3 是双管上供下回式系统，其特点是：各层散热器都并联在供、回水立管上，热水直接经供水干管、立管进入各层散热器，冷却后的回水，经回水立管、干管直接流回锅炉，如果不考虑水在管道中的冷却，则进入各层散热器的水温相同。

图中散热器 S_1 和 S_2 并联，热水在 a 点分配进入各层散热器，在散热器内冷却后，在 b 点汇合返回热源。该系统有两个冷却中心 S_1 和 S_2，它们与热源、供回水干管形成了两个并联的循环环路 aS_1b 和 aS_2b。

通过底层散热器 aS_1b 环路的作用压力是

$$\Delta p_1 = gh_1(\rho_h - \rho_g) \tag{1-2}$$

通过上层散热器 aS_2b 环路的作用压力是

$$\Delta p_2 = g(h_1 + h_2)(\rho_h - \rho_g) = \Delta p_1 + gh_2(\rho_h - \rho_g) \tag{1-3}$$

从上二式可以看出，通过上层散热器环路的作用压力比下层环路的大。

在双管自然循环系统中，虽然各层散热器的进出水温相同（忽略水在管路中的沿途冷却），但由于各层散热器到锅炉之间的垂直距离不同，就形成了上层散热器环路作用压力大于下层散热器环路的作用压力。如果选用不同管径仍不能使上下各层阻力平衡，流量就会分配不均匀，必然会出现上层过热，下层过冷的垂直失调问题。楼层越多，垂直失调问题就越严重。所以，进行双管系统的水力计算时，必须考虑各层散热器的自然循环作用压力差。

多层建筑为避免垂直失调，多采用单管系统。

3. 自然循环单管系统作用压力

图 1-4 是单管上供下回式系统示意图。单管系统的特点是：热水送入立管后，由上向下顺序流过各层散热器，水温逐层降低，各组散热器串联在立管上。每根立管（包括立管上各层散热器）与锅炉、供回水干管形成一个循环环路，各立管环路是并联关系。

图中散热器 S_1 和 S_2 串联在立管上，该立管循环环路的作用压力为

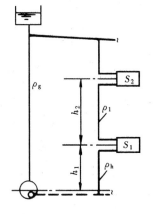

图 1-4 单管上供下回式系统原理图

$$\Delta p = g(h_1\rho_h + h_2\rho_1 - h_1\rho_g - h_2\rho_g) = gh_1(\rho_h - \rho_g) + gh_2(\rho_1 - \rho_g) \tag{1-4}$$

同理，当立管上串联几组散热器时，其循环作用压力的通式可写成

$$\Delta p = \sum_{i=1}^{n} gh_i(\rho_i - \rho_g) \tag{1-5}$$

式中　n——在循环环路中，冷却中心的总数；

　　　h_i——相邻两组散热器间的垂直距离，m，当 $i=1$，也就是计算的是沿水流方向最后一组散热器时，h_1 表示底层散热器与锅炉之间的垂直距离；

　　　ρ_i——水流出所计算散热器的密度，kg/m³；

8

ρ_g，ρ_h——供暖系统的供回水密度，kg/m^3。

式中的 ρ_i 可根据各散热器之间管路内的水温 t_i 确定（可参见附录 1-1），t_i 的确定方法将在散热器的选择计算中详细介绍。

应注意，前面计算自然循环系统的作用压力时，只考虑水温在锅炉和散热器中发生变化，忽略了水在管路中的沿途冷却。但实际上，水的温度和密度沿途是不断变化的，散热器的实际进水温度比上述假设的情况下的水温低，这会增加系统的循环作用压力。

自然循环系统的作用压力一般不大，所以水在管路内冷却产生的附加压力不应忽略，计算自然循环系统的综合作用压力时，应首先在假设条件下确定自然循环作用压力，再增加一个考虑水沿途冷却产生的附加压力，即

$$\Delta p_{zh} = \Delta p + \Delta p_f \qquad (1-6)$$

式中　Δp_{zh}——自然循环系统的综合作用压力，Pa；

Δp——自然循环系统只考虑水在散热器内冷却产生的作用压力，Pa；

Δp_f——水在管路中冷却产生的附加压力，Pa。

附加压力 Δp_f 的大小可根据管道的布置情况、楼层高度、所计算的散热器与锅炉之间的水平距离查附录 1-2 确定。

自然循环热水供暖系统结构简单，操作方便，运行时无噪声，不需要消耗电能。但它的作用半径小，系统所需管径大，初投资较高。当循环系统作用半径较大时，应考虑采用机械循环热水供暖系统。

1.2　机械循环热水供暖系统

1.2.1　机械循环热水供暖系统的工作原理

机械循环热水供暖系统设置了循环水泵，为水循环提供动力。这虽然增加了运行管理费用和电耗，但系统循环作用压力大，管径较小，系统的作用半径会显著提高。

图 1-5 为机械循环上供下回式系统，系统中设置了循环水泵、膨胀水箱、集气罐和散热器等设备。现比较机械循环系统与自然循环系统的主要区别：

（1）循环动力不同。机械循环系统靠水泵提供动力，强制水在系统中循环流动。循环水泵一般设在锅炉入口前的回水干管上，该处水温最低，可避免水泵出现气蚀现象。

（2）膨胀水箱的连接点和作用不同。机械循环系统膨胀水箱设置在系统的最高处，水箱下部接出的膨胀管连接在循环水泵入口前的回水干管上。其作用除了容纳水受热膨胀而增加的体积外，还能恒定水泵入口压力，保证供暖系统压力稳定。

机械循环系统不能像自然循环系统那样将水箱的膨胀管接在供水总立管的最高处。这里我们

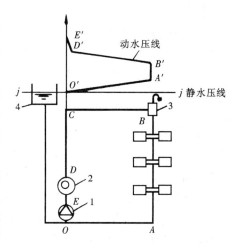

图 1-5　机械循环热水供暖系统

1—循环水泵；2—热水锅炉；3—集气装置；
4—膨胀水箱

需要分析一下膨胀水箱连接点与系统压力分布的关系。

图 1-5 所示的机械循环热水供暖系统中，膨胀水箱与系统连接点为 O。系统充满水后，水泵不工作，系统静止时，环路中各点的测压管水头 $z+\dfrac{\rho}{\gamma}$ 均相等。因膨胀水箱是开式高位水箱，所以环路中各点的测压管水头线是过膨胀水箱水面的一条水平线，即静水压线 $j-j$。

水泵运行后，系统中各点的水头将发生变化，水泵出口处总水头 H_E 最大。因克服沿途的流动阻力，水流到水泵入口处时水头 H_o 最小。循环水泵的扬程 H_E-H_o 是用来克服水在管路中流动时的流动阻力的。$E'-D'-B'-A'-O'$ 是系统运行时的动水压线。

如果系统严密不漏水，且忽略水温的变化，则环路中水的总体积将保持不变。运行时，开式膨胀水箱与系统连接点 O 点的压力与静止时相同，即 $H_o=H_j$。将 O 点称为定压点或恒压点。

定压点 O 设在循环水泵入口处，既能限制水泵吸水管路的压力降，避免水泵出现气蚀现象，又能使循环水泵的扬程作用在循环管路和散热设备中，保证有足够的压力克服流动阻力使水在系统中循环流动。这可以保证系统中各点的压力稳定，使系统压力分布更合理。膨胀水箱是一种最简单的定压设备。

机械循环系统，如果像自然循环系统那样，将膨胀水箱接在供水总立管上，如图 1-6。此时定压点在图中 O 点处，定压点 O 处的静水压力（即 h_j 段水柱高度）较小，h_j 段水柱压力将用来克服管路系统中的流动阻力。因机械循环系统水流速度大，压力损失也较大，当供水干管较长，定压点压力 h_j 只够克服 OF 段阻力时，在 FD 段将产生负压，空气会从不严密处吸入。如果在 D 点装设集气罐或自动放气阀，此处不仅不能排除空气，反而会吸入空气。若该处压力低于水在供水温度下的饱和压力，水就会汽化。这种错误的连接在运行中还会造成膨胀水箱经常满水和溢流，甚至导致系统抽空排空，不能正常工作。

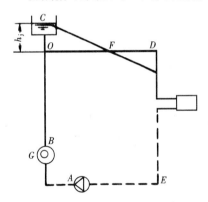

图 1-6　膨胀水箱与系统的不正确接法

因此，机械循环热水供暖系统绝不能把膨胀水箱连接在供水总立管上。

（3）排气方式不同。机械循环系统中水流速度较大，一般都超过水中分离出的空气泡的浮升速度，易将空气泡带入立管引起气塞。所以机械循环上供下回式系统水平敷设的供水干管应沿水流方向设上升坡度。在供水干管末端最高点处设置集气罐，以便空气能顺利地和水流同方向流动，集中到集气罐处排除。

回水干管也应采用沿水流方向下降的坡度，以便于泄水。

1.2.2　机械循环热水供暖系统的形式

1. 按供回水干管布置的方式分类

供暖工程中，按供回水干管布置的方式不同，热水供暖系统可分为图 1-7 所示的上供下回式、上供上回式、下供下回式和下供上回式。另外，还有中供式系统。

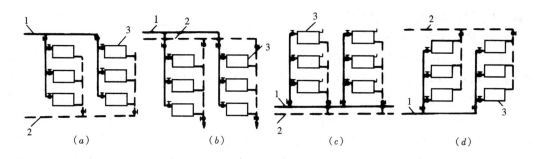

图 1-7　按供回水方式分类的供暖系统

(a) 上供下回式；(b) 上供上回式；(c) 下供下回式；(d) 下供上回式

1—供水干管；2—回水干管；3—散热器

（1）上供下回式系统（图 1-7a）的供回水干管分别设置于系统最上面和最下面，布置管道方便，排气顺畅。这种系统是用得最多的系统形式。

（2）上供上回式系统（图 1-7b）的供回水干管均位于系统最上面。供暖干管不与地面设备及其他管道发生占地矛盾。但立管消耗管材量增加，立管下面均要设放水阀。主要用于设备和工艺管道较多的、沿地面布置干管发生困难的工厂车间。

（3）下供下回式系统（图 1-7c）的供回水干管均位于系统最下面。与上供下回式相比，供水干管无效热损失小、可减轻上供下回式双管系统的垂直失调（沿垂直方向各房间的室内温度偏离设计工况称为垂直失调）。因为上层散热器环路重力作用压头大，但管路亦长，阻力损失大，有利于水力平衡。顶棚下无干管比较美观，可以分层施工，分期投入使用。底层需要设管沟或有地下室以便于布置两根干管，要在顶层散热器设放气阀或设空气管排除空气。

（4）下供上回式系统（图 1-7d）的供水干管在系统最下面，回水干管在系统最上面。如供水干管在一层地面明设时其热量可加以利用，因而无效热损失小，与上供下回式相比，底层散热器平均温度升高，从而减少底层散热器面积，有利于解决某些建筑物中一层散热器面积过大，难于布置的问题。立管中水流方向与空气浮升方向一致，在四种系统形式中最有利于排气。当热媒为高温水时，底层散热器供水温度高，回水静压力也大，有利于防止水的汽化。

（5）中供式系统。如图 1-8 所示。它是供水干管位于中间某楼层的系统形式。供水干管将系统垂直方向分为两部分。上半部分系统可为下供下回式系统（如图 1-8a 的上半部分）或上供下回式系统（如图 1-8b 的下半部分），而下半部分系统均为上供下回式系统。中供式系统可减轻垂直

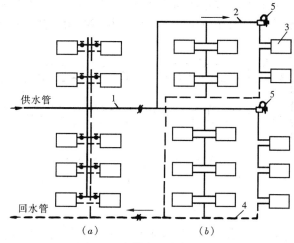

图 1-8　中供式热水供暖系统

1—中部供水管；2—上部供水管；

3—散热器；4—回水干管；5—集气罐

11

失调，但计算和调节都比较麻烦。

2. 按散热器的连接方式分类

按散热器的连接方式将热水供暖系统分为垂直式与水平式系统（图1-9）。垂直式供暖系统是指不同楼层的各散热器用垂直立管连接的系统（图1-9a）；水平式供暖系统是指同一楼层的散热器用水平管线连接的系统（图1-9b）。垂直式供暖系统中一根立管可以在一侧（如图1-9a右边立管）或两侧连接散热器（图1-9a左边立管），将垂直式系统中向多个立管供给或汇集热媒的管道称为供水干管或回水干管。水平式系统中的管道3与4与垂直式系统中的立管与干管不同，称为水平式系统供水立管和水平式系统回水立管，水平式系统中向多根垂直布置的供水立管分配热媒或从多根垂直布置的回水立管回收热媒的管道也称为供水干管或回水干管（图1-9b）。

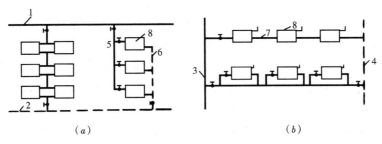

（a）　　　　　　　　　　（b）

图1-9　垂直式与水平式供暖系统

（a）垂直式；（b）水平式

1—供水干管；2—回水干管；3—水平式系统供水立管；4—水平式系统回水立管；

5—供水立管；6—回水立管；7—水平支路管道；8—散热器

水平式系统如图1-9（b）所示，可用于公用建筑楼堂馆所等建筑物。用于住宅时便于设计成分户热计量的系统。该系统大直径的干管少，穿楼板的管道少，有利加快施工进度。室内无立管比较美观。设有膨胀水箱时，水箱的标高可以降低。便于分层控制和调节。用于公用建筑如水平管线过长时容易因胀缩引起漏水。为此要在散热器两侧设乙字弯，每隔几组散热器加乙字弯管补偿器或方形补偿器，水平顺流式系统中串联散热器组数不宜太多。可在散热器上设放气阀或多组散热器用串联空气管来排气，如图1-10所示。

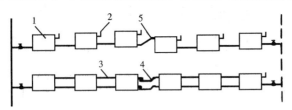

图1-10　水平式系统的排气及热补偿措施

1—散热器；2—放气阀；3—空气管；4—方形补偿器；

5—乙字弯管补偿器

3. 按连接散热器的管道数量分类

按连接相关散热器的管道数量将热水供暖系统分为单管系统与双管系统（图1-11）。单管系统是用一根管道将多组散热器依次串联起来的系统，双管系统是用两根管道将多组散热器相互并联起来的系统。多个散热器与其关联管一起形成供暖系统的基本组合体。如所关联的散热器位于不同的楼层，则基本组合体形成垂直单管；如所关联的散热器位于同一楼层，则基本组合体形成水平单管。图1-11（a）表示垂直单管的基本组合体，其左边为单管顺流式，右边为单管跨越管式；图1-11（b）为垂直双管基本组合体；图1-11（c）为水平单管组合体，其上图为水平顺流式，下图为水平跨越管式；图 1-11（d）为水平双管组合体。多个基本组合体形成系统。单管系统节省管材，造价低，施工进度快；顺流单管系统不能调节单个散热器的散热量；跨越管式单管系统采取多用管材（跨越管）、设置散热器支管阀门和增大散热器的代价换取散热量在一定程度上的可调性；单管系统的水力稳定性比双管系统好。如采用上供下回式单管系统，往往底层散热器较大，有时造成散热器布置困难。双管系统可单个调节散热器的散热量，管材耗量大、施工麻烦、造价高，易产生垂直失调。

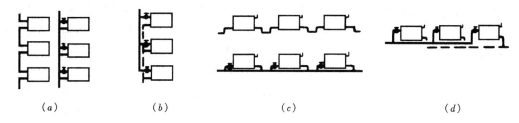

（a） （b） （c） （d）

图 1-11 单管系统与双管系统的基本组合体
（a）垂直单管；（b）垂直双管；（c）水平单管；（d）水平双管

4. 按并联环路水的流程分类

按各并联环路水的流程，可将供暖系统划分为同程式系统与异程式系统（图 1-12）。热媒沿各基本组合体流程相同的系统，即各环路管路总长度基本相等的系统称同程式系统（图 1-12a）。图（1-12a）中立管①离供水最近，离回水最远；立管④离供水最远，离回水最近；通过①～④各立管环路供、回水干管路径长度基本相同。热媒沿各基本组合体流程不同的系统为异程式系统（图 1-12b）。系统中第①基本组合体供、回水干管均短，第④基本组合体供、回水干管都长。通过①～④各部分环路供、回水管路的长度都不同。

水力计算时同程式系统各环路易于平衡，水平失调（沿水平方向各房间的室内温度偏离设计工况叫水平失调）较轻，布置管道合理时耗费管材不多。系统底层干管明设有困难时要置于管沟内。异程式系统节省管材，降低投资。但由于流动阻力不易平衡，常导致离

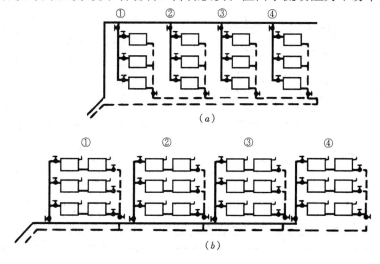

（a）

（b）

图 1-12 同程式系统与异程式系统
（a）同程式系统；（b）异程式系统

热力入口近处立管的流量大于设计值，远处立管的流量小于设计值的现象。要力求从设计上采取措施解决远近环路的不平衡问题。如减小干管阻力，增大立支管路阻力，在立支管路上采用性能好的调节阀等。一般把从热力入口到最远基本组合体（如图 1-12 中的基本组合体④）水平干管的展开长度称为供暖系统的作用半径。机械循环系统作用压力大，因此允许阻力损失大，系统的作用半径大。作用半径较大的系统宜采用同程式系统。

1.2.3 高层建筑热水供暖系统

高层建筑楼层多，供暖系统底层散热器承受的压力加大，供暖系统的高度增加，更容易产生垂直失调。在确定高层建筑热水供暖系统与集中管网相连的系统形式时，不仅要满足本系统最高点不倒空、不汽化，底层散热器不超压的要求，还要考虑该高层建筑供暖系统连到集中管网后，不会导致其他建筑物供暖散热器超压。高层建筑供暖系统的形式还应有利于减轻垂直失调。在遵照上述原则的条件下，高层建筑热水供暖系统可有多种形式。

1. 分区式高层建筑热水供暖系统

分区式高层建筑热水供暖系统是将系统沿垂直方向分成两个或两个以上独立系统的形式，即将系统分为高、低区或高、中、低区，其分界线取决于集中管网的压力工况、建筑物总层数和所选散热器的承压能力等条件。低区可与集中管网直接或间接连接。高区部分可根据外网的压力选择下述形式。分区式系统可同时解决系统下部散热器超压和系统易产生垂直失调的问题。

（1）高区采用间接连接的系统

高区供暖系统与管网间接连接的分区式供暖系统，如图 1-13 所示，向高区供热的换热站可设在该建筑物的底层、地下室及中间技术层内，还可设在室外的集中热力站内。室外管网在用户处提供的资用压力较大、供水温度较高时可采用高区间接连接的系统。

（2）高区采用双水箱或单水箱的系统

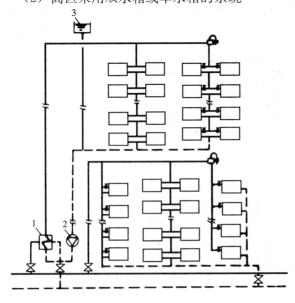

图 1-13　高层建筑分区式供暖系统（高区间接连接）
1—换热器；2—循环水泵；3—膨胀水箱

高区采用双水箱或单水箱的系统如图 1-14 所示。在高区设两个水箱，用泵 1 将供水注入供水箱 3，依靠供水箱 3 与回水箱 2 之间的水位高差（如图 1-14a 中的 h）或利用系统最高点的压力（图 1-14b），作为高区供暖的循环动力。系统停止运行时，利用水泵出口止回阀使高区与外网供水管断开，高区高静水压力传递不到底层散热器及外网的其他用户。由于回水竖管 6 的管内水高度取决于外网回水管的压力大小，回水箱高度超过了用户所在外网回水管的压力。竖管 6 上部为非满管流，起到了将系统高区与外网分离的作用。室外管网在用户处提供的资用压力较小、供水温度较低时可采用这种系统。该系统简单，省去了设置换热站的费用。但建筑物高区要有放置水箱的地方，建筑结构要承受其荷载。水箱为开式，系统容易进空气，增大了氧化腐蚀的可能。

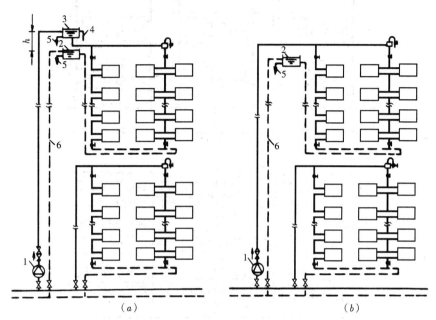

图 1-14　高区双水箱或单水箱高层建筑热水供暖系统

(*a*) 高区双水箱；(*b*) 高区单水箱

1—加压水泵；2—回水箱；3—进水箱；4—供水箱溢流管；5—信号管；6—回水箱溢流管

此外，还有不在高区设水箱，在供水总管上设加压泵，回水总管上安装减压阀的分区式系统和高区采用下供上回式系统，回水总管上设"排气断流装置"代替水箱的分区式系统。

2. 双线式供暖系统

双线式供暖系统只能减轻系统失调，不能解决系统下部散热器超压的问题。分为垂直双线和水平双线系统（图 1-15）。

（1）垂直双线热水供暖系统

图 1-15（*a*）为垂直双线热水供暖系统，图中虚线框表示出立管上设置于同一楼层一个房间中的散热器，按热媒流动方向每一个立管由上升和下降两部分构成。各层散热器的平均温度近似相同，减轻了垂直失调。立管阻力增加，提高了系统的水力稳定性。适用于公用建筑一个房间设置两组散热器或两块辐射板的情形。

（2）水平双线热水供暖系统

图 1-15（*b*）为水平双线热水供暖系统，图中虚线框表示出水平支管上设置于同一房间的散热器，与垂直双线系统类似。各房间散热器平均温度近似相同，减轻水平失调，在每层水平支线上设调节阀 7 和节流孔板 6，实现分层调节和减轻垂直失调。

3. 单双管混合式系统

图 1-16 为单双管混合式系统。该系统中将散热器沿垂向分成组，每组为双管系统，组与组之间采用单管连接。利用了双管系统散热器可局部调节和单管系统可提高系统水力稳定性的优点，减轻了双管系统层数多时，重力作用压头引起的垂直失调严重的倾向。但

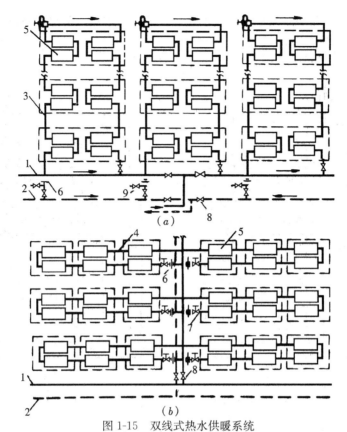

图 1-15　双线式热水供暖系统

(a) 垂直双线系统；(b) 水平双线系统

1—供水干管；2—回水干管；3—双线立管；4—双线水平管；5—散热设备；6—节流孔板；
7—调节阀；8—截止阀；9—排水阀

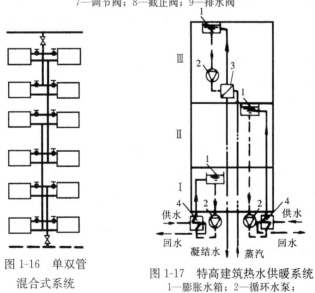

图 1-16　单双管
混合式系统

图 1-17　特高建筑热水供暖系统

1—膨胀水箱；2—循环水泵；
3—汽-水换热器；4—水-水换热器

不能解决系统下部散热器超压的问题。

4. 热水和蒸汽混合式系统

对特高层建筑（例如全高大于 160m 的建筑），最高层的水静压力已超过一般的管路附件和设备的承压能力（一般为 1.6MPa）。可将建筑物沿垂直方向分成若干个区，高区利用蒸汽做热媒向位于最高区的汽水换热器供给蒸汽。低区采用热水作为热媒，根据集中管网的压力和温度决定采用直接连接或间接连接。该系统见图 1-17，该图中低区采用间接连接。这种系统既可解决系统下部散热器超压的问题，又可减轻垂直失调。

1.2.4 供暖热媒及供暖系统形式选择

1. 供暖热媒及参数选择

采用热水作为热媒，不仅对供暖质量有明显的提高，而且便于进行调节。因此，明确规定散热器供暖系统应采用热水作为热媒。

散热器集中供暖系统宜按热媒温度为 75/50℃ 连续供暖进行设计，且供水温度不宜大于 85℃，供回水温差不宜小于 20℃。研究表明：对采用散热器的集中供热系统，当二次网设计参数取 75/50℃ 时，供热系统的年运行费用最低，其次是取 85/60℃ 时。

2. 系统形式选择

居住建筑室内供暖系统的形式宜采用垂直双管系统或共用立管的分户独立循环双管系统，也可采用垂直单管跨越式系统；公共建筑供暖系统宜采用双管系统或跨越式单管系统。双管系统可实现变流量调节，有利于节能，因此室内供暖系统主要推荐采用双管系统。

既有建筑的室内垂直单管顺流式系统应改成垂直双管系统或垂直单管跨越式系统，不宜改造为分户独立循环系统。

垂直单管跨越式系统的垂直层数不宜超过 6 层，水平单管跨越式系统的散热器组数不宜超过 6 组。

1.3 热水供暖系统管道布置及附件设置

1.3.1 管道布置的基本原则

布置热水供暖系统管道时，必须要考虑建筑物的具体条件（如平面形状和构造尺寸等）、系统连接形式、管道水力计算方法、室外管道位置或运行等情况，恰当地确定散热设备的位置、管道的位置和走向、支架的布置、伸缩器和阀门的设置、排气和泄水措施等。

管路布置的基本原则是使系统构造简单，节省管材，各个并联环路压力损失易于平衡，便于调节热媒流量、排气、泄水，便于系统安装和检修，以提高系统使用质量，改善系统运行功能，保证系统正常工作。

设计热水供暖系统时一般先布置散热设备，然后布置干管，再布置立支管。对于系统各个组成部分的布置，既要逐一进行，又要全面考虑，即布置散热设备时要考虑到干管、立支管、膨胀水箱、排气装置、泄水装置、伸缩器、阀门和支架等的布置，布置干管和立支管时也要考虑到散热设备等附件的布置。

1.3.2 环路划分

室内供暖系统引入口的设置，应根据热源和室外管道的位置，并且还应考虑有利于系统的环路划分。

环路划分一是将整个系统划分成几个并联的、相对独立的小系统。二是要合理划分，使热量分配均衡，各并联环路阻力易于平衡，便于控制和调节系统。条件许可时，建筑物供暖系统南北向房间宜分环设置。

下面是几种常见的环路划分方法。

图 1-18 为无分支环路的同程式系统。它适用于小型系统或引入口的位置不易平分成

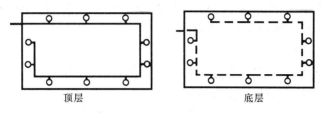

图 1-18 无分支环路的同程式系统

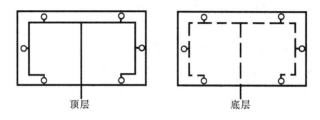

图 1-19 两个分支环路的异程式系统

对称热负荷的系统中。图 1-19 为两个分支环路的异程式系统，图 1-20 为两个分支环路的同程式系统。同程式与异程式相比，异程式中间增设了一条回水管和地沟，同程式两大分环路的阻力容易平衡，故多被采用。

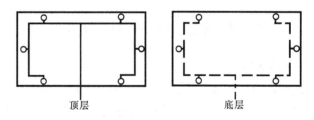

图 1-20 两个分支环路的同程式系统

1.3.3 管路敷设要求

室内供暖系统管道应尽量明设，以便于维护管理和节省造价，有特殊要求或影响室内整洁美观时，才考虑暗设。敷设时应考虑：

（1）上供下回式系统的顶层梁下和窗顶之间的距离应满足供水干管的坡度和集气罐的设置要求。集气罐应尽量设在有排水设施的房间，以便于排气。

回水干管如果敷设在地面上，底层散热器下部和地面之间的距离也应满足回水干管敷设坡度的要求。如果地面上不允许敷设或净空高度不够时，应设在半通行地沟或不通行地沟内。

供暖系统水平管道的敷设应有一定的坡度，坡向应有利于排气和泄水。供回水支、干管的坡度宜采用 0.003，不得小于 0.002；立管与散热器连接的支管，坡度不得小于 0.01；当受条件限制时，供回水干管（包括水平单管串联系统的散热器连接管）无法保持必要的坡度时，局部可无坡敷设，但该管道内的水流速不得小于 0.25m/s；对于汽水逆向

流动的蒸汽管，坡度不得小于 0.005。

（2）管路敷设时应尽量避免出现局部向上凹凸现象，以免形成气塞。在局部高点处，应考虑设置排气装置。局部最低点处，应考虑设置排水阀。

（3）回水干管过门时，如果下部设过门地沟或上部设空气管，应设置泄水和排空装置。具体做法见图 1-21 和图 1-22。

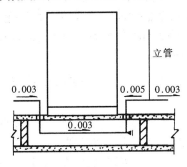

图 1-21　回水干管下部过门

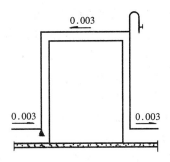

图 1-22　回水干管上部过门

两种做法中均设置了一段反坡向的管道，目的是为了顺利排除系统中的空气。

（4）立管应尽量设置在外墙角处，以补偿该处过多的热损失，防止该处结露。楼梯间或其他有冻结危险的场所，应单独设置立管或支管，该立管上各组散热器的支管均不得安装阀门。

（5）散热器的供、回水支管应考虑避免散热器上部积存空气或下部放水时放不净，应沿水流方向设下降的坡度。如图 1-23，坡度不得小于 0.01。

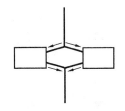

图 1-23　散热器
支管的坡向

（6）穿过建筑物基础、变形缝的供暖管道，以及埋设在建筑结构里的立管，应采取防止由于建筑物下沉而损坏管道的措施。

当供暖管道必须穿越防火墙时，应预埋钢套管，并在穿墙处一侧设置固定支架，管道与套管之间的空隙应采用耐火材料封堵；供暖管道不得与输送蒸汽燃点低于或等于 120℃ 的可燃液体或可燃、腐蚀性气体的管道在同一条管沟内平行或交叉敷设。

（7）供暖管道在管沟或沿墙、柱、楼板敷设时，应根据设计、施工与验收规范的要求，每隔一定间距设置管卡或支、吊架。为了消除管道受热变形产生的热应力，应尽量利用管道上的自然转角进行热伸长的补偿，当不能满足要求时，应设补偿器，适当位置设固定支架。

（8）供暖管道应按施工与验收规范要求作防腐处理。敷设在管沟、管井技术夹层、闷顶及顶棚内等导致无益热损失较大的空间或易冻结地方的管道，应采取保温措施。

（9）供暖系统供水、供汽干管的末端和回水干管始端的管径，不宜小于 $DN20mm$。低压蒸汽的供汽干管可适当放大。

1.3.4　管材选用及附件设置

1. 管材选用

供暖管道的材质应根据其工作温度、工作压力、使用寿命、施工与环保性能等因素，经综合考虑和技术经济比较后确定，其质量应符合国家现行有关产品标准的规定。

一般来说，室内外供暖干管一般应选用焊接钢管、镀锌钢管或热镀锌钢管，室内明装支、立管一般应选用镀锌钢管、热镀锌钢管、外敷铝或不锈钢管保护层的 PB 管道等，散热器供暖系统的室内埋地暗装供暖管道一般应选用耐温较高的聚丁烯（PB）管、交联聚乙烯（PEX）管等化学管道或铝塑复合管（XPAP），地面辐射供暖系统的室内埋地暗装供暖管道一般应选用耐热聚乙烯（PE-RT）管、无规共聚聚丙烯（PP-R）管等化学管道。另外，铜管也是一种适用于低温热水地面辐射供暖系统的有色金属加热管道，具有导热系数高、阻氧性能好、易于弯曲且符合绿色环保要求的特点。

供暖管道的连接根据不同的管材，可采用螺纹连接、焊接、热熔连接和法兰连接等。

2. 供暖系统附件设置

集中供热系统中应在建筑物热力入口处的供水、回水管道上应分别设置关断阀、温度计、压力表、过滤器及旁通阀，并应在回水管道上设置静态水力平衡阀。

供暖系统的各并联环路，应设置关闭和调节装置。当有冻结危险时，立管或支管上的阀门至干管的距离不应大于 120mm；

供水立管的始端和回水立管的末端均应设置阀门，回水立管上还应设置排污、泄水装置；共用立管分户独立循环供暖系统，应在连接共用立管的进户供回支管上设置关闭阀。

根据供暖系统中不同的需要，应选择具备相应功能的阀门。用于维修时关闭用的阀门，应选择低阻力阀，如闸阀、双偏心半球阀或球阀等；需要承担调节功能的阀门，应选择用高阻力阀，如截止阀、静态水力平衡阀、调节阀等。

集中供热的新建建筑和既有建筑的节能改造必须设置热量计量装置，并具备室温调控功能。用于热量结算的热量计量装置必须采用热量表。热量表的设置和安装要符合有关规范规定。

1.4 分户热计量供暖系统

为便于分户按实际耗热量计费、节约能源和满足用户对供暖系统多方面的功能要求，同时对建筑结构和供暖设计提出了新的要求。分户热计量系统应便于分户管理及分户分室控制、调节供热量。现有建筑中多采用垂直式系统，一个用户由多个立管供热。在每一个散热器支管上安装热表来计量耗热量，不仅使系统复杂、造价昂贵，而且管理麻烦，因此不可能广泛采用。只能在改造时采取一些措施（如单管顺流式系统加跨越管、散热器支管加恒温阀等）节能和改善供暖效果。也有在每个散热器表面贴蒸发式热量计进行热量分配的，但读数、计算工作量大，影响计数的因素多，目前得不到广泛采用。本节主要介绍分户水平式系统及放射式系统。分户热计量供暖系统的共同点是在每一户管路的起止点安装关断阀和在起止点其中之一处安装调节阀，规范规定新建住宅热水集中供暖系统必须设置分户热计量和室温控制装置。流量计或热表装在用户出口管道上时，水温低，有利于延长其使用寿命，但失水率将增加。因此，热表一般装在用户入口管道上。

1.4.1 户内供暖系统形式

1. 分户水平单管系统

分户水平单管系统如图 1-24 所示。与以往采用的水平式系统的主要区别在于：

（1）水平支路长度限于一个住户之内；

（2）能够分户计量和调节供热量；

（3）可分室改变供热量，满足不同的室温要求。

分户水平单管系统可采用水平顺流式（图1-24a）、散热器同侧接管的跨越式（图1-24b）和异侧接管的跨越式（图1-24c）。其中图1-24（a）在水平支路上设关闭阀、调节阀和热表，可实现分户调节和分户计量，不能分室改变供热量，只能在对分户水平式系统的供热性

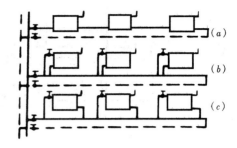

图1-24　分户热计量水平单管系统
(a) 顺流式；(b) 同侧接管跨越式；
(c) 异侧接管跨越式

能和质量要求不高的情况下应用。图1-24（b）和图1-24（c）除了可在水平支路上安装关闭阀、调节阀和热表之外，还可在各散热器支管上安装调节阀或温控阀实现分房间控制和调节室内空气温度。因此上述三种系统中，图1-24（b）、图1-24（c）的性能优于图1-24（a）。

水平单管系统比水平双管系统布置管道方便，节省管材，水力稳定性好。应解决好排气问题，如果户型较小，又不宜采用DN15的管子时，水平管中的流速有可能小于气泡的浮升速度，可调整管道坡度，采用气水逆向流动，利用散热器聚气、排气，防止形成气塞。可在散热器上方安装放气阀或利用串联空气管排气。

2. 分户水平双管系统

分户水平双管系统如图1-25所示。该系统一个住户内的各散热器并联，在每组散热器上装调节阀或恒温阀，以便分室控制和调节室内空气温度。水平供水管和回水管可采用图1-25所示的多种方案布置。

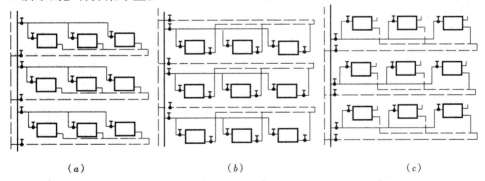

(a) 　　　　　　　　　(b) 　　　　　　　　　(c)

图1-25　分户水平双管系统

两管分别位于每层散热器的上、下方（图1-25a）；两管全部位于每层散热器的上方（图1-25b）；两管全部位于每层散热器的下方（图1-25c）。该系统的水力稳定性不如单管系统，耗费管材。图1-26所示的分户水平单、双管系统兼有上述分户水平单管和双管系统的优缺点，可用于面积较大的户型以及跃层式建筑。

3. 分户水平放射式系统

水平放射式系统在每户的供热管道入口设小型分水器和集水器，各散热器并联（图1-27）。从分水器4引出的散热器支管呈辐射状埋地敷设（因此又称为"章鱼式"）至各个

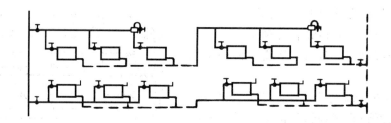

图 1-26　分户水平单、双管系统

散热器。散热量可单体调节。为了计量各用户供热量，入户管有热表 1。为了调节各室用热量，通往各散热器 2 的支管上应有调节阀 5，每组散热器入口处也可装温控阀。为了排气，散热器上方安装排气阀 3。

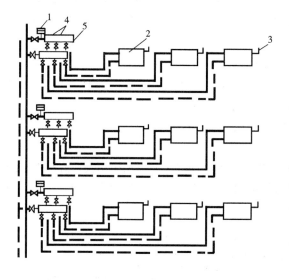

图 1-27　分户水平放射式供暖系统示意图

1—热表；2—散热器；3—放气阀；
4—分、集水器；5—调节阀

1.4.2　管道布置及用户系统的热力入口

1. 管道布置

每户的关断阀及向各楼层、各住户供给热媒的供回水立管（总立管）及入口装置，宜设于管道井内。管道井宜设在公共的楼梯间或户外公共空间，管道井有检查门，便于供热管理部门在住户外启闭各户水平支路上的阀门、调节住户的流量、抄表和计量供热量。户内供暖系统宜采用单管水平跨越式、双管水平并联式、上供下回式等。通常建筑物的一个单元设一组供回水立管，多个单元的供回水干管可设在室内或室外管沟中。干管可采用同程式或异程式，单元数较多时宜用同程式。为了防止铸铁散热器铸造型砂以及其他污物积聚、堵塞热表、温控阀等部件，分户式供暖系统宜用不残留型砂的铸铁散热器或其他材质的散热器，系统投入运行前应进行冲洗。

户内供暖系统管道的布置，条件许可时宜暗埋布置。但是暗埋管道不应有接头，且暗埋管道宜外加塑料套管。

2. 用户系统的热力入口

分户热计量热水集中供暖系统，应在建筑物热力入口处设置热量表、差压或流量调节装置、除污器或过滤器等，入口装置宜设在管道井内。为了保护热量表及散热器恒温阀不被堵塞，过滤器应设置在热量表前面。另外，考虑到我国供暖收费难的现状，从便于管理和控制的角度，在供水管上应安装锁闭阀，以便需要时采取强制性措施关闭用户的供暖系统。热力入口的具体设置方式如图 1-28 所示。

计量供热系统户外管道一般采用金属管材，而户内管道常采取塑料管材，因此必然涉

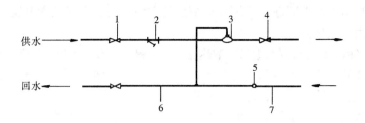

图 1-28 典型户内系统热力入口示意图

1—锁闭调节阀；2—过滤器；3—热量表；4—截止阀；

5—钢塑直通连接件；6—热镀锌钢管；7—塑料管

及一个连接问题。目前，常用做法是将
二者用钢塑连接件相连，常见连接方式
与分界设置见图 1-29。

3. 管材的选用

由于户内系统形式的变化，与传统的
供暖系统不同，计量供热系统户内普遍采
用塑料管材，以便于水平管暗装敷设。布
置在地面下垫层内的管道，不论采用何种
配管方式，都要求管道有较长的使用寿
命、较小的垫层厚度和较为简便的安装方
法，并避免在垫层内有连接管件，因此，
不宜采用钢管，只能采用塑料类管材。

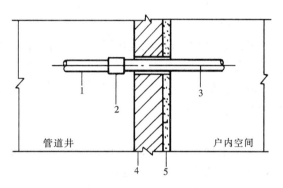

图 1-29 管道安装材质变化的分界示意图

1—分户支管（热镀锌钢管）；2—钢塑直通连接件；

3—塑料管；4—分户墙；5—分户墙饰面

1.5 供暖系统施工图

1.5.1 供暖系统设计主要原始资料

1. 建筑施工图。包括平面图、剖面图、立面图、结构详图及施工说明；同时，还要
有建筑外墙结构或热工指标、屋面结构或热工指标、门窗大小及使用材料结构等建筑
资料。

2. 建筑物所处位置及周边情况、整体建筑物及各房间用途等。

3. 气象资料。供热地区的风向、风速、日照率、供暖室外计算温度等。

4. 供热管网的介质种类及参数等资料。

5. 散热设备及附件选用产品样本等资料。

当建筑所在地没有相关气象资料时，要按有关规定收集气象资料；也可参照相近城市
的气象资料。

1.5.2 供暖系统施工图组成及内容

供暖系统施工图由平面图、系统（轴测）图、详图、设计施工说明、目录、图例和设
备、材料明细表等组成。

1. 平面图

平面图是利用正投影原理，采用水平全剖的方法，表示出建筑物各层供暖管道与设备的平面布置。内容包括：

（1）房间名称、立管位置及编号、散热器安装位置、类型、片数（长度）及安装方式；

（2）引入口的位置，供、回水总管的走向、位置及采用的标准图号（或详图号）；

（3）干、立、支管的位置、走向、管径；

（4）膨胀水箱、集气罐等设备的位置、型号及其与管道的连接情况；

（5）补偿器型号、位置，固定支架的安装位置与型号；

（6）室内管沟（包括过门地沟）的位置和主要尺寸，活动盖板的设置位置等。

平面图一般包括标准层平面图、顶层平面图、底层平面图。

平面图常用的比例有 1：50、1：100、1：200 等。

2．轴测图

又称系统图，是表示供暖系统的空间布置情况、散热器与管道空间连接形式，设备、管道附件等空间关系的立体图。标有立管编号、管道标高、各管段管径、水平干管的坡度、散热器的片数（长度）及集气罐、膨胀水箱、阀件的位置、型号规格等。可了解供暖系统的全貌。比例与平面图相同。

3．详图

详图表示供暖系统节点与设备的详细构造及安装尺寸要求。平面图和系统图中表示不清，又无法用文字说明的地方，如引入口装置、膨胀水箱的构造与管、管沟断面、保温结构等可用详图表示。如果选用的是国家标准图集，可给出标准图号，不出详图。常用的比例是 1：10、1：50。

4．设计、施工说明

说明设计图纸无法表示的问题，如热源情况、供暖设计热负荷、设计意图及系统形式、进出口压力差，散热器的种类、形式及安装要求，管道的敷设方式、防腐保温、水压试验要求，施工中需要参照的有关专业施工图号或采用的标准图号等。

1.5.3　供暖施工图示例

为更好地了解供暖施工图的组成及主要内容，掌握绘制施工图的方法与技巧，并读懂供暖施工图，现举例加以说明。

1．3 层办公楼供暖施工图（图 1-30～图 1-33）

该供暖施工图包括一层供暖平面图，二、三层供暖平面图和供暖系统图。比例均为 1：100。该系统采用机械循环上供下回双管热水供暖系统，供回水温度 95/70℃。看图时，平面图与系统图要对照来看，从供水管入口开始，沿水流方向，按供水干、立、支管顺序到散热器，再由散热器开始，按回水支管、立管、干管顺序到出口。

供暖引入口设于该办公楼东侧管沟内，供水干管沿管沟进入东面外墙内侧楼梯间（管沟尺寸为 1.0m×1.2m），向上升至 10.05m 高度处分为南北两个环路，干管布置在顶层楼板下面，末端设集气罐。整个系统布置成异程式，热媒沿各立管通过散热器散热，流入位于管沟内的回水干管，最后汇集在一起，通过引出管流出。

系统每个立管上、下端各安装一个闸阀，每组散热器入口装一个截止阀。散热器采用高频焊翅片管式，长度已标注在各层平面图中，明装。

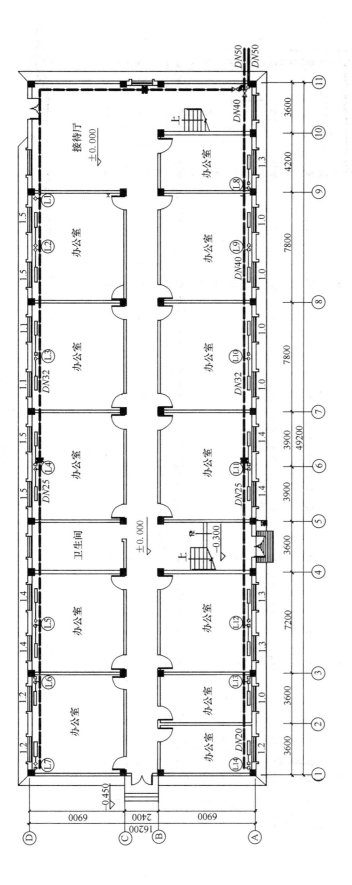

图 1-30 一层供暖平面图 1∶100

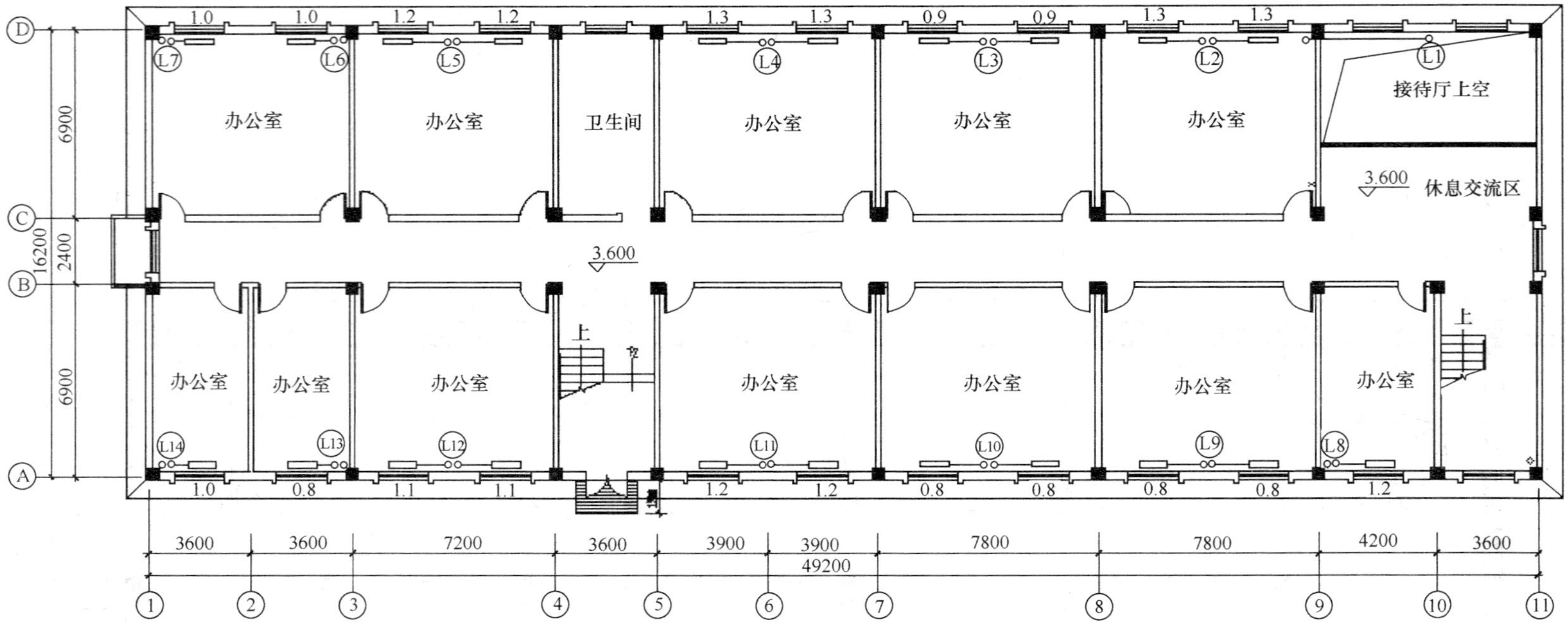

图 1-31 二层供暖平面图 1:100

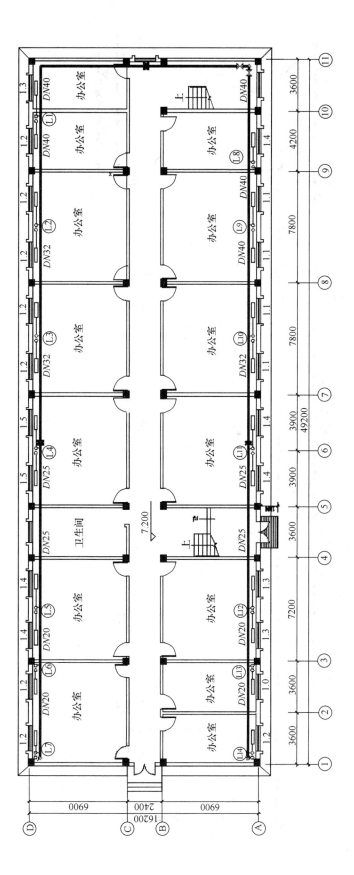

图 1-32 三层供暖平面图 1 : 100

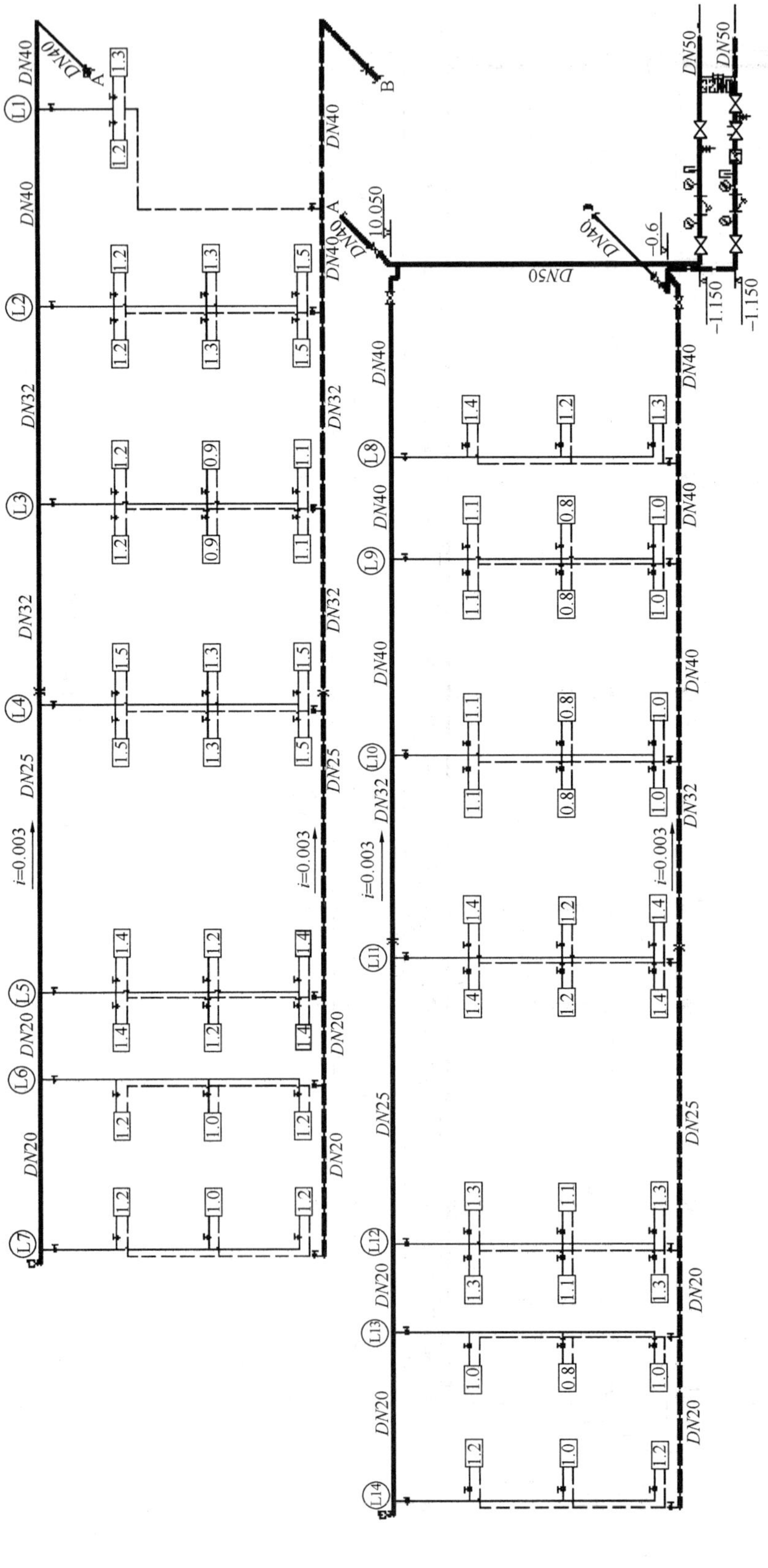

图 1-33　供暖系统图

2. 住宅分户计量供暖施工图（图 1-34～图 1-38）

该图是一 6 层砖混住宅供暖施工图，热媒由小区热交换站提供，供回水温度为 80/60℃。入户供暖引入口设在单元北侧管沟内（管沟尺寸为 1.0m×0.7m），供回水干管沿管沟布置，一直到管井。供回水主立管沿着管井向上，顶端设自动排气阀各一个。各层户内系统从主立管接出，一户一表，热量表、过滤器、阀门均设在楼梯间管井内，每户为一独立供暖系统。户内供暖系统为下供下回双管系统，供回水管均采用管径为 20×2.8PP-R 无规共聚聚丙烯管，埋设在各层楼板后浇层预留管槽内。每个散热量入口安装温控阀。

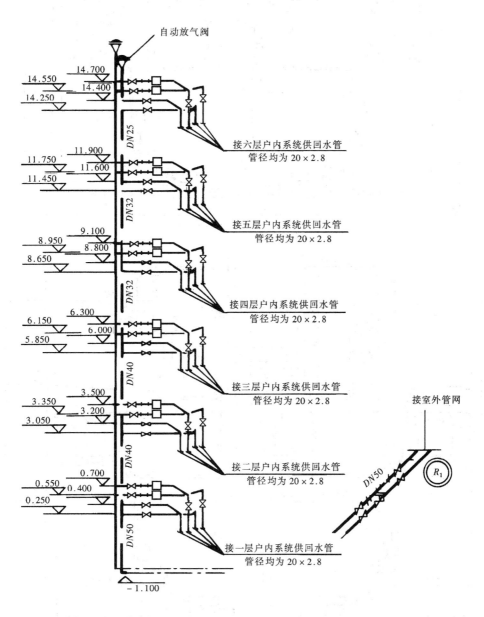

图 1-34　供暖系统干管投影图

29

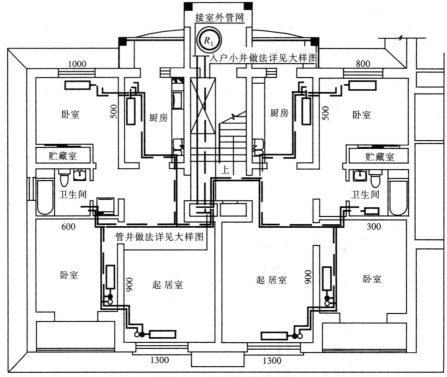

图 1-35　底层供暖平面图

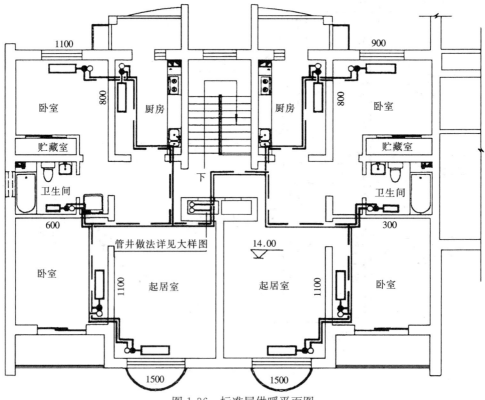

图 1-36　标准层供暖平面图

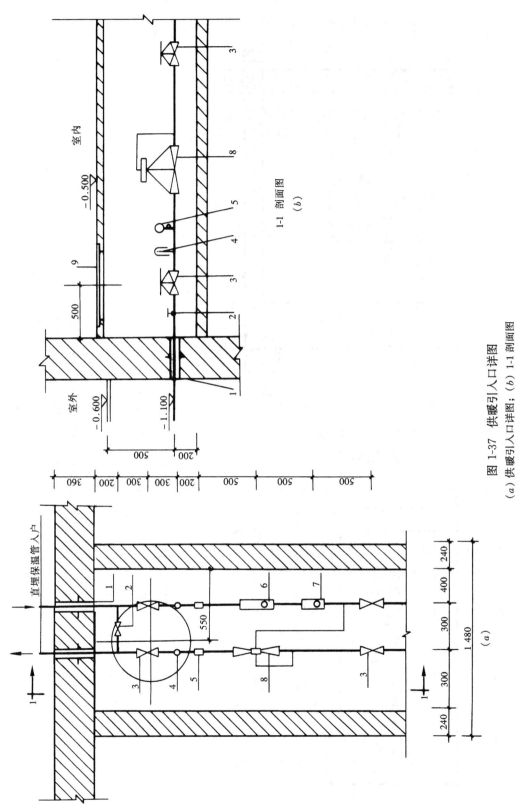

图 1-37 供暖引入口详图

(a) 供暖引入口详图；(b) 1-1 剖面图

1—刚性防水套管；2—截止阀；3—球阀；4—温度计；5—压力表；6—过滤器 ($\phi = 3mm$)；7—过滤器 (40 目)；8—压差控制阀；9—人孔

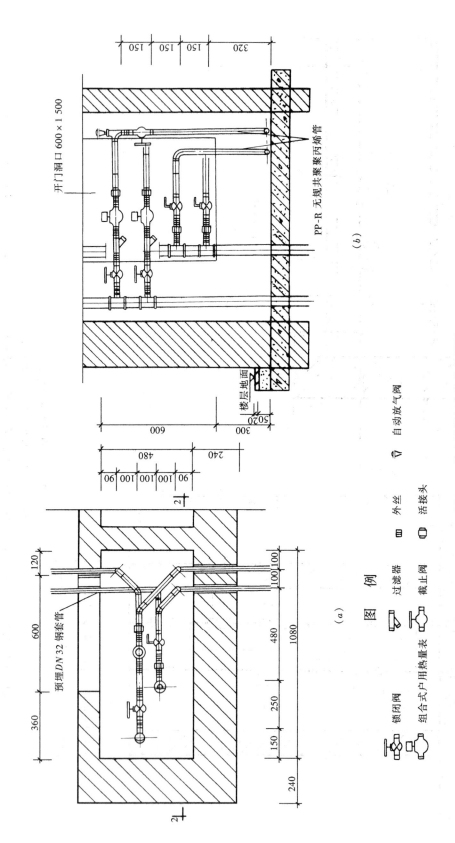

图 1-38 热表及阀门安装管井详图

(a) 热表及阀门安装管井详图；(b) 2-2 剖面图

图　例

思 考 题 与 习 题

1. 什么是自然循环供暖系统？什么是机械循环供暖系统？

2. 简述自然循环供暖系统、机械循环供暖系统的工作原理。试比较两者的不同之处。

3. 自然循环单管供暖系统、双管供暖系统的循环作用压力如何计算？

4. 单管系统、双管系统形式各有什么特点？

5. 常见的自然循环供暖系统、机械循环供暖系统形式有哪些？各有什么特点？

6. 什么是同程式供暖系统和异程式供暖系统？

7. 什么是垂直失调、水平失调？为何产生？

8. 室内供暖系统的管路布置原则有哪些？热力引入口如何布置？

9. 热水供暖系统管路如何布置？

10. 分户计量供暖系统常见形式有哪些？各有什么特点？适用于什么场合？

11. 供暖系统施工图包括哪些内容？如何读懂施工图？

教学单元 2 供暖系统设计热负荷

供暖系统设计热负荷是供暖设计中最基本的数据。它直接影响供暖系统方案的选择、供暖管道管径和散热器等设备的确定，关系到供暖系统的使用和经济效果。

2.1 供暖系统设计热负荷

2.1.1 供暖系统设计热负荷

人们为了保证正常的生产和生活，要求室内保证一定的温度。一个建筑物或房间可有各种得热和散失热量的途径。当建筑物或房间的失热量大于得热量时，为了保持室内在要求温度下的热平衡，需要由供暖通风系统补给热量，以保证室内要求的温度。供暖系统通常利用散热器向房间散热，通风系统送入高于室内要求温度的空气，这样，一方面向房间不断地补充新鲜空气，另一方面也为房间提供热量。

供暖系统的热负荷是指在某一室外温度 t'_wn 下，为了达到要求的室内温度 t_n，供暖系统在单位时间内向建筑物供给的热量。它随着建筑物得失热量的变化而变化。

供暖系统的设计热负荷是指在设计室外温度 t_wn 下，为了达到要求的室内温度 t_n，供暖系统在单位时间内向建筑物供给的热量。它是设计供暖系统的最基本依据。

2.1.2 建筑物散失和获得热量

建筑物散失和获得热量包括以下几项：

1. 围护结构的耗热量；
2. 加热由外门、窗缝隙渗入室内的冷空气耗热量，称冷风渗透耗热量；
3. 加热由开启时经外门进入室内的冷空气耗热量，称冷风侵入耗热量；
4. 通风耗热量。
5. 此外，还会有通过其他途径散失或获得的热量。如，从外部运入的冷热物料散热或吸热、工艺设备散热、太阳辐射进入室内的热量等。

2.1.3 确定热负荷的基本原则

冬季供暖通风系统的热负荷，应根据建筑物或房间散失和获得的热量确定。集中供热系统的施工图设计时，必须对每个房间进行热负荷计算。

对于没有由于生产工艺所带来得失热量而需设置通风系统的建筑物或房间（如一般的民用住宅建筑、办公楼等），失热量只考虑上述的前三项耗热量。得热量只考虑太阳辐射进入室内的热量。至于住宅中其他途径的得热量，如人体散热量、炊事和照明散热量，一般散发量不大，且不稳定，通常可不予计入。

对没有装置机械通风系统的建筑物，围护结构的耗热量是指当室内温度高于室外温度时，通过围护结构向外传递的热量。在工程设计中，计算供暖系统的设计热负荷时，常把它分成围护结构的基本耗热量和附加（修正）耗热量两部分进行计算。基本耗热量是指在设计条件下，通过房间各部分围护结构（门、窗、墙、地板、屋顶等）从室内传到室外的稳定传热量的总和。附加（修正）耗热量是指围护结构的传热状况发生变化而对基本耗热量进行修正的耗热量。附加（修正）耗热量包括朝向修正、风力附加、高度附加和外门附加等耗热量。

计算围护结构附加（修正）耗热量时，太阳辐射得热量可采用对基本耗热量附加（减）的方法列入，而风力和高度影响用增加一部分基本耗热量的方法进行附加。本章主要阐述供暖系统设计热负荷的计算原则和方法。对具有供暖及通风系统的建筑（如工业厂房和公共建筑等），供暖及通风系统的设计热负荷，需要根据生产工艺设备使用或建筑物的使用情况，通过得失热量的热平衡和通风的空气量平衡综合考虑才能确定。

2.2 围护结构的基本耗热量

在工程设计中，围护结构的基本耗热量是按一维稳定传热过程进行计算的，实际上，室内散热设备散热不稳定，室外空气温度随季节和昼夜变化不断波动，这是一个不稳定传热过程。但不稳定传热计算复杂，所以对室内温度容许有一定波动幅度的一般建筑物来说，采用稳定传热计算可以简化计算方法并能基本满足要求。但对于室内温度要求严格，温度波动幅度要求很小的建筑物或房间，就需采用不稳定传热原理进行围护结构耗热量计算，具体计算参考有关资料。

2.2.1 围护结构的基本耗热量

$$Q = \alpha K F(t_n - t_{wn}) \tag{2-1}$$

式中　Q——围护结构的基本耗热量，W；

　　　K——围护结构的传热系数，W/(m^2·℃)；

　　　F——围护结构的传热面积，m^2；

　　　t_n——供暖室内计算温度，℃；

　　　t_{wn}——供暖室外计算温度，℃；

　　　α——围护结构的温差修正系数。

整个建筑物或房间围护结构的基本耗热量等于它的围护结构各部分基本耗热量的总和。

2.2.2 供暖室内计算温度 t_n

室内计算温度是指距地面 2m 以内人们活动地区的平均空气温度。室内空气温度的选择，应满足人们生活和生产工艺的要求。生产工艺要求的室温，一般由工艺设计人员提出。生活用房间的温度，主要决定于人体的生理热平衡，它和许多因素有关，如与房间的用途、室内的潮湿状况和散热强度、劳动强度以及生活习惯、生活水平等有关。

许多国家所规定的冬季室内温度标准，大致在 16～22℃ 范围内。根据国内有关卫生部门的研究结果认为：当人体衣着适宜，保暖量充分且处于安静状况时，室内温度 20℃ 比较舒适，18℃ 无冷感，15℃ 是产生明显冷感的温度界限。

《暖通规范》中规定，设计供暖系统时，冬季室内设计温度应按下列规定采用：

（1）寒冷地区和严寒地区主要房间应采用 18～24℃；

（2）夏热冬冷地区主要房间冬宜采用 16～22℃；

（3）设置值班供暖房间不应低于5℃；

（4）辐射供暖室内设计温度宜降低2℃；

实际工程中，供暖室内设计温度要根据建筑物及房间的用途、工作地点劳动强度等情况，选取室内设计温度值。

考虑到不同供暖地区居民生活习惯的不同，《暖通规范》中分别对寒冷、严寒地区和夏热冬冷地区的冬季室内计算温度进行了规定。当工艺或使用条件有特殊要求时，各类建筑物的室内温度可按照国家现行有关专业标准、规范执行。

对于高度较高的生产厂房，由于对流作用，上部空气温度必然高于工作地区温度，通过上部围护结构的传热量增加。因此，当层高超过 4m 的工业建筑，冬季室内计算温度 t_n，尚应符合下列规定：

1）计算地面的耗热量时，应采用工作地点的温度，t_g（℃）；

2）计算屋顶和天窗耗热量时，应采用屋顶下的温度，t_d（℃）；

3）计算门、窗和墙的耗热量时，应采用室内平均温度。

室内平均温度，应按下式计算：

$$t_{np} = \frac{t_d + t_g}{2} \tag{2-2}$$

式中　t_{np}——室内平均温度，℃；

　　　t_d——屋顶下的温度，℃；

　　　t_g——工作地点的温度，℃。

屋顶下的空气温度 t_d 受诸多因素影响，难以用理论方法确定。最好是按已有的类似厂房进行实测确定，或按经验数值用温度梯度法确定。即

$$t_d = t_g + \Delta t_H (H - 2) \tag{2-3}$$

式中　H——屋顶距地面的高度，m；

　　　Δt_H——温度梯度，℃/m。

对于散热量小于 23W/m³ 的工业建筑，当其温度梯度值不能确定时，可用工作地点的温度计算围护结构耗热量，但应按后面讲述的高度附加的方法进行修正，增大计算耗热量。

2.2.3　供暖室外计算温度 t_{wn}

供暖室外计算温度 t_{wn} 如何确定，对供暖系统设计有关键性的影响。如采用过低的 t_{wn} 值，在供暖运行期的绝大部分时间里，使设备能力富裕过多，造成浪费；如采用值过高，则在较长时间内不能保证供暖效果。因此，正确的确定和合理的采用供暖室外计算温度是一个技术与经济统一的问题。

目前国内外选定供暖室外计算温度的方法，可以归纳为两种：一是根据围护结构的热惰性原理，另一种是根据不保证天数的原则来确定。

苏联建筑法规规定各个城市的供暖室外计算温度是按考虑围护结构热惰性原理来确定的。它规定供暖室外计算温度要按 50 年中最冷的八个冬季里最冷的连续 5 天的日平均温度的平均值确定。通过围护结构热惰性原理分析得出：在采用 $2\frac{1}{2}$ 砖实心墙的情况下，即使昼夜间室外温度波幅为 ±18℃，外墙内表面的温度波幅也不会超过 ±1℃，对人的舒适

感不产生影响。根据热惰性原理确定供暖室外计算温度，规定值是比较低的。

采用不保证天数方法的原则是：人为允许有几天时间可以低于规定的供暖室外计算温度值，亦即容许这几天室内温度可能稍低于室内计算温度 t_n 值。不保证天数根据各国规定而有所不同，有规定 1 天、3 天、5 天等。

我国结合国情和气候特点以及建筑物的热工情况等，制定了以日平均温度为统计基础，按照历年室外实际出现的较低的日平均温度低于室外计算温度的时间，平均每年不超过 5 天的原则，确定供暖室外计算温度的方法。实践证明，只要供热情况有保障，即采取连续供暖或间歇时间不长的运行制度，对于一般建筑物来说，就不会因采用这样的室外计算温度而影响供暖效果。《暖通规范》规定："供暖室外计算温度，应采用历年平均不保证5 天的日平均温度"。室外计算参数的统计年份宜取 30 年。不足 30 年者，也可按实有年份采用，但不得少于 10 年。山区的室外气象参数应根据就地的调查、实测并与地理和气候条件相似的邻近台站的气象资料进行比较确定。我国一些主要城市的供暖室外计算温度 t_{wn} 值，见附录 2-1。其他地区的供暖室外计算温度可查有关资料。

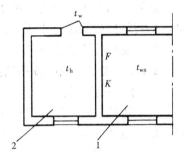

图 2-1　计算温差修正系数的示意图
1—供暖房间；2—非供暖房间

2.2.4　温差修正系数 α 值

对供暖房间围护结构外侧不是与室外空气直接接触，而中间隔着不供暖房间或空间的场合（图 2-1），通过该围护结构的传热量应为 $Q=KF(t_n-t_h)$，式中 t_h 是传热达到热平衡时，非供暖房间的室内空气温度。

为了简化计算，引入围护结构的温差修正系数。

即
$$Q = \alpha K F(t_n - t_{wn}) = K F(t_n - t_h) \tag{2-4}$$

$$\alpha = \frac{t_n - t_h}{t_n - t_{wn}} \tag{2-5}$$

式中　F——供暖房间所计算的围护结构传热面积，m^2；

K——供暖房间所计算的围护结构的传热系数，$W/(m^2 \cdot \text{℃})$；

t_h——不供暖房间或空间的空气温度，℃；

α——围护结构温差修正系数。

围护结构温差修正系数 α 值的大小，取决于非供暖房间或空间的保温性能和透气状况。对于保温性能差和易于室外空气流通的情况，不供暖房间或空间的空气温度 t_h 更接近于室外空气温度，则 α 值更接近于 1。围护结构的温差修正系数见表 2-1。

温　差　修　正　系　数 α　　　　　　　　　　　　　　　表 2-1

围　护　结　构　特　征	α
外墙、屋顶、地面以及与室外相通的楼板等	1.00
闷顶和与室外空气相通的非供暖地下室上面的楼板等	0.90
与有外门窗的不供暖楼梯间相邻的隔墙（1～6 层建筑）	0.60
与有外门窗的不供暖楼梯间相邻的隔墙（7～30 层建筑）	0.50
非供暖地下室上面的楼板，外墙上有窗时	0.75

围 护 结 构 特 征	α
非供暖地下室上面的楼板，外墙上无窗且位于室外地坪以上时	0.60
非供暖地下室上面的楼板，外墙上无窗且位于室外地坪以下时	0.40
与有外门窗的非供暖房间相邻的隔墙	0.70
与无外门窗的非供暖房间相邻的隔墙	0.40
伸缩缝墙、沉降缝墙	0.30
防震缝墙	0.70

此外，当两个相邻房间的温差大于或等于5℃时，应计算通过隔墙或楼板等的传热量。与相邻房间的温差小于5℃时，且通过隔墙或楼板等的传热量大于该房间热负荷的10%时，还应计算其传热量。

2.2.5 围护结构的传热系数 K 值

1. 匀质多层材料（平壁）的传热系数 K 值

一般建筑物的外墙和屋顶都属于匀质多层材料的平壁结构，其传热过程如图2-2所示。传热系数 K 值可用下式计算：

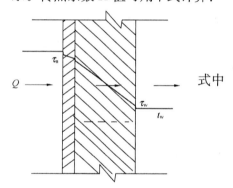

图2-2 通过围护结构的传热过程

$$K = \cfrac{1}{\cfrac{1}{\alpha_n} + \sum_{i=1}^{n} \cfrac{\delta}{\alpha_\lambda \cdot \lambda} + R_k + \cfrac{1}{\alpha_w}} \qquad (2\text{-}6)$$

式中 K——围护结构的传热系数，$W/(m^2 \cdot ℃)$；

α_n——围护结构内表面换热系数，$W/(m^2 \cdot ℃)$；

α_w——围护结构外表面换热系数，$W/(m^2 \cdot ℃)$；

δ——围护结构各层材料厚度，m；

λ——围护结构各层材料导热系数，$W/(m \cdot ℃)$；

α_λ——材料导热系数修正系数；

R_k——封闭空气间层的热阻，$m^2 \cdot ℃/W$。

一些常用建筑材料的导热系数 λ 值，可见附录2-2。

围护结构表面换热过程是对流和辐射的综合过程。围护结构内表面换热是壁面与邻近空气及其他壁面由于温差引起的自然对流和辐射换热的共同作用，而在围护结构外表面主要是由于风力作用产生的强迫对流换热，辐射换热占的比例较小。工程计算中采用的换热系数分别于列表2-2和表2-3；材料导热系数修正系数 α_λ 按表2-4查用。

围护结构内表面换热系数 α_n　　　　　　　　　　　　　　　表2-2

围护结构内表面特征	α_n
	$W/(m^2 \cdot ℃)$
墙、地面、表面平整或有肋状突出物的顶棚，当 $h/s \leqslant 0.3$ 时	8.7
有肋、井状突出物的顶棚，当 $0.2 < h/s \leqslant 0.3$ 时	8.1
有肋状突出物的顶棚，当 $h/s > 0.3$ 时	7.6
有井状突出物的顶棚，当 $h/s > 0.3$ 时	7.0

注：表中 h—肋高（m）；s—肋间净距（m）。

围护结构外表面换热系数 α_w　　　　表 2-3

围护结构外表面特征	α_w
	W/（$m^2 \cdot ℃$）
外墙和屋顶	23
与室外空气相通的非供暖地下室上面的楼板	17
闷顶和外墙上有窗的非供暖地下室上面的楼板	12
外墙上无窗的非供暖地下室上面的楼板	6

材料导热系数修正系数 α_λ　　　　表 2-4

材料、构造、施工、地区及说明	α_λ
作为夹心层浇筑在混凝土墙体及屋面构件中的块状多孔保温材料（如加气混凝土、泡沫混凝土及水泥膨胀珍珠岩），因干燥缓慢及灰缝影响	1.60
铺设在密闭屋面中的多孔保温材料（如加气混凝土、泡沫混凝土、水泥膨胀珍珠岩、石灰炉渣等），因干燥缓慢	1.50
铺设在密闭屋面中及作为夹心层浇筑在混凝土构件中的半硬质矿棉、岩棉、玻璃棉板等，因压缩及吸湿	1.2
作为夹心层浇筑在混凝土构件中的泡沫塑料等，因压缩	1.2
开孔型保温材料（如水泥刨花板、木丝板、稻草板等），表面抹灰或混凝土浇筑在一起，因灰浆渗入	1.3
加气混凝土、泡沫混凝土砌块墙体及加气混凝土条板墙体、屋面，因灰缝影响	1.25
填充在空心墙体及屋面构件中的松散保温材料（如稻壳、木、矿棉、岩棉等），因下沉	1.2
矿渣混凝土、炉渣混凝土、浮石混凝土、粉煤灰陶粒混凝土、加气混凝土等实心墙体及屋面构件，在严寒地区，且在室内平均相对湿度超过 65% 的供暖房间内使用，因干燥缓慢	1.15

围护结构内常用空气间层以减少传热量，如双层玻璃、复合墙体的空气间层等。间层中的空气导热系数比组成围护结构的其他材料的导热系数小，增加了围护结构传热热阻。空气间层传热同样是辐射与对流换热的综合过程。在间层壁面涂覆辐射系数小的反射材料，如铝箔等，可以有效地增大空气间层的换热热阻。对流换热强度与间层的厚度、间层设置的方向和形状以及密封性等因素有关。当厚度相同时，热流朝下的空气间层热阻最大，竖壁次之，而热流朝上的空气间层热阻最小。同时，在达到一定厚度后，反而易于对流换热，热阻的大小几乎不随厚度增加而变化了。

封闭空气间层的热阻难以用理论公式确定。在工程设计中，可按表 2-5 的数值计算。

封闭空气间层热阻值 R_k（$m^2 \cdot ℃$/W）　　　　表 2-5

位置、热流状况及材料特性		间层厚度（mm）						
		5	10	20	30	40	50	60
一般空气间层	热流向下（水平、倾斜）	0.10	0.14	0.17	0.18	0.19	0.20	0.20
	热流向上（水平、倾斜）	0.10	0.14	0.15	0.16	0.17	0.17	0.17
	垂直空气间层	0.10	0.14	0.16	0.17	0.18	0.18	0.18

位置、热流状况及材料特性		间层厚度（mm）						
		5	10	20	30	40	50	60
单面铝箔空气间层	热流向下（水平、倾斜）	0.16	0.28	0.43	0.51	0.57	0.60	0.64
	热流向上（水平、倾斜）	0.16	0.26	0.35	0.40	0.42	0.42	0.43
	垂直空气间层	0.16	0.26	0.39	0.44	0.47	0.49	0.50
双面铝箔空气间层	热流向下（水平、倾斜）	0.18	0.34	0.56	0.71	0.84	0.94	1.01
	热流向上（水平、倾斜）	0.17	0.29	0.45	0.52	0.55	0.56	0.57
	垂直空气间层	0.18	0.31	0.49	0.59	0.65	0.69	0.71

外围护结构的传热系数都可从有关资料中直接查用，不需进行具体的计算。表 2-6 中列举了几种围护结构的传热系数，供参考，更多的可查有关资料。

几种围护结构的传热系数（$\alpha_w = 23.26$，$\alpha_n = 8.72$）　　表 2-6

保温外墙或屋面构造图	各层材料说明	保温材料 1	保温层厚度 δ（mm）	传热系数 K（m² · K/W）	保温材料 2	保温层厚度 δ（mm）	传热系数 K（m² · K/W）
外墙简图（外·内，20 240 δ 20）	1. 水泥砂浆 2. 240 砖墙 3. 保温材料 4. 水泥砂浆	水泥膨胀珍珠岩	140	0.84	沥青膨胀珍珠岩	160	0.55
			110	0.96		110	0.71
			80	1.12		80	0.86
			60	1.27		65	0.97
			50	1.35		50	1.10
			40	1.45		40	1.20
外墙简图（外·内，20 200 δ 20）	1. 水泥砂浆 2. 200 钢筋混凝土剪力墙 3. 保温材料 4. 水泥砂浆	EPS 板	20	1.204	聚氨酯硬泡塑料	—	—
			30	0.925		30	0.68
			40	0.751		40	0.55
			50	0.633		50	0.46
			60	0.546		60	0.39
			70	0.481		70	0.34
屋面简图	30 混凝土压顶板 保温材料 防水层 20 水泥砂浆找平 100 水泥炉渣找坡 120 钢筋混凝土 25 水泥砂浆	EPS 板	30	1.03	EPS 挤塑板	30	0.72
			40	0.95		40	0.58
			50	0.82		50	0.48
			60	0.73		60	0.42
			70	0.66		70	0.37

附录 2-3 中也列举了一些常用围护结构的传热系数 K 值。

【例题 2-1】 某建筑节能外墙结构（未考虑冷桥）如下表，试计算该外墙传热系数。

围护结构	做法（由外向内）	修正系数	导热系数 λ W/（m·℃）
外墙	15mm 厚抗裂砂浆		0.75
	30mm 厚挤塑保温板	1.20	0.03
	300mm 厚加气混凝土砌块	1.25	0.22
	15mm 厚混合砂浆		0.87

【解】 查表 2-2 和表 2-3 得到：

围护结构内表面换热系数 $\alpha_n = 8.7 W/（m^2 \cdot ℃）$

外表面换热系数 $\alpha_w = 23 W/（m^2 \cdot ℃）$

外墙传热系数 K 按公式（2-6）计算得

$$K = \cfrac{1}{\cfrac{1}{\alpha_n} + \Sigma \cfrac{\delta}{\alpha_\lambda \cdot \lambda} + R_k + \cfrac{1}{\alpha_w}} = \cfrac{1}{\cfrac{1}{8.7} + \cfrac{0.015}{0.75} + \cfrac{0.03}{0.03 \times 1.2} + \cfrac{0.3}{0.22 \times 1.25} + \cfrac{0.15}{0.87} + \cfrac{1}{23}}$$

$$= \cfrac{1}{0.115 + 0.02 + 0.833 + 1.091 + 0.017 + 0.04} = \cfrac{1}{2.116} = 0.473 W/(m^2 \cdot ℃)$$

2. 对于有顶棚的坡屋面，当用顶棚面积计算其传热量时，屋面和顶棚的综合传热系数，可按下式计算：

$$K = \frac{K_1 \times K_2}{K_1 \times \cos \alpha + K_2} \tag{2-7}$$

式中　K——屋面和顶棚的综合传热系数，W/（m²·℃）；

　　　K_1——顶棚的传热系数，W/（m²·℃）；

　　　K_2——屋面的传热系数，W/（m²·℃）；

　　　α——屋面和顶棚的夹角。

3. 地面的传热系数

在冬季，室内热量通过靠近外墙的地面传到室外的路程较短，热阻较小；而通过远离外墙的地面传到室外的路程较长，热阻增大。因此，室内地面的传热系数（热阻）随着离外墙的远近而变化，但在离外墙约 8m 远的地面，传热量基本不变。基于上述情况，在工程上一般采用近似方法计算，把地面沿外墙平行的方向分成四个计算地带，如图 2-3 所示。

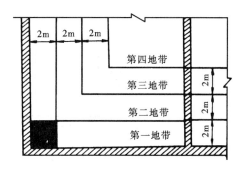

图 2-3　地面传热地带的划分

（1）贴土非保温地面组成地面的各层材料导热系数 λ 都大于 1.16W/（m·℃）的传热系数及热阻值见表 2-7。第一地带靠近墙角的地面面积（如图 2-4 中的阴影部分）需要重复计算。

工程计算中，也有采用对整个建筑物或房间地面取平均传热系数进行计算的简易方法，具体计算方法可参考有关资料。

地 带	R_{o}	K_{o}
	$\mathrm{m^2 \cdot {\mathbb{C}}/W}$	$\mathrm{W/(m^2 \cdot {\mathbb{C}})}$
第一地带	2.15	0.47
第二地带	4.30	0.23
第三地带	8.60	0.12
第四地带	14.2	0.07

（2）贴土保温地面（组成地面的各层材料中，有导热系数 λ 小于 $1.16\mathrm{W/(m \cdot {\mathbb{C}})}$ 的保温层）各地带的热阻值，可按下式计算

$$R'_{\mathrm{o}} = R_{\mathrm{o}} + \sum_{i=1}^{n} \frac{\delta_i}{\lambda_i} \qquad (2\text{-}8)$$

式中 R'_{o}——贴土保温地面的换热热阻，$\mathrm{m^2 \cdot {\mathbb{C}}/W}$；

      R_{o}——非保温地面的换热热阻，$\mathrm{m^2 \cdot {\mathbb{C}}/W}$（按表 2-7 取值）；

      δ_i——保温层的厚度，m；

      λ_i——保温材料的导热系数，$\mathrm{W/(m \cdot {\mathbb{C}})}$。

（3）铺设在地垄墙上的保温地面各地带的换热热阻 R''_{o} 值，可按下式计算

$$R''_{\mathrm{o}} = 1.18 R'_{\mathrm{o}} \qquad (2\text{-}9)$$

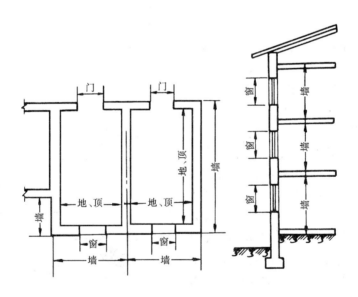

图 2-4 围护结构传热面积的尺寸丈量规则

4. 围护结构最小传热热阻与经济传热热阻的概念

确定围护结构传热热阻时，围护结构内表面温度 τ_{n} 是一个最主要的约束条件。除浴室等相对湿度很高的房间外，τ_{n} 值应满足内表面不结露的要求。内表面结露可导致耗热量增大和使围护结构易于损坏。

室内空气温度 t_{n} 与围护结构内表面温度 τ_{n} 的温度差还要满足卫生要求。当内表面温

度过低，人体向外辐射热过多，会产生不舒适感。根据上述要求而确定的围护结构传热热阻，称为最小传热热阻。

在一个规定年限内，使建筑物的建造费用和经营费用之和最小的围护结构传热热阻，称为围护结构的经济传热热阻。建造费用包括围护结构和供暖系统的建造费用。经营费用包括围护结构和供暖系统的折旧费、维修费及系统的运行费（水、电费，工资，燃料费等）。

除既有建筑外，目前新建建筑的外墙、屋顶等围护结构都按照民用建筑热工设计规范以及建筑节能技术的要求进行设计，其传热阻值都能保证最小传热阻值的要求。

2.2.6 围护结构传热面积的丈量

不同围护结构传热面积的丈量方法按图 2-4 的规定计算。

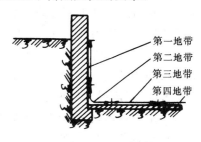

外墙面积的丈量，高度从本层地面算到上层地面（底层除外，如图 2-4 所示）。对平屋顶的建筑物，最顶层的丈量是从最顶层的地面到平屋顶的外表面的高度；而对有闷顶的斜屋面，算到闷顶内的保温层表面。外墙的平面尺寸，应按建筑物外廓尺寸计算。两相邻房间以内墙中线为分界线。

图 2-5 地下室面积的丈量

门、窗的面积按外墙外表面上的净空尺寸计算。

闷顶和地面的面积，应按建筑物外墙以内的内廓尺寸计算。对平屋顶，顶棚面积按建筑物外廓尺寸计算。

地下室面积的丈量，位于室外地面以下的外墙，其耗热量计算方法与地面的计算相同，但传热地带的划分，应从与室外地面相平的墙面算起，亦即把地下室外墙在室外地面以下的部分，看作是地下室地面的延伸，如图 2-5 所示。

2.3 围护结构的附加（修正）耗热量

围护结构实际耗热量会受到气象条件以及建筑物情况等各种因素影响而有所增减。由于这些因素影响，需要对房间围护结构基本耗热量进行修正。这些修正耗热量称为围护结构附加（修正）耗热量。通常按基本耗热量的百分率进行修正。

2.3.1 朝向修正耗热量

朝向修正耗热量是考虑建筑物受太阳照射影响而对围护结构基本耗热量的修正。当太阳照射建筑物时，阳光直接透过玻璃窗使室内得到热量，同时由于受阳面的围护结构较干燥，外表面和附近空气温升高，围护结构向外传递热量减少。采用的修正方法是按围护结构的不同朝向，采用不同的修正率。需要修正的耗热量等于垂直的外围护结构（门、窗、外墙及屋顶的垂直部分）的基本耗热量乘以相应的朝向修正率。

不同朝向的修正率：

北、东北、西北　　　　　0～10％；

东、西　　　　　　　　　−5％；

东南、西南　　　　　　　−15％～−10％；

南　　　　　　　　　　　−30％～−15％。

选用上述朝向修正率时，应考虑当地冬季日照率、辐射照度、建筑物使用和被遮挡等情况。对于冬季日照率小于35%的地区，东南、西南和南向修正率，宜采用-10%~0；东、西向可不修正。

此外，还有一种适于全国各主要城市用的朝向修正率，见附录2-4。使用本附录时，要注意该附录的适用条件与计算条件。

2.3.2 风力附加耗热量

风力附加耗热量是考虑室外风速变化而对围护结构基本耗热量的修正。在计算围护结构基本耗热量时，外表面换热系数 α_w 是对应风速约为4m/s的计算值。我国大部分地区冬季平均风速一般为2~3m/s。因此，在一般情况下，不必考虑风力附加。只对建在不避风的高地、河边、海岸、旷野上的建筑物，以及城镇、厂区内特别高出的建筑物，才考虑垂直的外围护结构附加5%~10%。

2.3.3 高度附加耗热量

高度附加耗热量是考虑房屋高度对围护结构耗热量的影响而附加的耗热量。

民用建筑和工业辅助建筑物（楼梯间除外）的高度附加率，当房间高度大于4m时，每高出1m应附加2%，但总的附加率不应大于15%。地面辐射供暖的房间高度大于4m时，每高出1m宜附加1%，但总附加率不宜大于8%。计算时应注意：高度附加率，应附加于房间各围护结构基本耗热量和其他附加（修正）耗热量的总和上。

2.3.4 外门附加耗热量

外门附加耗热量是考虑建筑物外门开启时，侵入冷空气导致耗热量增大，而对外门基本耗热量的修正。对于短时间开启无热风幕的外门，可以用外门的基本耗热量乘上按表2-8查出的相应的附加率。阳台门不应考虑外门附加。

<table>
<tr><td colspan="2">外　门　附　加　率　　　　　　　　　　　　　　　表 2-8</td></tr>
<tr><td>外　门　布　置　状　况</td><td>附　加　率</td></tr>
<tr><td>一道门</td><td>$n \times 65\%$</td></tr>
<tr><td>两道门（有门斗）</td><td>$n \times 80\%$</td></tr>
<tr><td>三道门（有两个门斗）</td><td>$n \times 60\%$</td></tr>
<tr><td>公共建筑和工业建筑的主要出入口</td><td>500%</td></tr>
</table>

注：n——建筑物的楼层数。

2.4　冷风渗透耗热量

在冬季，建筑物由于室外空气与建筑物内部的竖直贯通通道（如楼梯间、电梯井等）空气之间的密度差形成的热压以及风吹过建筑物时在门窗两侧形成的风压作用下，室外的冷空气通过门、窗等缝隙渗入室内，被加热后逸出。把这部分冷空气从室外温度加热到室内温度所消耗的热量，称为冷风渗透耗热量 Q_2。冷风渗透耗热量，在设计热负荷中占有不小的份额。

影响冷风渗透耗热量的因素很多，如建筑物内部隔断、门窗构造、门窗朝向、室外风向和风速、室内外空气温差、建筑物高低以及建筑物内部通道状况等。总的来说，对于多层（六层及六层以下）的建筑物，由于房屋高度不高，在工程设计中，冷风渗透耗热量主要考虑风压的作用，可忽略热压的影响。对于高层建筑，室外风速会随着高度的增加而增大，热压作用不容忽视。在计算高层建筑冷风渗透耗热量时，则应考虑风压与热压的综合作用。

计算冷风渗透耗热量的常用方法有缝隙法、换气次数法和百分数法。

2.4.1 缝隙法

1. 多层和高层民用建筑，加热由门窗缝隙渗入室内的冷空气的耗热量，可按下式计算：

$$Q_2 = 0.28c_p\rho_{wn}L(t_n - t_{wn}) \tag{2-10}$$

式中 Q_2——由门窗缝隙渗入室内的冷空气的耗热量，W；

  c_p——空气的定压比热容，$c_p = 1kJ/(kg \cdot ℃)$；

  ρ_{wn}——供暖室外计算温度下的空气密度，kg/m^3；

  L——渗透冷空气量，m^3/h；

  t_n——供暖室内计算温度，℃；

  t_{wn}——供暖室外计算温度，℃。

2. 渗透冷空气量可根据不同的朝向，按下列计算公式确定：

$$L = L_o l m^b \tag{2-11}$$

式中 L_o——在基准高度单纯风压作用下，不考虑朝向修正和内部隔断情况时，通过每米门窗缝隙进入室内的理论渗透空气量度，$m^3/(m \cdot h)$；

  l——外门窗缝隙的长度，m；应分别按各朝向可开启的门窗全部缝隙长度计算；

  m——风压与热压共同作用下，考虑建筑体型、内部隔断和空气流通等因素后，不同朝向、不同高度的门窗冷风渗透压差综合修正系数；

  b——门窗缝隙渗风指数，$b = 0.56 \sim 0.78$，当无实测数据时，可取 $b = 0.67$。

（1）通过每米门窗缝隙进入室内的理论渗透冷空气量，按下式计算：

$$L_o = \alpha_1 \left(\frac{\rho_{wn}}{2} v_o^2 \right)^b \tag{2-12}$$

式中 α_1——外门窗缝隙渗风系数，$m^3/(m \cdot h \cdot Pa^b)$。当无实测数据时，可根据建筑外窗空气渗透性能分级的相关标准，按表2-9采用；

  v_o——基准高度冬季室外最多风向的平均风速（m/s）。

外门窗缝隙渗风系数　表2-9

建筑外窗空气渗透性能分级	I	II	III	IV	V
$\alpha_1[m^3/(m \cdot h \cdot Pa^{0.67})]$	0.1	0.3	0.5	0.8	1.2

（2）冷风渗透压差综合修正系数，按下式计算：

$$m = C_r \Delta C_f (n^{1/b} + C) C_h \tag{2-13}$$

式中 C_r——热压系数。当无法精确计算时，按表2-10采用；

  ΔC_f——风压差系数。当无实测数据时，可取 $\Delta C_f = 0.7$；

n——单纯风压作用下，渗透冷空气量的朝向修正系数，见附录2-5；

C——作用于门窗上的有效热压差与有效风压差之比；

C_h——高度修正系数，按下式计算：

$$C_h = 0.3h^{0.4} \tag{2-14}$$

式中　h——计算门窗的中心线标高（当$h<10$m 时，风速均为v_o，渗入的冷空气量不变，所以$h<10$m 时应按基准高度$h=10$m 计算），m。

热　压　系　数　　表 2-10

内部隔断情况	开敞空间	内有门或房门		有前室门、楼梯间门或走廊两端设门	
		密闭性差	密闭性好	密闭性差	密闭性好
c_r	1.0	1.0～0.8	0.8～0.6	0.6～0.4	0.4～0.2

（3）有效热压差与有效风压差之比，按下式计算：

$$C = 70 \cdot \frac{(h_z - h)}{\Delta c_f v_o^2 h^{0.4}} \cdot \frac{t'_n - t_{wn}}{273 + t'_n} \tag{2-15}$$

式中　h_z——单纯热压作用下，建筑物中和面的标高，m，可取建筑物总高度的二分之一；

t'_n——建筑物内形成热压作用的竖井计算温度，℃。

3. 对于多层建筑的渗透冷空气量，当无相关数据时，可按以下近似公式计算

$$L = L'_o ln \tag{2-16}$$

式中　L'_o——不同类型门窗、不同风速下每米缝隙渗入的空气量，m³/(m・h)，可根据当地冬季室外平均风速，按表2-11的实验数据采用；

l——门、窗缝隙的计算长度，m；

n——渗透空气量的朝向修正系数，见附录2-5。按式（2-16）计算冷风渗入量时，各朝向均应计算，但各朝向实际渗入量是不同的，故要乘以一个渗透空气量的朝向修正系数。

每米门、窗缝隙渗入的空气量 L'_o [m³/(m・h)]　　表 2-11

门窗类型	冬 季 室 外 平 均 风 速 (m/s)					
	1	2	3	4	5	6
单层木窗	1.0	2.0	3.1	4.3	5.5	6.7
双层木窗	0.7	1.4	2.2	3.0	3.9	4.7
单层钢窗	0.6	1.5	2.6	3.9	5.2	6.7
双层钢窗	0.4	1.1	1.8	2.7	3.6	4.7
推拉铝窗	0.2	0.5	1.0	1.6	2.3	2.9
平开铝窗	0.0	0.1	0.3	0.4	0.6	0.8

注：1. 每米外门缝隙渗入的空气量，为表中同类型外窗的两倍；

2. 当有密封条时，表中数据可乘以0.5～0.6的系数。

2.4.2　换气次数法

对于多层建筑的渗透空气量，当无相关数据时，可按以下公式计算：

$$L = \kappa V \qquad (2\text{-}17)$$

式中　V——房间体积，m^3；

　　κ——换气次数（1/h）。当无实测数据时，可按表 2-12 采用。

换 气 次 数 （1/h）　　　　　　　　　　表 2-12

房 间 类 型	一面有外窗房间	二面有外窗房间	三面有外窗房间	门　厅
κ	0.5	0.5～1.0	1.0～1.5	2

2.4.3　百分数法

工业建筑，加热由门窗缝隙渗入室内的冷空气的耗热量，可按表 2-13 估算。

渗透耗热量占围护结构总耗热量的百分率（%）　　　　表 2-13

建筑物高度（m）		<4.5	4.5～10.0	>10.0
玻璃窗层数	单　层	25	35	40
	单、双层均有	20	30	35
	双　层	15	25	30

2.5　分户计量供暖热负荷

2.5.1　计量供暖系统与常规供暖系统热负荷计算方法比较

实际上，设置计量供暖系统的建筑物，其热负荷的计算方法与常规供暖系统是基本相同的。考虑到提高热舒适度是计量供热系统设计的一个主要目的，计量供暖系统的用户可以根据需要对室温进行自主调节，这就需要对不同需求的热用户提供一定范围内热舒适度的选择余地，因此计量供暖系统的设计室内温度宜比常规供暖系统有所提高。如《大连市住宅供暖（分户计量）工程技术暂行规定》对住宅室内设计计算温度按下列数值选取：居室、客厅、餐厅为 20～22℃，厨房为 16℃，洗浴间为 25℃。目前，比较普遍认可的看法是：计量供暖系统的室内设计计算温度宜比国家现行标准提高2℃，如根据《住宅设计规范》规定，普通住宅的卧室、起居室和卫生间不应低于 18℃，按此规定计算的结果表明：计算热负荷将会增加 7%～11%。

2.5.2　房间热负荷

计量供暖系统允许各用户根据自己的生活习惯、经济能力等在一定范围内自主选择室内供暖温度，这就会出现在运行过程中由于人为节能所造成的邻户、邻室传热。对于某一用户而言，当其相邻用户室温较低时，由于热传递有可能使该用户室温达不到设计室内温度值，为了避免随机的邻户传热影响房间的温度，房间热负荷必须考虑由于分室调温而出现的温度差引起的向邻户的传热量，即称户间热负荷。因此在确定户内供暖设备容量时，选用的房间热负荷应为常规供暖房间热负荷与户间热负荷之和，但附加的户间热负荷量不应超过 50%，且不应统计在供暖系统的总负荷内。

目前《暖通规范》并未给出具体的户间传热的统一计算方法。根据实测数据，某些地方规程中对此作了较具体的规定。总体来看，主要有两种计算方法：一种是按实际可能出现的温差计算传热量，然后考虑可能同时出现的概率；另一种方法是对房间按常规计算的外围护结构耗热量再乘以一个附加系数。第二种方法较简单，但是系数的确定有一定的困难。因户间隔断的建筑热工性能不同，不同房间的户间传热量不会与外围护结构传热量形成同一比例。因此目前使用第一种计算方法较多。

北京市《新建集中供暖住宅分户热计量设计技术规程》提供了户间传热量的计算原则：一是对于集中供暖用户，不采用地板供暖时，暂按6℃温差计算户间楼板和隔墙的传热量，采用地板供暖时，暂按8℃温差计算户间楼板和隔墙的传热量；二是采用分户独立热源的用户，因间歇供暖的可能性更大，户间传热负荷温差宜按10%计算；三是以各户间传热量总和的适当比例作为户间总传热负荷，即考虑各户间出现传热温差的概率，一般可取50%，而顶层或底层垂直方向因只向下或向上传热，故考虑较大概率，可取70%~80%；四是户间传热量不宜大于房间基本供暖负荷的50%。

天津市《集中供热住宅计量供热设计规程》也对邻户传热给出了明确的计算方法。规程规定户间热负荷只计算通过不同户之间的楼板和隔墙的传热量，而同一户内不计算该项热传递，典型房间与周围房间的计算温差宜取5~8℃，另外，考虑到户间各方向的热传递并不是同时发生，因此计算房间各方向热负荷之和后，应乘以一个概率系数。户间热负荷的产生本身存在许多不确定因素，而针对各类型房间，即使供暖计算热负荷相同，由于相同外墙对应的户内面积不完全相同，计算出的户间热负荷相差很大。为了控制户内供暖设备选型过大造成不必要的浪费，同时应尽量减小因户间热负荷的变化对供暖系统的影响，因此户间热负荷规定不应超过供暖计算热负荷的50%。规程中还给出了户间热负荷的具体计算公式：

1. 按面积传热计算方法的基本传热公式

$$Q = N \sum_{i=1}^{n} K_i F_i \Delta t \tag{2-18}$$

式中　Q——户间总热负荷，W；

　　　K_i——户间楼板及隔墙传热系数，W/(m²·℃)；

　　　F_i——户间楼板或隔墙面积，m²；

　　　Δt——户间热负荷计算温差，℃，按面积传热计算时宜为5℃；

　　　N——户间楼板及隔墙同时发生传热的概率系数。

当有一面可能发生传热的楼板或隔墙时，N取0.8；当有两面可能发生传热的楼板或隔墙，或一面楼板与一面隔墙时，N取0.7；当有两面可能发生传热的楼板及一面隔墙，或两面隔墙与一面楼板时，N取0.6；当有两面可能发生传热的楼板及两面隔墙，N取0.5。

2. 按体积热指标计算方法的计算公式

$$Q = \alpha q_n V \Delta t N M \tag{2-19}$$

式中　Q——户间总热负荷，W；

　　　α——房间温度修正系数，一般为3.3；

　　　q_n——房间供暖体积热指标系数，W/(m³·℃)，一般为0.5 W/(m³·℃)；

　　　V——房间轴线体积，m³；

Δt——户间热负荷计算温差,℃,按体积传热计算时宜为 8℃;

N——户间楼板及隔墙同时发生传热的概率系数(取值同方法1);

M——户间楼板及隔墙数量修正率系数;

当有一面可能发生传热的楼板或隔墙时,M 取 0.25;

当有两面可能发生传热的楼板或隔墙,或一面楼板与一面隔墙时,M 取 0.5;

当有两面可能发生传热的楼板及一面隔墙,或两面隔墙与一面楼板时,M 取 0.75;

当有两面可能发生传热的楼板及两面隔墙,M 取 1。

实际上述计算公式可简化为:

当有一面可能发生传热的楼板或隔墙时,$Q=2.64V$;

当有两面可能发生传热的楼板或隔墙,或一面楼板与一面隔墙时,$Q=4.62V$;

当有两面可能发生传热的楼板及一面隔墙,或两面隔墙与一面楼板时,$Q=5.94V$;

当有两面可能发生传热的楼板及两面隔墙,$Q=6.6V$。

邻户传热温差,从理论角度考虑,是假设周围房间正常供暖,而在典型房间不供暖的条件下,按稳定传热条件经热平衡计算所得的值。不供暖房间的温差既受周围房间温度的影响,又受室外温度的影响,因此不同地区的邻户传热温差会有一定差异。实际上,即使在室外温度相同的情况下,由于各建筑物的节能情况、建筑单元的围护情况不同,邻户传热温差也不尽相同。而且邻户传热量的多少与邻户温差成正比,计算中究竟应该选取多大温差合适,必须经过较多工程的设计试算,并经运行调节加以验证才可得出相对可靠的简化计算方法。

2.6 供暖设计热负荷计算例题

【例题 2-2】 图 2-6 为徐州市某 3 层办公楼的平面图,试进行一层会议室热负荷计算。

已知条件:

供暖室外计算温度 $t_{wn}=-5℃$;冬季室外风速:2.8m/s。

室内计算温度:会议室 16℃。

围护结构:

外墙:南外墙采用外保温节能墙体,为 200mm 厚加气混凝土、30mm 厚挤塑板保温外墙,传热系数为 0.53 W/(m²·℃);西外墙为 200mm 厚加气混凝土外墙,传热系数为 0.97 W/(m²·℃);

外窗:塑钢中空玻璃窗 C-1,尺寸为 1800mm×2000mm(冬季用密封条封窗),$K=3.0$ W/(m²·℃);

内墙:采用 200mm 厚加气混凝土内墙,内外 15mm 厚混合砂浆,$K=0.90$W/(m²·℃);

内门:普通木门,尺寸为 1000mm×2000mm,传热系数为 4.65 W/(m²·℃);

层高:4m(从本层地面上表面算到上层地面上表面);

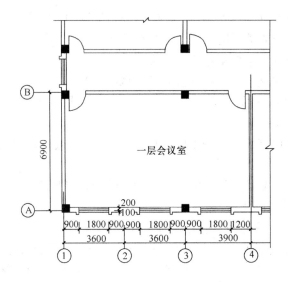

图 2-6 例题 2-2 热负荷计算示意图

地面：周边与非周边地面为 10mm 厚保温地面，$\lambda=0.87(m^2 \cdot K)/W$。

【解】 会议室热负荷计算：

1. 围护结构的基本耗热量 Q_1

（1）南外墙

南外墙传热系数 $K=0.53W/(m^2 \cdot ℃)$，温差修正系数 $\alpha=1$，传热面积 $F=(3.6+3.6+3.9+0.1)\times 4-1.8\times 2\times 3=34 \ m^2$

按公式(2-1)计算南外墙的基本耗热量

$$Q_1'=KF(t_n-t_{wn})\alpha=0.53\times 34\times(16+5)\times 1=378.42W$$

查不同朝向的修正率取徐州南向的朝向修正率 -15%

朝向修正耗热量 Q_1'' 为

$$Q_1''=378.42\times(-0.15)=-56.76W$$

本办公楼不需进行风力修正，高度未超过 4m 也不需进行高度修正。

南外墙的实际耗热量 $Q_1=Q_1'+Q_1''=378.42-56.78=321.64W$

（2）南外窗

南外窗传热系数 $K=3.0W/(m^2 \cdot ℃)$，传热面积 $F=1.8\times 2\times 3=10.8m^2$（三个外窗）

基本耗热量

$$Q_1'=KF（t_n-t_{wn}）\alpha=3.0\times 10.8\times 21\times 1=680.4W$$

朝向修正耗热量 Q_1'' 为

$$Q_1''=680.4\times（-0.15）=-102.06W$$

南外窗实际耗热量

$$Q_1=Q_1'+Q_1''=680.4-102.06=578.34W$$

以上计算结果列于表 2-14 中。

（3）西外墙、北内墙

计算方法同上，计算结果见表 2-14。

房 间 热 负 荷 计 算　　　　　　　表 2-14

房间编号	房间名称	围护结构			室内计算温度（℃）	室外计算温度（℃）	计算温度差（℃）	温度修正系数 α	围护结构传热系数 K [W/$(m^2 \cdot ℃)$]	基本耗热量 $q(W)$	附加率%			实际耗热量 $Q(W)$
		名称及朝向	尺寸 长×宽 (m×m)	面积 F (m^2)							朝向	风力	外门	
1	2	3	4	5	6	7	8	9	10	11	12	13	14	15
101	会议室	南外墙	(3.6+3.6+3.9+0.1) ×4−1.8×2×3	34	16	−5	21	1	0.53	378.42	−15			321.66
		南外窗	1.8×2×3	10.8					3.0	680.4	−15			578.34
		西外墙	(6.9+0.1)×4	28					0.97	570.36	+5			598.88
		北内墙	(3.6−0.1+3.6+3.9) ×4−1.0×2×2	40				0.7	0.90	529.2				529.2
		北内门	1.0×2×2	4				0.7	4.65	273.42				273.42
		地面一	(11.1−0.1)×2+ (6.9−0.1)×2	35.6					0.44	328.94				328.94
		地面二	9×2+2.8×2	23.6					0.23	113.99				113.99
		地面三	7×2+0.8×2	15.6					0.11	36.04				36.04
		地面四	5×0.8	4					0.07	5.88				5.88
		围护结构耗热量												2786.35
		冷风渗透耗热量												90.06
		房间总耗热量												2876.41

（4）地面

地面划分地带如图 2-7 所示。

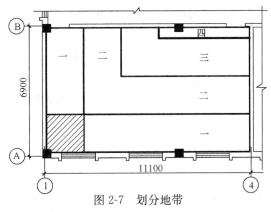

图 2-7　划分地带

地面均为 100mm 厚保温地面，$\lambda = 0.87(m^2 \cdot K)/W$

地带：

第一地带：　　　　$K_1 = 1/(2.15+0.1/0.87) = 0.44 W/(m^2 \cdot ℃)$

$$F_1=(11.1-0.1)\times2+(6.9-0.1)\times2=35.6\text{m}^2$$

第一地带传热耗热量

$$Q'_1=K_1F_1(t_n-t_{wn})=0.44\times35.6\times(16+5)=328.94\text{W}$$

第二地带：　　　$K_2=1/(4.3+0.1/0.87)=0.23\text{W}/(\text{m}^2\cdot\text{℃})$

$$F_2=(11.1-0.1-2)\times2+(6.9-0.1-2-2)\times2=23.6\text{m}^2$$

第二地带传热耗热量

$$Q'_2=K_2F_2(t_n-t_{wn})=0.23\times23.6\times(16+5)=113.99\text{W}$$

第三地带：$K_3=1/(8.6+0.1/0.87)=0.11\text{W}/(\text{m}^2\cdot\text{℃})$

$$F_3=(11.1-0.1-2-2)\times2+(6.9-0.1-2-2-2)\times2=15.6\text{m}^2$$

第三地带传热耗热量

$$Q'_3=K3F3(t_n-t_{wn})=0.11\times15.6\times(16+5)=36.04\text{m}^2$$

第四地带：　　　$K_4=1/(14.2+0.1/0.87)=0.07\text{W}/(\text{m}^2\cdot\text{℃})$

$$F_4=(11.1-0.1-2-2-2)\times(6.9-0.1-2-2-2)=4\text{m}^2$$

第四地带传热耗热量

$$Q'_3=K_4F_4(t_n-t_{wn})=0.07\times4\times(16+5)=5.88\text{m}^2$$

因此，地面的传热耗热量

$$Q_1=Q'_1+Q'_2+Q'_3+Q'_4=328.94+113.99+36.04+5.88=484.85\text{W}$$

所以，101房间围护结构的总传热耗热量

$$Q_1=321.66+578.34+598.88+529.2+273.42+484.85=2786.35\text{W}$$

2. 冷风渗透耗热量

按缝隙法计算：南外窗，如图2-8所示

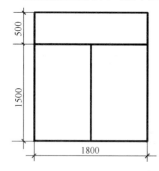
图2-8　窗缝长度（南）

外窗为上部固定500高的窗玻璃，下部是高度为1500的两扇推拉窗。

外窗（三个）缝隙总长度为

$$l=(1.5\times3+1.8\times2)\times3=24.3\text{m}$$

查表2-10，在$v=2.8\text{ m/s}$的风速下推拉铝窗每米缝隙每小时渗入的冷空气量为$0.9\text{ m}^3/(\text{m}\cdot\text{h})$。

由于采用密封条封窗，渗入量减少。

$$L'_0=0.9\times0.5=0.45\text{m}^3/(\text{m}\cdot\text{h})$$

根据$t_{wn}=-5\text{℃}$查得$\rho_w=1.4\text{ kg/m}^3$，

又查附录2-5，徐州市的朝向修正系数，南向取$n=1$

按公式(2-17)计算南外窗的冷空气渗入量

$$L=L'_0ln=0.45\times24.3\times1=10.94\text{m}^3/\text{h}$$

南外窗的冷风渗透耗热量

$$Q_2=0.28c_p\rho_{wn}L(t_n-t_{wn})$$
$$=0.28\times1\times1.4\times10.94\times(16+5)=90.06\text{W}$$

因此会议室的总耗热量为

$$Q=Q_1+Q_2=2786.35+90.06=2876.41\text{W}$$

思 考 题 与 习 题

1. 什么是供暖系统的热负荷、供暖系统的设计热负荷？

2. 供暖系统的设计热负荷由哪几部分组成？写出计算式，简述每一项代表的意义。

3. 什么是围护结构的耗热量？包括哪几大部分？

4. 围护结构的基本耗热量如何计算？简述每一项代表的意义。

5. 供暖室内计算温度如何确定？

6. 供暖室外计算温度如何确定？

7. 围护结构的基本耗热量为什么要进行温差修正？哪些因素影响温差修正系数 α 值？

8. 怎样计算围护结构传热面积、传热系数？

9. 围护结构耗热量为什么要进行朝向修正、风力附加、高度附加、外门附加？如何修正？

10. 分户计量热负荷计算与常规热负荷计算有什么不同？

11. 房间热负荷如何计算？

12. 为什么围护结构要进行校核最小传热热阻？

13. 计算冷风渗透耗热量的常用方法有哪些？

14. 了解围护结构耗热量计算的方法、步骤。

15. 通过练习会进行围护结构热负荷计算。

教学单元3 供暖系统的散热设备与附属设备

供暖系统的散热设备是系统的主要组成部分。热媒通过散热设备向室内散热，使室内的得失热量达到平衡，维持室内要求的温度。

散热设备向房间传热的方式主要有：

（1）以对流换热方式为主向房间散热。该散热设备一般称为散热器。

（2）以辐射方式为主向房间散热。该散热设备通常称为供暖辐射板。

（3）以空气作为热媒向房间散热，这种方式称为热风供暖。热风供暖系统既可以集中送风，也可以利用暖风机向房间供热。

本章主要介绍散热器、暖风机。辐射供暖板将在第五章中介绍，集中送风系统详见有关资料。

3.1 散 热 器

3.1.1 对散热器的要求

散热器是供暖系统重要的、基本的组成部件。热媒通过散热器向室内供热达到供暖的目的。散热器的金属耗量和造价在供暖系统中占有相当大的比例，因此，散热器的正确选用涉及系统的经济指标和运行效果。对散热器的基本要求，主要有以下几点：

1. 热工性能方面的要求

散热器的传热系数 K 值越高，散热性能越好。提高散热器的散热量，增大散热器传热系数的方法，可以采用增加外壁散热面积（在外壁上加肋片），提高散热器周围空气流动速度和增加散热器向外辐射强度等途径。

2. 经济方面的要求

散热器传给房间的单位热量所需金属耗量越少，成本越低，其经济性越好。散热器的金属热强度是衡量散热器经济性的一个标志。金属热强度是指散热器内热媒平均温度与室内空气温度差为1℃时，每千克质量散热器单位时间所散出的热量。

即

$$q = \frac{K}{G}$$

式中　q——散热器的金属热强度，$W/(kg \cdot ℃)$；

K——散热器的传热系数，$W/(m^2 \cdot ℃)$；

G——散热器每 $1m^2$ 散热面积的质量，kg/m^2。

q 值越大，说明放出同样的热量所耗的金属量越小。这个指标可作为衡量同一材质散热器经济性的一个指标。对各种不同材质的散热器，其经济评价标准宜以散热器单位散热量的成本（元/W）来衡量。

3. 安装使用和工艺方面的要求

散热器应具有一定机械强度和承压能力；散热器的结构形式应便于组合成所需的散热面积，结构尺寸要小，少占房间面积和空间；散热器的生产工艺应满足批量生产的要求。

4. 卫生和美观方面的要求

散热器外表光滑，不易积灰和易于清扫，外形美观，易与室内装饰相协调。

5. 使用寿命的要求

散热器应不易于被腐蚀和破损，使用年限长。

目前，国内生产的散热器种类繁多，按其使用材质不同，主要有铸铁、钢制、铝合金等三大类。按其构造不同，主要分为柱型、翼型、管型、平板型等。

3.1.2 散热器的种类

1. 铸铁散热器

由于结构简单、耐腐蚀、使用寿命长、水容量大而沿用至今。它的金属耗量大、笨重、金属热强度比钢制散热器低。目前国内应用较多的铸铁散热器有柱型和翼型两大类。

铸铁柱型散热器是呈柱状的单片散热器，用对丝将单片组对成所需散热面积。常用铸铁柱型散热器有四柱（图 3-1a）和二柱（M132 型）（图 3-1b）等。四柱散热器有带足片与无足片两种片形，分别用于落地和挂墙安装。柱型散热器外形美观，传热系数较大，单片散热量小，容易组对成所需散热面积，积灰较易清除。

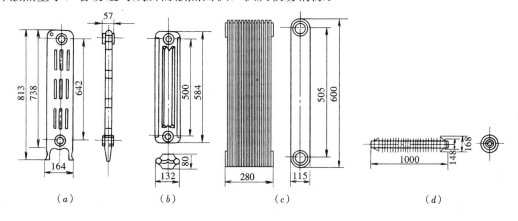

图 3-1 常用铸铁散热器

(a) 四柱散热器；(b) M132 型散热器；(c) 长翼型散热器；(d) 圆翼型散热器

翼型散热器分为长翼型（图 3-1c）和圆翼型（图 3-1d）。翼型散热器铸造工艺简单，价格较低，但易积灰，单片散热面积较大，不易组对成所需散热面积，承压能力低。圆翼型多用于不产尘车间。有时也用在要求散热器高度小的地方。

2. 钢制散热器

（1）闭式钢串片对流散热器

它由钢管、钢片、联箱及管接头组成（图 3-2）。钢管上的串片采用薄钢片，串片两端折边 90°形成封闭形。形成许多封闭垂直空气通道，增强了对流放热量，同时也使串片不易损坏。闭式钢串片式散热器规格以高×宽表示，其长度可按设计要求制作。

（2）钢制板型散热器

它由面板、背板、进出水口接头、放水门固定套及上下支架组成（图 3-3）。背板有

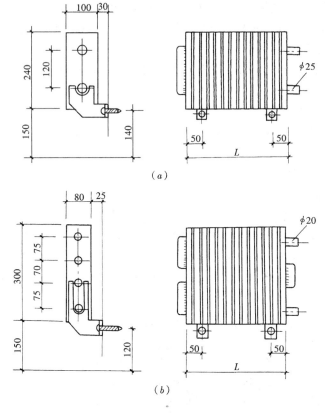

图 3-2　闭式钢串片对流散热器

(a) 240×100 型；(b) 300×80 型

带对流片和不带对流片两种板型。面板、背板多用 1.2～1.5mm 厚的冷轧钢板冲压成型，在面板直接压出呈圆弧形或梯形的散热器水道。水平联箱压制在背板上，经复合滚焊形成整体。为增大散热面积，在背板后面可焊上 0.5mm 厚的冷轧钢板对流片。

（3）钢制柱型散热器

其构造与铸铁柱型散热器相似，每片也有几个中空立柱（图 3-4）。这种散热器是采用 1.25～1.5mm 厚冷轧钢板冲压延伸形成片状半柱型。将两片片状半柱型经压力滚焊复合成单片，单片之间经气体弧焊连接成散热器。

（4）钢制扁管型散热器

它是采用 52mm×11mm×1.5mm（宽×高×厚）的水通路扁管叠加焊接在一起，两端加上断面 35mm×40mm 的联箱制成（图 3-5）。扁管散热器的板型有单

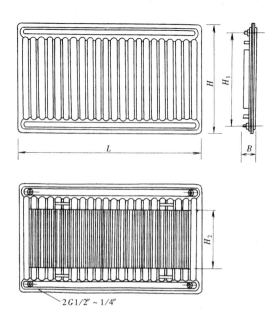

图 3-3　钢制板型散热器

板、双板，单板带对流片和双板带对流片四种结构形式。单双板扁管散热器两面均为光板，板面温度较高，有较多的辐射热。带对流片的单、双板扁管散热器，每片散热量比同规格的不带对流片的大，热量主要是以对流方式传递。

（5）钢制光面管（排管）散热器

它是用钢管在现场或工厂焊接制成。它的主要缺点是耗钢量大、占地面积大、造价高，也不美观，一般只用于工业厂房。

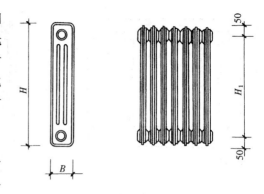

图 3-4　钢制柱型散热器

钢制散热器与铸铁散热器相比，具有如下一些特点：

1）金属耗量少。钢制散热器大多数是由薄钢板压制焊接而成。金属热强度可达 0.8～1.0W/(kg·℃)，而铸铁散热器的金属热强度一般仅为 0.3W/(kg·℃)左右。

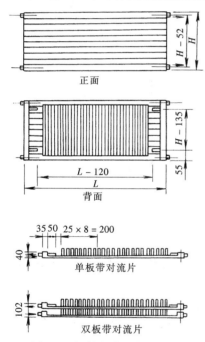

图 3-5　钢制扁管型散热器

2）耐压强度高。铸铁散热器承受的工作压力一般 0.4～0.5MPa。钢制板型及柱型散热器的最高工作压力可达 0.8MPa；钢串片承受的工作压力更高，可达 1.0MPa。

3）外形美观整洁，占地小，便于布置。钢制散热器高度较低，扁管和板型散热器厚度薄，占地小，便于布置。

4）除钢制柱型散热器外，钢制散热器的水容量较少，热稳定性较差。

5）钢制散热器的最主要缺点是容易被腐蚀，使用寿命比铸铁散热器短。实践经验表明：热水供暖系统中水的含氧量和氯根含量多时，钢制散热器很易产生内部腐蚀。此外，在蒸汽供暖系统中不应采用钢制散热器。对具有腐蚀性气体的生产厂房或相对湿度较大的房间，不宜设置钢制散热器。

3. 铝制散热器

铝制散热器的特点：

（1）高效的散热性能。铝具有优良的热传导性能，由挤压成型的柱翼式（图 3-6）造型使得同体积散热面积大大增加，散热量大大提高，因此铝制散热器在满足同等散热量的情况下体积比传统散热器要小得多。

（2）重量轻。铝制散热器由于具有很高的散热效率，并且它的比重也仅为钢的 1/3，所以在同等散热量情况下，铝制散热器的重量比钢制散热器的重量要轻很多。

（3）价格偏高。铝是价格较高的有色金属，远远高于钢、铁等黑色金属。

（4）不宜在强碱条件下长期使用。铝是两性金属，对酸、碱都很活跃。在强碱条件下防腐涂料会加速老化，一旦涂层被破坏，铝会很快腐蚀，造成穿孔，因此铝制散热器对供暖系统用水要求较高。

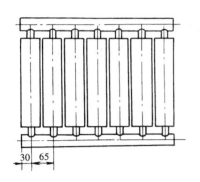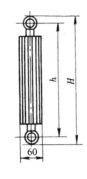

30 65 60

图 3-6　柱翼式铝制散热器

4. 铜铝复合散热器

采用最新的液压胀管技术将里面的铜管与外部的铝合金紧密连接起来，将铜的防腐性能和铝的高效传热结合起来，这种组合使得这种散热器性能更加优越（图 3-7）。

此外还有用塑料等制造的散热器。塑料散热器，可节省金属，耐腐蚀，但不能承受太高的温度和压力。

各种散热器的热工性能及几何尺寸可查厂家样本或设计手册。

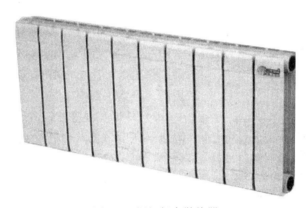

图 3-7　铜铝复合散热器

3.1.3　散热器的选择

1. 散热器型式的选用

选用散热器类型时，应考虑其在热工、经济、卫生工艺和美观等方面的基本要求，应符合下列原则性的规定：

（1）所选散热器的传热系数应较大，其热工性能应满足供暖系统的要求。

（2）应根据供暖系统的压力要求，确定散热器的工作压力，并符合国家现行有关产品标准的规定；

（3）宜采用外形美观、易于清扫的散热器；

（4）相对湿度较大的房间应采用耐腐蚀的散热器；

（5）采用钢制散热器时，应满足产品对水质的要求，在非供暖季节供暖系统应充水保养；

（6）采用铝制散热器时，应选用内防腐型铝制散热器，并满足产品对水质的要求；

（7）安装热量表和恒温阀的热水供暖系统不宜采用水流通道内含有粘砂的铸铁散热器；

（8）高大空间供暖不宜单独采用对流型散热器。

2. 散热面积的计算

散热器散热面积 F 按下式计算：

$$F = \frac{Q}{K(t_{pj} - t_n)}\beta_1\beta_2\beta_3 \tag{3-1}$$

式中　Q——散热器的散热量，W；

　　　t_{pj}——散热器内热媒平均温度，℃；

　　　t_n——供暖室内计算温度，℃；

　　　K——散热器的传热系数，W/(m² · ℃)；

　　　β_1——散热器组装片数修正系数；

　　　β_2——散热器连接形式修正系数；

　　　β_3——散热器安装形式修正系数。

3. 散热器内热媒平均温度 t_{pj}

散热器内热媒平均温度 t_{pj} 随供暖热媒（蒸汽或热水）参数和供暖系统形式而定。

（1）在热水供暖系统中，t_{pj} 为散热器进出口水温的算术平均值。

$$t_{pj} = (t_{sg} + t_{sh})/2 \tag{3-2}$$

式中　t_{sg}——散热器进水温度，℃；

　　　t_{sh}——散热器出水温度，℃。

对双管热水供暖系统，散热器的进、出口温度分别按系统的设计供、回水温度计算。

对单管热水供暖系统，由于每组散热器的进、出口水温沿流动方向下降，所以每组散热器的进、出口水温必须逐一分别计算，进而求出散热器内热媒平均温度，如图 3-8 所示。

流出第三层散热器的水温 t_3，可按下式计算：

$$t_3 = t_g - \frac{Q_3}{(Q_1 + Q_2 + Q_3)}(t_g - t_h) \tag{3-3}$$

流出第二层散热器的水温 t_2，可按下式计算：

$$t_2 = t_g - \frac{(Q_2 + Q_3)}{(Q_1 + Q_2 + Q_3)}(t_g - t_h) \tag{3-4}$$

写成通式，即为

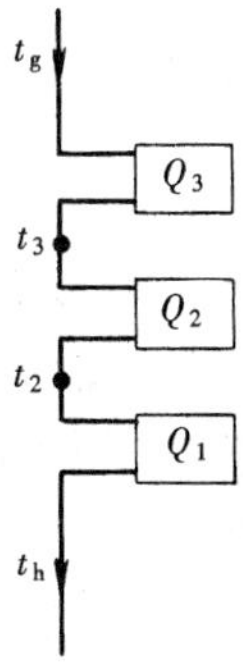

图 3-8　单管热水供暖系统散热器出口水温计算示意图

$$t_i = t_g - \frac{\sum_i^N Q_i}{\Sigma Q}(t_g - t_h) \tag{3-5}$$

式中　t_i——流出第 i 组散热器的水温，℃；

　　$\sum_i^N Q_i$——沿水流方向，在第 i 组（包括第 i 组）散热器前的全部散热器的散热量，W；

　　　ΣQ——立管上所有散热器热负荷之和，W。

计算出各管段水温后，就可以计算散热器的热媒平均温度。

如图 3-8 所示，若已知各层散热器的供暖设计热负荷 Q_1 为 1200kW，Q_2 为 1000kW，Q_3 为 1100kW；供水温度 t_g 为 85 ℃，回水温度 t_h 为 60℃，则：

$$t_3 = t_g - \frac{Q_3}{Q_1 + Q_2 + Q_3}(t_g - t_h) = 85 - \frac{1100}{1200 + 1000 + 1100}(85 - 60) = 76.67℃$$

$$t_2 = t_g - \frac{Q_2 + Q_3}{Q_1 + Q_2 + Q_3}(t_g - t_h) = 85 - \frac{1100 + 1000}{1200 + 1000 + 1100}(85 - 60) = 69.09℃$$

散热器 Q_3 的平均温度为：$\dfrac{t_g + t_3}{2} = \dfrac{85 + 76.67}{2} = 80.84 ℃$

散热器 Q_2 的平均温度为：$\dfrac{t_3 + t_2}{2} = \dfrac{76.67 + 69.09}{2} = 72.88℃$

散热器 Q_1 的平均温度为：$\dfrac{t_2 + t_h}{2} = \dfrac{69.09 + 60}{2} = 64.55℃$

（2）在蒸汽供暖系统中，当蒸汽表压力小于或等于 0.03MPa 时，t_{pj} 取等于 100℃；当蒸汽表压力大于 0.03MPa 时，t_{pj} 取与散热器进口蒸汽压力相应的饱和温度。

4. 散热器传热系数 K 及其修正系数

散热器传热系数 K 值的物理概念，是表示当散热器内热媒平均温度 t_{pj} 与室内空气温度 t_n 相差 1℃ 时，每 1m² 散热器面积所放出的热量，单位为 W/(m²·℃)。它是散热器散热能力强弱的主要标志。

影响散热器传热系数的因素很多：散热器的制造情况（如采用的材料、几何尺寸、结构形式、表面喷涂等因素）和散热器的使用条件（如使用的热媒、温度、流量、室内空气温度及流速、安装方式及组合片数等因素）都综合地影响散热器的散热性能，因而难以用理论计算散热器传热系数 K 值。只能通过实验方法确定。

因为散热器向室内散热量大小，主要取决于散热器外表面的换热阻，而在自然对流传热下，外表面换热阻的大小主要取决于热媒与空气平均温差 Δt。Δt 越大，则传热系数 K 及散热量 Q 值越高。

散热器的传热系数 K 和散热量 Q 值是在一定的条件下，通过实验测定的。若实际情况与实验条件不同，则应对测定值进行修正。式(3-1)中的 β_1、β_2 和 β_3 值都是考虑散热器的实际使用条件与测定实验条件不同，而对 K 或 Q 值，亦即对散热器面积 F 引入的修正系数。

（1）散热器组装片数修正系数 β_1

在传热过程中，柱型散热器中间各相邻片之间相互吸收辐射热，减少了向房间的辐射热量，只有两端散热器的外侧表面才能把绝大部分辐射热量传给室内。随着柱型散热器片数的增加，其外侧表面占总传热面积的比例减少，散热器单位散热面积的平均散热量也就减少，因而实际传热系数 K 减小，在热负荷一定的情况下所需散热面积增大。

散热器组装片数的修正系数 β_1 值，可按附录 3-1 选用。

（2）散热器连接形式修正系数 β_2

当散热器支管与散热器的连接方式不同时，由于散热器外表面温度场变化的影响，使散热器的传热系数发生变化。因此，按上进下出实验公式计算其他连接方式的传热系数 K 值时，应进行修正，由此需增加散热器面积。

不同连接方式的散热器修正系数 β_2 值，可按附录 3-2 取用。

（3）散热器安装形式修正系数 β_3

安装在房间内的散热器，可有多种方式，如敞开装置、在壁龛内或加装遮挡罩板等。当安装方式不同时，就改变了散热器对流放热和辐射放热的条件，因而要对 K 或 Q 值进行修正。

散热器安装形式修正系数 β_3 值，可按附录 3-3 取用。

此外，一些实验表明：在一定的连接方式和安装形式下，通过散热器的水流量大小对某些形式散热器的 K 值和 Q 值也有一定影响。如在闭式钢串片散热器中，当流量减少较多时，肋片的温度明显降低，传热系数 K 和散热量 Q 值下降。对不带肋片的散热器，水流量对传热系数 K 和散热量 Q 值的影响较小，可不修正。

散热器表面采用涂料不同，对 K 值和 Q 值也有影响。银料（铝粉）的辐射系数低于调和漆，散热器表面涂调和漆时，传热系数比涂银粉漆时约高 10％ 左右。

在蒸汽供暖系统中，蒸汽在散热器内表面凝结放热，散热器表面温度较均匀，在相同的计算热媒平均温度 t_{pj} 下（如热水散热器的进、出口水温度为 130℃/70℃ 与蒸汽表压力低于 0.03MPa 的情况相对比），蒸汽散热器的传热系数 K 值要高于热水散热器的 K 值。不同蒸汽压力下一些铸铁和钢制散热器的传热系数 K 值，可按附录 3-4、附录 3-5 选用。

5. 散热器片数或长度的确定

按式（3-1）确定所需散热器面积后（由于每组片数或总长度未定，先按 $\beta_1 = 1$ 计算），可按下式计算所需散热器的总片数或总长度。

$$n = F/f \tag{3-6}$$

式中　f——每片或每 1 m 长的散热器散热面积，m^2/片或 m^2/m。

然后根据每组片数或长度乘以修正系数 β_1，最后确定散热器面积。按经验，一般来说，柱型散热器面积可比计算值小 $0.1m^2$（片数 n 只能取整数），翼型和其他散热器的散热面积可比计算值小 5％。

6. 考虑供暖管道散热量时，散热器散热面积的计算

供暖系统的管道敷设，有暗设和明设两种方式。暗设的供暖管道，应用于美观要求高的房间。暗设供暖管道的散热量没有进入房间内，同时进入散热器的水温降低。因此，《暖通规范》规定：供暖系统非保温管道，明设时，应计算管道的散热量对散热器数量的折减；暗设时，宜考虑管道散热量对散热器数量的影响。在设计中如何进行修正，可参考有关资料。

对于明设于供暖房间内的管道，因考虑到全部或部分管道的散热量会进入室内，抵消了水冷却的影响，因而，计算散热面积时，通常可不考虑这个修正因素，除非室温要求严格的建筑物。

在精确计算散热器散热量的情况下（如民用建筑的标准设计或室内温度要求严格的房间），应考虑明设供暖管道散入供暖房间的散热量。供暖管道散入房间的热量，可用下式计算：

$$Q_g = FK_g l \Delta t \eta \tag{3-7}$$

式中　Q_g——供暖管道散热量，W；

　　F——每米长管道的表面积，m^2；

　　l——明装供暖管道长度，m；

　　K_g——供暖管道的传热系数，W/（$m^2 \cdot ℃$）；

　　Δt——供暖管道内热媒温度与室内温度差，℃；

　　η——供暖管道安装位置的修正系数。

供暖管道安装位置的修正系数按下列不同情况选用：

沿顶棚下面的水平管道　　　　　　　　　　$\eta = 0.5$

沿地面上的水平管道　　　　　　　　　　　$\eta = 1.0$

立管 $\eta = 0.75$

连接散热器的支管 $\eta = 1.0$

计算散热器散热面积时，应减去供暖管道散入房间的热量。同时应注意，需要计算出热媒在管道中的温降，以求出进入散热器的实际水温 t_{sg}，并用此参数确定各散热器的 K 值或 Q 值，在扣除相应管道的散热量后，再确定散热器面积。

3.1.4 散热器的布置

（1）散热器宜安装在外墙的窗台下，这样，沿散热器上升的对流热气流能阻止和改善从玻璃窗下降的冷气流和玻璃冷辐射的影响，有利于人体舒适。当安装或布置管道有困难时，也可靠内墙安装。

（2）为防止冻裂散热器，两道外门之间的门斗内，不应设置散热器。楼梯间的散热器，宜分配在底层或按一定比例分配在下部各层。

（3）幼儿园、老年人和有特殊功能要求的建筑的散热器必须暗装或加防护罩，以保证安全使用。其他建筑的散热器应明装。必须暗装时，装饰罩应有合理的气流通道、足够的通道面积，并方便维修。散热器的外表面应刷非金属性涂料。

（4）在垂直单管或垂直双管供暖系统中，同一房间的两组散热器，可采用异侧连接的水平单管串联连接方式，也可采用上下接口同侧连接方式。当采用上下接口同侧连接方式时，散热器之间的上下连接管应与散热器接口同径。

（5）铸铁散热器的组装片数，宜符合下列规定：

粗柱型（包括柱翼型）不宜超过 20 片；细柱型不宜超过 25 片。

3.1.5 散热器计算例题

【例题 3-1】 某房间设计热负荷为 1600W，室内安装 M-132 型散热器，散热器明装，上部有窗台板覆盖，散热器距窗台板高度为 150mm。供暖系统为双管上供下回式。设计供、回水温度为：95℃/70℃，室内供暖管道明装，支管与散热器的连接方式为同侧连接，上进下出，计算散热器面积时，不考虑管道向室内散热的影响。求散热器面积及片数。

【解】 已知：$Q = 1600W$；$t_{pj} = （95+70）/2 = 82.5℃$；$t_n = 18℃$；$\Delta t = t_{pj} - t_n = 82.5 - 18 = 64.5℃$；查附录 3-4，对 M-132 型散热器

$$K = 2.426\Delta t^{0.286} = 2.426（64.5）^{0.286} = 7.99W/（m^2 \cdot ℃）$$

修正系数：

散热器组装片数修正系数，先假定 $\beta_1 = 1.0$；

散热器连接形式修正系数，查附录 3-2 得：$\beta_2 = 1.0$；

散热器安装形式修正系数，查附录 3-3 得：$\beta_3 = 1.02$。

根据（3-1）式得：

$$F' = \frac{Q}{K\Delta t}\beta_1\beta_2\beta_3 = \frac{1600}{7.99 \times 64.5} \times 1.0 \times 1.0 \times 1.02 = 3.17m^2$$

M-132 型散热器每片散热面积为 0.24m² （查附录 3-4），计算片数 n' 为：

$$n' = 3.17/0.24 = 13.2 \text{片} \approx 13 \text{片}$$

查附录 3-1，当散热器片数为 11～20 片时，$\beta_1 = 1.05$，因此，实际所需散热器面积为：

$$\beta_1 = 3.17 \times 1.05 = 3.33\,\text{m}^2$$

实际采用片数为：

$$n = F/f = 3.33/0.24 = 13.88\ \text{片}$$

取整数，应采用 M-132 型散热器 14 片。

下面根据生产厂家提供的产品样本进行本例题散热器选择的方法和一般步骤的介绍。

某厂钢铝复合 75×75 系列产品技术参数如以下图表。

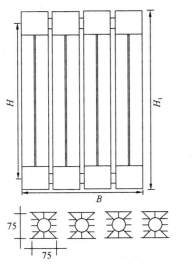 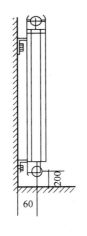

钢铝复合75×75

技 术 参 数

钢铝 GLF8－7.5 在不同温差下的散热量表（W/片）

温差 Δt（℃）	中心距（mm）						
	300	400	500	600	1200	1500	1800
35	29.68	40.18	50.23	58.54	111.06	133.85	155.57
40	35.72	48.34	59.39	70.44	134.09	161.60	187.83
45	42.05	56.92	70.02	83.22	158.33	190.81	221.79
50	48.66	65.87	81.33	95.97	183.71	221.40	257.34
55	55.54	75.17	92.96	109.52	210.15	253.27	294.38
60	62.66	84.80	105.18	123.56	237.60	286.35	332.84
64.5	69.26	93.74	116.17	136.59	263.13	317.11	368.59
70	77.58	105.00	129.99	152.99	295.33	355.92	413.71

钢铝 GLF8-7.5 技术参数

中心距 H（mm）	400	500	600	1200	1500	1800
高度 H_1（mm）	446	546	646	1246	1546	1846
散热量（W/片）	93.74	116.17	136.59	263.13	317.11	368.59
水容量（L/片）	0.216	0.241	0.267	0.419	0.495	0.572
散热表面积（m²/片）	0.15	0.18	0.21	0.39	0.48	0.57
厚度（mm）	75					
工作压力（MPa）	1					
试验压力（MPa）	1.5					
接口尺寸	标准 6 分口、4 分口、1 寸口					
水平下进下出接口中心距尺寸（mm）	以组合长度为准					

产品组合长度表（mm）

片数	3	4	5	6	7	8	9	10	11
组合长度	262	343	424	505	586	667	748	829	910
	12	13	14	15	16	17	18	19	20
	991	1072	1153	1234	1315	1396	1477	1558	1639

注：组合长度为产品净组合长度，误差±5。

（1）选择散热器的类型。本例题选用钢铝复合75×75类型。

（2）选择散热器的具体型号。

本例题若知窗台高度为950mm，则根据产品样本可知，从安装的角度考虑，中心距为400mm、500mm、600mm散热器均可选用。当然具体选择哪一种型号可视设计要求确定。本例题选用中心距为600mm型号散热器。

（3）计算散热器片数。

由产品样本可知：温差为64.5℃条件下，600mm型号散热器的散热量为136.59W/片；已知房间设计热负荷为1600W。

则散热器片数＝房间设计热负荷/散热器每片散热量＝1600/136.59＝11.7片≈12片是否需要对安装形式和组装片数进行修正要根据产品样本说明进行，本样本不要求进行片数修正。

3.2 暖 风 机

3.2.1 暖风机的类型

暖风机是由通风机、电动机及空气加热器组合而成的联合机组。在风机的作用下，空气由吸风口进入机组，经空气加热器加热后，从送风口送至室内，以维持室内要求的温度。

暖风机分为轴流式与离心式两种，常称为小型暖风机和大型暖风机。根据其结构特点及适用的热媒不同，又可分为蒸汽暖风机，热水暖风机，蒸汽、热水两用暖风机以及冷热水两用暖风机等。目前国内常用的轴流式暖风机主要有蒸汽、热水两用的NC型和NA型暖风机（图3-9）和冷热水两用的S型暖风机；离心式大型暖风机主要有蒸汽、热水两用的NBL型暖风机（图3-10）。

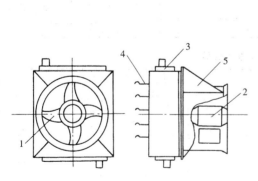

图3-9 NC型轴流式暖风机

1—轴流式风机；2—电动机；3—加热器；
4—百叶片；5—支架

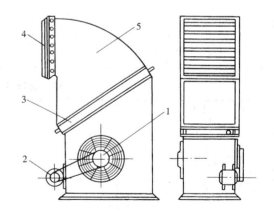

图3-10 NBL型离心式暖风机

1—离心式风机；2—电动机；3—加热器；
4—导流叶片；5—外壳

轴流式暖风机体积小，结构简单，安装方便；但它送出的热风气流射程短，出口风速低。轴流式暖风机一般悬挂或支架在墙上或柱子上。热风经出风口处百叶调节板，直接吹向工作区。离心式暖风机是用于集中输送大量热风的供暖设备。由于它配用离心式通风机，有较大的作用压头和较高的出口速度，它比轴流式暖风机的气流射程长，送风量和产热量大，常用于集中送风供暖系统。

暖风机是热风供暖系统的制热和送热设备。热风供暖是比较经济的供暖方式之一，对流散热几乎占100%，因而具有热惰性小，升温快的特点。轴流式小型暖风机主要用于加热室内再循环空气，离心式大型暖风机，除用于加热室内再循环空气外，也可用来加热一部分室外新鲜空气，同时用于房间通风和供暖上，但应注意：对于空气中含有燃烧危险的粉尘，产生易燃易爆气体和纤维未经处理的生产厂房，从安全角度考虑，不得采用再循环空气。

3.2.2 暖风机布置和安装

在生产厂房内布置暖风机时，应根据车间的几何形状、工艺设备布置情况以及气流作用范围等因素，设计暖风机台数及位置。

采用小型暖风机供暖，为使车间温度场均匀，保持一定的断面速度，布置时宜使暖风机的射流互相衔接，使供暖房间形成一个总的空气环流；同时，室内空气的换气次数，每小时宜大于或等于1.5次。

位于严寒地区或寒冷地区的工业建筑，利用热风供暖时，宜在窗下设置散热器，作为值班供暖或满足工艺所需的最低室内温度，一般不得低于5℃。

小型暖风机常见的三种布置方案，如图3-11所示。

图3-11（a）为直吹布置，暖风机布置在内墙一侧，射出热风与房间短轴平行，吹向外墙或外窗方向，以减少冷空气渗透。

图3-11（b）为斜吹布置，暖风机在房间中部沿纵轴方向布置，把热空气向外墙斜吹。此种布置用在沿房间纵轴方向可以布置暖风机的场合。

图3-11（c）为顺吹布置，若暖风机无法在房间纵轴线上布置，可使暖风机沿四边墙串联吹射，避免气流互相干扰，使室内空气温度较均匀。

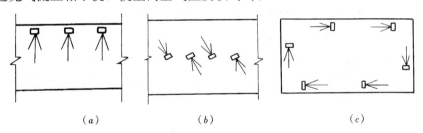

（a）　　　　　　　　（b）　　　　　　　　（c）

图3-11　轴流式暖风机布置方案
（a）直吹；（b）斜吹；（c）顺吹

在高大厂房内，如内部隔墙和设备布置不影响气流组织，宜采用大型暖风机集中送风。在选用大型暖风机供暖时，由于出口速度和风量都很大，一般沿车间长度方向布置。气流射程不应小于车间供暖区的长度。在射程区域内不应有高大设备或遮挡，避免造成整个平面上的温度梯度达不到设计要求。

小型暖风机的安装高度（指其送风口离地面的高度），当出口风速小于或等于5m/s时，宜采用3～3.5m，当出口风速大于5m/s时，宜采用4～5.5m，这样可保证生产厂房的工作区的风速不大于0.3m/s。暖风机的送风温度，宜采用35～50℃。送风温度过高，热射流呈自然上升的趋势，会使房间下部加热不好；送风温度过低，易使人有吹冷风的不舒适感。

当采用大型暖风机集中送风供暖时，暖风机的安装高度应根据房间的高度和回流区的分布位置等因素确定，不宜低于 3.5m，但不得高于 7.0m，房间的生活地带或作业地带应处于集中送风的回流区；生活地带或作业地带的风速，一般不宜大于 0.3m/s，但最小平均风速不宜小于 0.15m/s；送风口的出口风速，应通过计算确定，一般可采用 5~15m/s。集中送风的送风温度，不宜低于 35℃，不得高于 70℃，以免热气流上升而无法向房间工作地带供热。当房间高度或集中送风温度较高时，送风口处宜设置向下倾斜的导流板。

对严寒地区公共建筑经常开启的外门，当不设门斗和前室时，宜设热空气幕。热空气幕送风方式宜采用由上向下送风，对于公共建筑的外门，送风温度不宜高于 50℃，对高大外门不宜高于 70℃；对于公共建筑的外门，出口风速不宜大于 6m/s，对高大外门，不宜大于 25m/s。

3.2.3 暖风机的选择

热风供暖的热媒宜采用 0.1~0.3MPa 的高压蒸汽或不低于 90℃的热水。当采用燃气、燃油加热或电加热时，应符合国家现行有关标准的要求。

在暖风机热风供暖设计中，主要是确定暖风机的型号、台数、平面布置及安装高度等。各种暖风机的性能，即热媒参数（压力、温度等）、散热量、送风量、出口风速和温度、射程等均可以从有关设计手册或产品样本中查出。

暖风机的台数 n 可按下式计算

$$n = \frac{\beta Q}{Q_{\mathrm{d}}} \tag{3-8}$$

式中 Q——暖风机热风供暖所要求的耗热量，W；

  β——选用暖风机附加的安全系数，宜采用 $\beta = 1.2 \sim 1.3$；

  Q_{d}——每台暖风机的实际散热量，W。

需要指出：产品样本中给出的暖风机散热量都是空气进口温度等于 15℃时的散热量，若空气进口温度不等于 15℃时，散热量也随之改变。此时可按下式进行修正。

$$Q_{\mathrm{d}} = \frac{t_{\mathrm{pj}} - t_{\mathrm{n}}}{t_{\mathrm{pj}} - 15} Q_{\mathrm{o}} \tag{3-9}$$

式中 Q_{o}——产品样本中给出当进口空气温度为 15℃的散热量，W；

  t_{pj}——热媒平均温度，℃；

  t_{n}——设计条件下的进风温度，℃。

小型暖风机的射程，可按下式估算：

$$S = 11.3 \nu_{\mathrm{o}} D \tag{3-10}$$

式中 S——气流射程，m；

  ν_{o}——暖风机出口风速，m/s；

  D——暖风机出口的当量直径，m。

3.3 热水供暖系统的附属设备

3.3.1 排气装置

自然循环和机械循环热水供暖系统都必须及时迅速地排除系统内的空气，才能保证系统正常运行。其中，自然循环系统、机械循环的双管下供下回式及倒流式系统可以通过膨胀水箱排空气，其他系统都应在供水干管末端设置集气罐或手动、自动排气阀排空气。

1. 集气罐

集气罐一般是用直径 $\phi100\sim250mm$ 的钢管焊制而成的，分为立式和卧式两种，每种又有 I、Ⅱ 两种形式，如图 3-12 所示。集气罐顶部连接直径 $\phi15$ 的排气管，排气管应引至附近的排水设施处，排气管另一端装有阀门，排气阀应设在便于操作的地方。

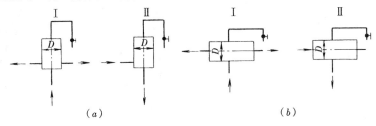

图 3-12　集气罐

(a) 立式集气罐；(b) 卧式集气罐

集气罐应设于系统供水干管末端的最高点处。当系统充水时，应打开排气阀，直至有水从管中流出，方可关闭排气阀；系统运行期间，应定期打开排气阀排除空气。

可根据如下要求选择集气罐的规格尺寸：

(1) 集气罐的有效容积应为膨胀水箱有效容积的 1%；

(2) 集气罐的直径应大于或等于干管直径的 1.5～2 倍；

(3) 应使水在集气罐中的流速不超过 0.05 m/s。

集气罐的规格尺寸见表 3-1。

2. 自动排气阀

自动排气阀大都是依靠水对浮体的浮力，通过自动阻气和排水机构，使排气孔自动打开或关闭，达到排气的目的。

集 气 罐 规 格 尺 寸　　　　　　　　　　表 3-1

规　　格	型　　号				国标图号
	1	2	3	4	
D (mm)	100	150	200	250	T903
H (L) (mm)	300	300	320	430	
重量 (kg)	4.39	6.95	13.76	29.29	

自动排气阀的种类很多，图 3-13 是一种自动排气阀。当阀内无空气时，阀体中的水将浮子浮起，通过杠杆机构将排气孔关闭，阻止水流通过。当系统内的空气经管道汇集到阀体上部空间时，空气将水面压下去，浮子随之下落，排气孔打开，自动排除系统内的空

气。空气排除后，水又将浮子浮起，排气孔重新关闭。自动排气阀与系统连接处应设阀门，以便检修自动排气阀。

3. 手动排气阀

手动排气阀适用于公称压力 $p \leqslant 600$ kPa，工作温度 $t \leqslant 100℃$ 的水或蒸汽供暖系统的散热器上。如图 3-14 为手动排气阀，它多用在水平式和下供下回式系统中，旋紧在散热器上部专设的丝孔上，以手动方式排除空气。

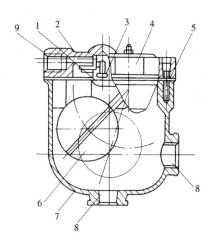

图 3-13 立式自动排气阀

1—杠杆机构；2—垫片；3—阀堵；
4—阀盖；5—垫片；6—浮子；7—阀
体；8—接管；9—排气孔

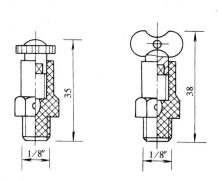

图 3-14 手动排气阀

3.3.2 其他附属设备

1. 热量表

进行热量测量与计算，并作为计费结算依据的计量仪器称为热量表（也称热表）。热量表构造（图 3-15）根据热量计算方程，一套完整的热量表应由以下三部分组成：

图 3-15 热量表
构造及连接图

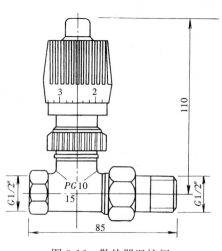

图 3-16 散热器温控阀

（1）热水流量计，用以测量流经换热系统的热水流量。

（2）一对温度传感器，分别测量供水温度和回水温度，并进而得到供回水温差。

（3）积算仪（也称积分仪），根据与其相连的流量计和温度传感器提供的流量及温度数据，通过热量计算方程可计算出用户从热交换系统中获得的热量。

2. 散热器温控阀

散热器温控阀是一种自动控制进入散热器热媒流量的设备，它由阀体部分和感温元件控制部分组成。图 3-16 为散热器温控阀的外形图。

当室内温度高于给定的温度值时，感温元件受热，其顶杆压缩阀杆，将阀口关小，进入散热器的水流量会减小，散热器的散热量也会减小，室温随之下降。当室温下降到设置的低限值时，感温元件开始收缩，阀杆靠弹簧的作用抬起，阀孔开大，水流量增大，散热器散热量也随之增加，室温开始升高。温控阀的控温范围在 13～28℃ 之间，控温误差为 ±1℃。

散热器温控阀具有恒定室温，节约热能等优点，但其阻力较大（阀门全开时，局部阻力系数 ξ 可达 18.0 左右）。

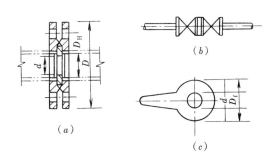

3. 调压板

当外网压力超过用户的允许压力时，可设置调压板来减少建筑物入口供水干管上的压力。

调压板的材质，蒸汽供暖系统只能用不锈钢，热水供暖系统可以用铝合金或不锈钢。调压板用于压力 $p<$ 1000kPa 的系统中。选择调压板时孔

图 3-17　调压板制作安装图
（a）调压板装配图；（b）调压板安装图；（c）调压板制作图

口直径不应小于 3mm，且调压板前应设置除污器或过滤器，以免杂质堵塞调压板孔口。调压板的厚度一般为 2～3mm，安装在两个法兰之间，如图 3-17 所示。

调压板的孔径可按下式计算

$$d = 20.1\sqrt[4]{G^2/\Delta p} \tag{3-11}$$

式中　d——调压板的孔径，mm；

G——热媒流量，m^3/h；

Δp——调压板前后的压差，kPa。

思 考 题 与 习 题

1. 散热设备的作用有哪些？有哪些基本要求？

2. 散热器根据材质不同，可分为哪些类型？

3. 钢制散热器、铸铁散热器、铝制散热器各有什么优缺点？

4. 选用散热器的原则是什么？

5. 如何计算散热器面积？简述计算中每一项代表的意义。

6. 对单管系统和双管系统来说，散热器热媒平均温度如何计算？

7. 影响散热器的传热系数的因素有哪些？主要因素是什么？

8. 散热器的传热系数为什么要进行修正？

9. 简述散热器的布置原则。

10. 如何选择暖风机？其布置的原则是什么？

11. 试述集气罐、自动排气阀的作用？如何选择？

12. 什么是散热器温控阀？它有什么作用？

13. 通过练习会进行散热器的选择计算。

教学单元 4　热水供暖系统的水力计算

4.1　管路水力计算的基本原理

4.1.1　基本公式

热水供暖系统进行水力计算可以确定系统中各管段的管径，使各管段的流量和进入散热器的流量符合要求，进而确定出各管路系统的阻力损失。流体在管路中流动时，要克服流动阻力产生的能量损失，能量损失有沿程压力损失和局部压力损失两种形式。

沿程压力损失是由于管壁的粗糙度和流体黏滞性的共同影响，在管段全长上产生的损失。

局部压力损失是流体通过局部构件（如三通、阀门等）时，由于流动方向和速度改变产生局部旋涡和撞击而引起的损失。

1. 沿程压力损失

根据达西公式，沿程压力损失可用下式计算

$$p_y = \lambda \frac{l}{d} \frac{\rho v^2}{2} \tag{4-1}$$

单位长度的沿程压力损失，也就是比摩阻 R 的计算公式为

$$R = \frac{p_y}{l} = \frac{\lambda}{d} \frac{\rho v^2}{2} \tag{4-2}$$

式中　p_y——沿程压力损失，Pa；

　　　λ——管段的摩擦阻力系数；

　　　d——管子的内径，m；

　　　ρ——流体的密度，kg/m³；

　　　v——管中流体的速度，m/s；

　　　l——管段的长度，m。

实际工程计算中，往往已知流量，则公式（4-2）中的流速 v 可以用质量流量 G 表示

$$v = \frac{G}{3600 \times \frac{\pi d^2}{4} \rho} = \frac{G}{900 \pi d^2 \rho} \tag{4-3}$$

式中　G 为管段中水的质量流量，kg/h。

将式（4-3）代入式（4-2）中，经整理后可得

$$R = 6.25 \times 10^{-8} \frac{\lambda}{\rho} \frac{G^2}{d^5} \tag{4-4}$$

应用公式（4-4）时应首先确定沿程阻力系数 λ。λ 与热媒的流动状态和管壁的粗糙度有关，即

$$\lambda = f(Re, K/d)$$

管壁的当量绝对粗糙度 K 值与管子的使用状况（如腐蚀结垢程度和使用时间等因素）有关，根据运行实践积累的资料，对室内使用钢管的热水供暖系统可采用 $K=0.2\text{mm}$，室外热水供热系统可取 $K=0.5\text{mm}$，对室内使用塑料管的热水供暖系统可采用 $K=0.05\text{mm}$。

应用流体力学理论将流体流动分成几个区域，用经验公式分别确定每个区域的沿程阻力系数 λ。

（1）层流区系数 $\lambda=\dfrac{64}{Re}$。热水供暖系统很少处于层流状态，仅在自然循环热水供暖系统中，个别管径很小（$d=15\text{mm}$）、流速很小的管段中，才会出现层流状态。

（2）紊流区中流体运动有三种形式：

1）紊流光滑区

λ 值也只与 Re 有关，与 K/d 无关。

可用布拉修斯公式确定 λ，即

$$\lambda=\frac{0.3164}{Re^{0.25}} \tag{4-5}$$

2）紊流过渡区用洛巴耶夫公式计算 λ，即

$$\lambda=\frac{1.42}{\left[\lg\left(Re\dfrac{d}{K}\right)\right]^2} \tag{4-6}$$

λ 值不仅与 Re 有关，还与 $\dfrac{d}{K}$ 有关。

3）紊流粗糙区，又叫阻力平方区。λ 值仅取决于粗糙度 K/d。

可用尼古拉兹公式计算 λ，即

$$\lambda=\frac{1}{\left(1.14+2\lg\dfrac{d}{K}\right)^2} \tag{4-7}$$

当管径等于或大于 40mm 时，也可以用简单的希弗林松公式确定紊流粗糙区的 λ 值，即

$$\lambda=0.11\left(\frac{K}{d}\right)^{0.25}$$

此外还有适用于整个紊流区的摩擦阻力系数 λ 值的统一计算公式。可参考有关资料。

一般情况下，室内热水供暖系统的流动状态几乎都是处于紊流的过渡区，室外热水供热系统的流动状态大多处于紊流的粗糙区。

如果水温和流动状态一定，室内外热水管路就可以利用相应公式计算沿程阻力系数 λ 值。将 λ 值代入公式 $R=6.25\times10^{-8}\dfrac{\lambda}{\rho}\dfrac{G^2}{d^5}$ 中，因为 λ 值和 ρ 值均为定值，公式确定的就是 $R=f(G、d)$ 的函数关系式。只要已知三个参数中的任意两个就可以求出第三个参数。

附录 4-1 就是按公式（4-4）编制的热水供暖系统管道水力计算表。

查表确定比摩阻 R 后，该管段的沿程压力损失 $p_y=Rl$（l 为管段长度，m）就可以确定出来。

2. 局部压力损失

局部压力损失可按下式计算

$$p_{\mathrm{j}} = \Sigma\xi\frac{\rho v^2}{2} \tag{4-8}$$

式中　$\Sigma\xi$——管段的局部阻力系数之和，见附录 4-2；

$\frac{\rho v^2}{2}$——表示 $\Sigma\xi=1$ 时的局部压力损失，又叫动压头 Δp_{d}，Pa，见附录 4-3。

3. 总损失

任何一个热水供暖系统都是由很多串联、并联的管段组成，通常将流量和管径均不改变的一段管路称为一个计算管段。

各个管段的总压力损失 Δp 应等于沿程压力损失 p_{y} 与局部压力损失 p_{j} 之和，即

$$\Delta p = \Sigma(p_{\mathrm{y}} + p_{\mathrm{j}}) = \Sigma\left(Rl + \xi\frac{\rho v^2}{2}\right) \tag{4-9}$$

4.1.2　当量阻力法

当量阻力法是在实际工程中的一种简化计算方法。基本原理是将管段的沿程损失折合为局部损失来计算，即

$$\lambda\frac{l}{d}\frac{\rho v^2}{2} = \xi_{\mathrm{d}}\frac{\rho v^2}{2}$$

$$\xi_{\mathrm{d}} = \frac{\lambda}{d}l \tag{4-10}$$

式中　ξ_{d}——当量局部阻力系数。

计算管段的总压力损失 Δp 可写成

$$\Delta p = p_{\mathrm{y}} + p_{\mathrm{j}} = \xi_{\mathrm{d}}\frac{\rho v^2}{2} + \Sigma\xi \cdot \frac{\rho v^2}{2} = (\xi_{\mathrm{d}} + \Sigma\xi)\frac{\rho v^2}{2} \tag{4-11}$$

令

$$\xi_{\mathrm{zh}} = \xi_{\mathrm{d}} + \Sigma\xi \tag{4-12}$$

式中　ξ_{zh}——管段的折算阻力系数
则

$$\Delta p = \xi_{\mathrm{zh}}\frac{\rho v^2}{2} \tag{4-13}$$

将公式（4-3）代入公式（4-13）中，则有

$$\Delta p = \xi_{\mathrm{zh}}\frac{1}{900^2\pi^2 d^4 2\rho}G^2 \tag{4-14}$$

设

$$A = \frac{1}{900^2\pi^2 d^4 2\rho} \tag{4-15}$$

管段的总压力损失

$$\Delta p = A\xi_{\mathrm{zh}}G^2 \tag{4-16}$$

附录 4-4 给出了各种不同管径的 A 值和 λ/d 值。

附录 4-5 给出按公式（4-16）编制的水力计算表。

垂直单管顺流式系统立管与干管、支管，支管与散热器的连接方式，在图中已规定出了标准连接图式，为了简化立管的水力计算，可以将由许多管段组成的立管看作一个计算管段。

附录 4-6 给出了单管顺流式热水供暖系统立管组合部件的 ξ_{zh}。

附录 4-7 给出了单管顺流式热水供暖系统立管的 ξ_{zh} 值。

4.1.3 当量长度法

当量长度法是将局部损失折算成沿程损失来计算的一种简化计算方法，也就是假设某一段管段的局部压力损失恰好等于长度为 l_d 的某管段的沿程损失，即

$$\Sigma\xi\frac{\rho\upsilon^2}{2} = \frac{\lambda}{d}l_d\frac{\rho\upsilon^2}{2} \tag{4-17}$$

$$l_d = \Sigma\xi\frac{d}{\lambda}$$

式中　l_d 为管段中局部阻力的当量长度，m。

管段的总压力损失 Δp 可写成

$$\Delta p = p_y + p_j = Rl + Rl_d = Rl_{zh} \tag{4-18}$$

式中　l_{zh} 为管段的折算长度，m。

当量长度法一般多用于室外供热管路的水力计算上。

4.1.4 塑料管材的水力计算原理

计量供热的室内系统常用塑料管材，其 λ 值计算公式是由实验得到的，与使用钢管的传统供暖系统有所不同。利用相关理论可求得比摩阻 R 值，具体可参考有关资料。

为了简化计算，一般可直接查阅水力计算表。塑料类管材的水力计算表，见表 4-1。

塑料类管材的水力计算表　　　　表 4-1

流　量	计算内径/计算外径（mm）					
	12/16		16/20		20/25	
L/h	m/s	Pa/m	m/s	Pa/m	m/s	Pa/m
90	0.22	91.04				
108	0.27	125.76				
126	0.31	165.30				
144	0.35	209.44	0.20	53.07		
162	0.40	258.20	0.22	65.33		
180	0.44	311.37	0.25	78.77		
198	0.49	368.56	0.27	93.29		
216	0.53	430.07	0.30	108.89		
236	0.57	495.70	0.32	125.57		
252	0.62	563.35	0.35	143.13	0.22	46.70
270	0.66	638.98	0.37	161.77	0.24	55.62
288	0.71	716.42	0.40	181.39	0.25	62.39
306	0.75	797.75	0.42	201.99	0.27	69.55
324	0.80	882.90	0.45	223.57	0.29	77.01
342	0.84	971.78	0.47	246.13	0.30	84.86
360	0.88	1069.3	0.50	269.58	0.31	92.80

流　量	计算内径/计算外径（mm）					
	12/16		16/20		20/25	
L/h	m/s	Pa/m	m/s	Pa/m	m/s	Pa/m
396	0.97	1255.7	0.55	319.21	0.35	109.97
432	1.06	1471.5	0.60	372.49	0.39	128.31
468	1.15	1697.1	0.65	429.28	0.41	147.93
504	1.24	1932.6	0.70	489.62	0.45	168.63

注：本表数值系按《建筑给水排水设计手册》经整理和简化所得，计算水温条件为10℃。

由于供暖系统的水温相对较高，因此，对查出的比摩阻 R_o 值要用下述公式进行修正：

$$R = R_o \cdot \alpha \tag{4-19}$$

式中　R——热媒在计算温度和流量下的比摩阻，Pa/m；

　　　R_o——计算流量下表中查得的比摩阻，Pa/m；

　　　α——比摩阻的水温修正系数。

表4-2 给出了 10℃ 以上计算阻力对应的不同水温修正系数。

10℃以上计算阻力的水温修正系数　　　　　　　　　表 4-2

计算水温（℃）	10	20	30	40	50	60	≥70
水温修正系数	1.00	0.96	0.91	0.88	0.84	0.81	0.80

根据水力计算表确定管径、实际比摩阻后，由 $\Delta p_y = Rl$ 即可确定管段的沿程阻力损失，再由 $\Delta p_j = \Sigma \xi \dfrac{\rho v^2}{2}$ 即可确定管段的局部阻力损失。

热媒通过三通、弯头、阀门等附件的局部阻力系数 ξ 值是由实验方法确定的，可查阅有关设计手册求得。表4-3、表4-4 为天津大学对天津市大通铝塑管厂生产的塑料管材和连接管件进行实验所得到的铝塑复合管的沿程比摩阻和连接管件的局部阻力系数值，可供参考。另外，表4-5 还给出了不同水温下水的物性变化对阻力影响程度的水温修正系数。

铝塑复合管沿程比摩阻表　　　　　　　　　　　表 4-3

流　量	计算内径，计算外径（mm）							
	12/16		14/18		16/20		20/25	
L/h	m/s	Pa/m	m/s	Pa/m	m/s	Pa/m	m/s	Pa/m
50	0.12	24.56	0.09	41.20				
75	0.18	62.88	0.14	57.68	0.10	12.04		
100	0.25	107.25	0.18	77.10	0.14	25.68	0.09	0.38
125	0.31	157.67	0.23	99.47	0.17	41.15	0.11	0.94
150	0.37	214.15	0.27	124.78	0.21	58.43	0.13	1.56
175	0.43	276.67	0.32	153.02	0.24	77.54	0.15	2.21
200	0.49	345.25	0.36	184.21	0.28	98.47	0.18	2.91
225	0.55	419.89	0.41	218.35	0.31	121.21	0.20	3.65
250	0.61	500.57	0.45	255.42	0.35	145.78	0.22	4.44

流 量	计算内径，计算外径（mm）							
	12/16		14/18		16/20		20/25	
L/h	m/s	Pa/m	m/s	Pa/m	m/s	Pa/m	m/s	Pa/m
275	0.68	587.31	0.50	295.43	0.38	172.17	0.24	5.27
300	0.74	680.10	0.54	338.39	0.41	200.38	0.27	6.15
325	0.80	778.94	0.59	384.29	0.45	230.40	0.29	7.07
350	0.86	883.84	0.63	433.13	0.48	262.25	0.31	8.04
375	0.92	994.79	0.68	484.91	0.52	295.92	0.33	9.05
400	0.98	1111.79	0.72	539.63	0.55	331.41	0.35	10.10
425	1.04	1234.84	0.77	597.29	0.59	368.72	0.38	11.20
450	1.11	1363.95	0.81	657.90	0.62	407.84	0.40	12.34
475	1.17	1499.11	0.86	721.45	0.66	448.80	0.42	13.52
500	1.23	1640.32	0.90	787.94	0.69	491.57	0.44	14.75
525	1.29	1787.58	0.95	857.37	0.73	536.16	0.46	16.03
550	1.35	1940.90	0.99	929.74	0.76	582.57	0.49	17.34
575					0.79	630.80	0.51	18.71
600							0.53	20.11
625							0.55	21.56
650							0.58	23.06
675							0.60	24.60
700							0.62	26.18

注：本表所列的数据是根据天津大学对天津市大通铝塑复合管有限公司提供的样品实验的实际测量值，测量水温为60℃。

铝塑复合管连接管件局部阻力系数　　　　表 4-4

塑料管变径的局部阻力系数			
变径尺寸	局部阻力系数 ξ	变径尺寸	局部阻力系数 ξ
$DN12/16 \sim DN14/18$	0.15	$DN14/18 \sim DN12/16$	0.42
$DN16/20 \sim DN20/25$	0.04	$DN20/25 \sim DN16/20$	0.65
$DN12/16 \sim DN16/20$	0.26	$DN16/20 \sim DN12/16$	1.19
塑料管与金属管内丝连接的局部阻力系数			
管件尺寸	局部阻力系数 ξ	管件尺寸	局部阻力系数 ξ
$DN20 \sim DN14/18$	6.11	$DN14/18 \sim DN20$	0.19
$DN20 \sim DN20/25$	7.61	$DN20/25 \sim DN20$	1.70
$DN15 \sim DN12/16$	1.20	$DN12/16 \sim DN15$	0.21
塑料管与金属管内外连接的局部阻力系数			
变径尺寸	局部阻力系数 ξ	变径尺寸	局部阻力系数 ξ
$DN15 \sim DN12/16$	0.89	$DN12/16 \sim DN15$	0.09
$DN20 \sim DN12/16$	0.95	$DN12/16 \sim DN20$	0.07
塑料管件弯头的局部阻力系数			
弯头尺寸	局部阻力系数 ξ	弯头尺寸	局部阻力系数 ξ
$DN12/16$	0.62	$DN14/18$	0.55
$DN16/20$	0.47		

注：1. 本表所列的数据是根据天津大学对天津市大通铝塑复合管有限公司提供的样品实验的实际测量值，测量水温为60℃。

2. 本表以各局部管件入口连接管道计算内径作为动压值的计算直径。

3. 表中 DN 后有4位数的是塑料管的尺寸，其中前2位为计算内径，后2位为计算外径；DN 仅有2位数的代表金属管的公称直径。

不同水温下计算阻力的水温修正系数　　　　表 4-5

水温（℃）	95	90	80	70	60	50	40	30
水温修正系数	0.9	0.93	0.96	0.98	1.0	1.03	1.08	1.12

4.2　热水供暖系统水力计算的任务和方法

4.2.1　热水供暖系统水力计算的任务

（1）已知各管段的流量和循环作用压力，确定各管段管径。常用于工程设计。

（2）已知各管段的流量和管径，确定系统所需的循环作用压力。常用于校核计算。

（3）已知各管段管径和该管段的允许压降，确定该管段的流量。常用于校核计算。

4.2.2　等温降法水力计算方法

等温降法就是采用相同设计温降进行水力计算的一种方法。它认为双管系统每组散热器的水温降相同；单管系统每根立管的供回水温降相同。在这个前提下计算各管段流量，进而确定各管段管径。

等温降法简便，易于计算，但不易使各并联环路阻力达到平衡，运行时易出现近热远冷的水平失调问题。

1. 根据已知温降，计算各管段流量

$$G = \frac{3600Q}{4.187 \times 10^3 (t_g - t_h)} = \frac{0.86Q}{t_g - t_h} \tag{4-20}$$

式中　Q——各计算管段的热负荷，W；

　　　t_g——系统的设计供水温度，℃；

　　　t_h——系统的设计回水温度，℃。

2. 根据系统的循环作用压力，确定最不利环路的平均比摩阻 R_{pj}

$$R_{pj} = \frac{\alpha \Delta p}{\Sigma l} \tag{4-21}$$

式中　R_{pj}——最不利环路的平均比摩阻，Pa/m；

　　　Δp——最不利环路的循环作用压力，Pa；

　　　α——沿程压力损失占总压力损失的估计百分数，查附录 4-8 确定 α 值；

　　　Σl——环路的总长度，m。

如果系统的循环作用压力暂无法确定，平均比摩阻 R_{pj} 无法计算；或入口处供回水压差较大时，平均比摩阻 R_{pj} 过大；会使管内流速过高，系统中各环路难以平衡。出现上述两种情况时，对机械循环热水供暖系统可选用推荐的经济平均比摩阻 $R_{pj} = 60 \sim 120$Pa/m 来确定管径。剩余的资用压力，由入口处的调压装置节流。

根据平均比摩阻确定管径时，应注意管中的流速不能超过规定的最大流速，流速过大会使管道产生噪声。《暖通规范》规定的最大流速见表 4-6。

室内热水供暖系统管道的最大流速（m/s）　　　　表 4-6

室内热水管道管径 DN（mm）	15	20	25	32	40	≥50
有特殊安静要求的热水管道	0.50	0.65	0.80	1.00	1.00	1.00
一般室内热水管道	0.80	1.00	1.20	1.40	1.80	2.00

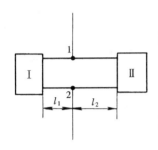

图 4-1 顺流式系统
散热器节点

3. 根据 R_{pj} 和各管段流量，查附录 4-1 选出最接近的管径，确定该管径下管段的实际比摩阻 R 和实际流速 v。

4. 确定各管段的压力损失，进而确定系统总的压力损失。

应用等温降法进行水力计算时应注意：

（1）如果系统未知循环作用压力，可在总压力损失之上附加 10% 确定。

（2）各并联循环环路应尽量做到阻力平衡，以保证各环路分配的流量符合设计要求。各种系统形式要求并联环路的允许不平衡率将在各例题中介绍。

（3）散热器的进流系数。

在单管顺流式热水供暖系统中，如图 4-2 所示，两组散热器并联在立管上，立管流量

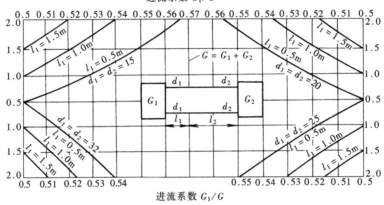

图 4-2 单管顺流式散热器进流系数

经三通分配至各组散热器。流进散热器的流量 G_s 与立管流量 G_l 的比值，称为该组散热器的进流系数 α，即

$$\alpha = \frac{G_s}{G_l}$$

在垂直顺流式热水供暖系统中，当散热器单侧连接时，进流系数 $\alpha = 1.0$；当散热器双侧连接时，如果两侧散热器支管管径、长度、局部阻力系数都相等，则进流系数 $\alpha = 0.5$；如果散热器支管管径、长度、局部阻力系数不相等，进流系数可查图 4-2 确定。

跨越式热水供暖系统中，由于一部分直接经跨越管流入下层散热器，散热器的进流系数 α 取决于散热器支管、立管，跨越管管径的组合情况和立管中的流量、流速情况，进流系数可查图 4-3 确定。

4.2.3 不等温降的水力计算方法

所谓不等温降的水力计算，就是在单管系统

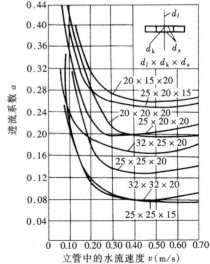

图 4-3 跨越式系统中散热器的进流系数

78

各立管的温降各不相等的前提下进行水力计算。它以并联环路节点压力平衡的基本原理进行水力计算。这种计算方法对各立管间的流量分配，完全遵守并联环路节点压力平衡的水力学规律，能使设计工况与实际工况基本一致。

1. 热水管路的阻力数

无论是室外热水管路或室内热水供暖系统，热水管路都是由许多串联和并联管段组成的。热水管路系统中各管段的压力损失和流量分配，取决于各管段的连接方法——串联或并联连接，以及各管段的阻力数 S 值。

式（4-16）可改写为：

$$\Delta p = A\xi_{zh}G^2 = SG^2 \tag{4-22}$$

式中　S——管段的阻力数，$Pa/(kg/h)^2$。

它的数值表示当管段通过单位流量时的压力损失值。阻力数的概念，同样也可用在由许多管段组成的热水管路上，称为热水管路的总阻力数 S。

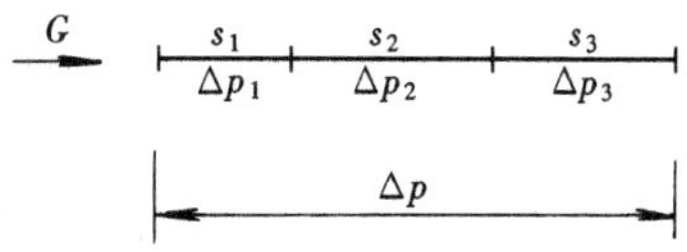

对于串联管路（如图 4-4），管段的总压降为串联管段压降之和。

图 4-4　串联管路

$$\Delta p = \Delta p_1 + \Delta p_2 + \Delta p_3 \tag{4-23}$$

式中　Δp_1、Δp_2、Δp_3——各串联管段的压力损失，Pa。

根据式（4-22），可得

$$S_{ch}G^2 = s_1G^2 + s_2G^2 + s_3G^2$$

由此可得

$$S_{ch} = s_1 + s_2 + s_3 \tag{4-24}$$

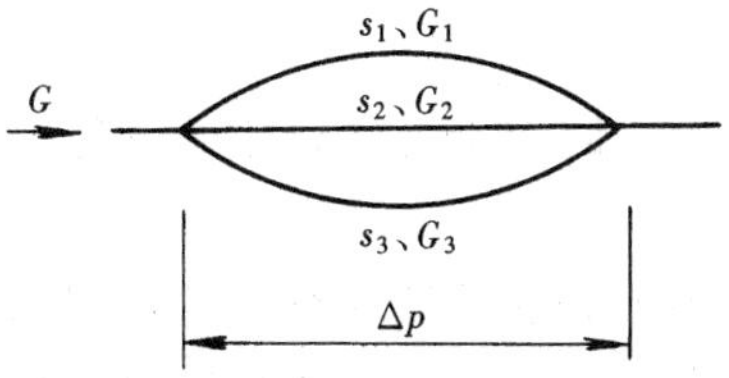

式中　G——热水管路的流量，kg/h；

s_1、s_2、s_3——各串联管段的阻力数，$Pa/(kg/h)^2$；

S_{ch}——串联管段管路的总阻力数，$Pa/(kg/h)^2$。

式（4-24）表明：在串联管路中，管路的阻力数为各串联管段阻力数之和。

对于并联管路（图 4-5），管路的总流量为并联管段流量之和。

图 4-5　并联管路

即

$$G = G_1 + G_2 + G_3 \tag{4-25}$$

根据式（4-22），可得

$$G = \sqrt{\frac{\Delta p}{S_b}}; G_1 = \sqrt{\frac{\Delta p}{s_1}}; G_2 = \sqrt{\frac{\Delta p}{s_2}}; G_3 = \sqrt{\frac{\Delta p}{s_3}} \tag{4-26}$$

将式（4-26）代入式（4-25），可得

$$\sqrt{\frac{1}{S_b}} = \sqrt{\frac{1}{s_1}} + \sqrt{\frac{1}{s_2}} + \sqrt{\frac{1}{s_3}} \qquad (4\text{-}27)$$

设
$$a = 1/\sqrt{s} = G/\sqrt{\Delta p} \qquad (4\text{-}28)$$

则
$$a_b = a_1 + a_2 + a_3 \qquad (4\text{-}29)$$

式中　a_1、a_2、a_3——并联管段的通导数，$(kg/h)/Pa^{1/2}$；

　　　　S_b——并联管路的总阻力数，$Pa/(kg/h)^2$；

　　　　a_b——并联管路的总通导数，$(kg/h)/Pa^{1/2}$。

又由于

$$\Delta p = s_1 G_1^2 = s_2 G_2^2 = s_3 G_3^2$$

则
$$G_1 : G_2 : G_3 = \frac{1}{\sqrt{s_1}} : \frac{1}{\sqrt{s_2}} : \frac{1}{\sqrt{s_3}} = a_1 : a_2 : a_3 \qquad (4\text{-}30)$$

由式（4-30）可见，在并联管路上，各分支管段的流量分配与其通导数成正比。此外，各分支管段的阻力状况（即其阻力数 s 值）不变时，管路的总流量在各分支管段上的流量分配比例不变。管路的总流量增加或减小多少倍，并联环路各分支管段也相应增加或减小多少倍。

2. 不等温降水力计算方法

进行室内热水供暖系统不等温降的水力计算时，一般从循环环路的最远立管开始。

（1）首先任意给定最远立管的温降。一般按设计温降增加 $2\sim5$℃。由此求出最远立管的计算流量 G_j。根据该立管的流量，选用 R（或 v）值，确定最远立管管径和环路末端供、回水干管的管径及相应的压力损失值。

（2）确定环路最末端的第二根立管的管径。该立管与上述计算管段为并联管路。根据已知节点的压力损失 Δp，选定该立管管径，从而确定通过环路最末端的第二根立管的计算流量及其计算温度降。

（3）按照上述方法，由远至近，依次确定出该环路上供、回水干管各管段的管径及其相应压力损失以及各立管的管径、计算流量和计算温度降。

（4）系统中有多个分支循环环路时，按上述方法计算各个分支循环环路。计算得出的各循环环路在节点压力平衡状况下的流量总和，一般都不会等于设计要求的总流量，最后需要根据并联环路流量分配和压降变化的规律，对初步计算出的各循环环路的流量、温降和压降进行调整。最后确定各立管散热器所需的面积。

4.3　自然循环双管热水供暖系统的水力计算

自然循环双管系统通过散热器环路的循环作用压力的计算公式为
$$\Delta p_{zh} = \Delta p + \Delta p_f = gh(\rho_h - \rho_g) + \Delta p_f \qquad (4\text{-}31)$$

式中　Δp——自然循环系统中只考虑水在散热器内冷却所产生的作用压力，Pa；

　　　　g——重力加速度，$g=9.81m/s^2$；

　　　　h——所计算的散热器中心与锅炉中心的高差，m；

ρ_g、ρ_h——供水和回水密度，kg/m³；

　　Δp_f——水在循环环路中冷却的附加作用压力，Pa。

应注意：通过不同立管和楼层的循环环路的附加作用压力 Δp_f 值是不相同的，应按附录1-2选定。

若某建筑采用双管热水供暖系统供热，热媒参数为供水温度 $t'_g = 85℃$，回水温度 $t'_h = 60℃$。建筑层高为3m。在不考虑水在循环环路中冷却的附加作用压力情况下，试计算上下二层间因水在散热器内冷却所产生的循环作用压力。

根据供回水温度，查附录3-1，得 $\rho h = 983.24 kg/m³$，$\rho g = 968.65 kg/m³$。代入式（4-31），得产生的循环作用压力为：

$$\Delta P = 9.81 \times 3 \times (983.24 - 968.65) = 429.38 Pa$$

下面简单介绍一下自然循环双管热水供暖系统水力计算的一般步骤，目前工程中不会采用自然循环系统进行供暖，只是自然循环附加作用力会对机械循环系统运行产生影响，故在进行设计时需要考虑自然循环附加作用力对机械循环系统的影响。

自然循环系统水力计算一般步骤如下：

1. 选择最不利环路。最不利环路一般是通过某一散热器各环路中最长的一个环路。

2. 计算通过最不利环路的循环作用压力。利用式（4-31）计算环路的自然循环资用压力值。

3. 确定最不利环路各管段的管径。

（1）利用式（4-21）求平均比摩阻；

（2）根据各管段的热负荷，由式（4-20）求出各管段的流量；

（3）根据 G、R_{pj}，查附录表4-1，选择最接近 R_{pj} 的管径。

4. 确定各管段的沿程压力损失 $\Delta P_y = Rl$。据每一管段 R 与 l 进行计算。

5. 确定局部阻力损失 ΔP_j。根据系统图中管路的实际情况，利用附录4-2和附录表4-3计算局部阻力损失。

6. 求各管段的压力损失 $\Delta P = \Delta P_y + \Delta P_j$。

7. 求环路总压力损失，即 $\Sigma(\Delta P_y + \Delta P_j)$ Pa。

8. 计算富裕压力值。

考虑由于施工的具体情况，可能增加一些在设计计算中未计的压力损失。因此，为保证系统正常工作应有10％以上的富裕度。

9. 确定通过其他各散热器环路中各管段的管径。

计算过程中要根据并联环路节点平衡原理，确定各并联环路的平均比摩阻。在计算完最不利环路各层散热器环路各段的管径后，同样应根据节点压力平衡原理计算其他各立管环路的各管段的管径。

要计算各并联环路不平衡率，相对差额允许在±15％范围内。

若在实际工程中，遇到自然循环系统问题，其水力计算可参考有关资料。

4.4　机械循环单管热水供暖系统的水力计算

在机械循环系统中，循环压力主要是由水泵提供，同时也存在着自然循环作用压力。

管道内水冷却产生的自然循环作用压力，占机械循环总循环压力的比例很小，可忽略不计。

对机械循环双管系统，水在各层散热器冷却所形成的自然循环作用压力不相等，在进行各立管散热器并联环路的水力计算时，应计算在内，不可忽略。

对机械循环单管系统，如建筑物各部分层数相同，每根立管所产生的自然循环作用压力近似相等，可忽略不计；如建筑物各部分层数不同，高度和各层热负荷分配比不同的立管之间所产生自然循环作用压力不相等，在计算各立管之间并联环路的压降不平衡率时，应将其自然循环作用压力的差额计算在内。自然循环作用压力可按设计工况下最大循环作用压力的 2/3 计算。

4.4.1 机械循环单管顺流式热水供暖系统管路水力计算例题

【例题 4-1】　确定图 4-6 中机械循环垂直单管顺流式热水供暖系统管路的管径。热媒参数：供水温度 $t'_g=95℃$，$t'_h=70℃$。系统与外网连接，在引入口处外网的供回水压差为 30kPa。图 4-6 表示出系统两个支路中的一支路。散热器内的数字表示散热器的热负荷，楼层高为 4m。

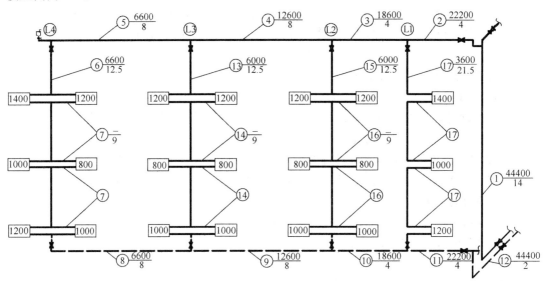

图 4-6　例题 4-1 的管路计算图

【解】　计算步骤

1. 在轴测图上，对立管和管段进行编号并注明各管段的热负荷和管长，如图 4-6 所示。

2. 确定最不利环路。本系统为异程式单管系统，一般取最远立管的环路作为最不利环路，最不利环路是从入口到立管 4。这个环路包括管段 1 至管段 12。

3. 计算最不利环路各管段的管径

本例题采用推荐的平均比摩阻 R_{pj} 为 60~120Pa/m 来确定最不利环路各管段的管径。

水力计算方法与第三节自然循环水力计算步骤相同。首先根据式（4-20）确定各管段的流量。根据 G 和选用的 R_{pj} 值，查附录表 4-1，将确定的各管段 d、R、v 值列入表 4-7 的水力计算表中。各管段的局部阻力系数 ξ，可根据系统图中管路的实际情况，利用附录

4-2，将其阻力系数 ξ 值列于表 4-8 中，最后将各管段总局部阻力系数 $\sum \xi$ 列入表 4-7 的第 9 栏。最后算出最不利环路的总压力损失 $\sum(\Delta p_y + \Delta p_j)_{1\sim12} = 5670.68$ Pa。入口处的剩余循环压力，可用调节阀进行节流调节。

4. 确定立管 3 的管径

立管 3 与管段 5、6、7、8 为并联环路，所以，立管 3 的资用压力 Δp_3 可由下式确定

$$\Delta p_3 = \sum(\Delta p_y + \Delta p_j)_{5\sim8} - (\Delta p'_4 - \Delta p'_3)$$

式中　$\Delta p'_4$——水在立管 4 的散热器中冷却时所产生的自然循环作用压力，Pa；

$\Delta P'_3$——水在立管 3 的散热器中冷却时所产生的自然循环作用压力，Pa。

由于两根立管各层热负荷的分配比例大致相等，$\Delta p'_4 = \Delta p'_3$，因而 $\Delta p'_3 = \sum(\Delta p_y + \Delta p_j)_{5\sim8}$。

立管 3 的平均比摩阻为

$$R_{pj} = \frac{0.5\Delta p'_3}{\sum l} = \frac{0.5 \times 1314.77}{16.7} = 39.37 \text{Pa/m}$$

根据 R_{pj}、G 值，选立管 3 的立、支管的管径，分别取为 $DN20$、$DN15$。计算出立管 3 总压力损失为 1198.71Pa。与立管 4 的并联环路相比，其不平衡百分率 $x_3 = 8.83\%$，在允许值 $\pm15\%$ 范围之内。

5. 确定其他立、支管的管径

按上述同样的方法可分别确定立管 2、1 的立、支管管径，结果列于表 4-7 中。

通过机械循环系统水力计算（例题 4-1）结果，可以看出：

(1) 机械循环系统的作用压力比重力循环系统大得多，系统的管径就细很多。

(2) 由于机械循环系统供回水干管的 R_{pj} 值选用较大，系统中各立管之间的并联环路压力平衡较难。例如立管 1、2 的不平衡百分率都超过 $\pm15\%$ 的允许值。在系统初调节和运行时，只能靠立管上的阀门进行调节，否则在例题 4-1 的异程式系统必然会出现近热远冷的水平失调。如系统的作用半径较大，同时又采用异程式布置管道，则水平失调现象更难以避免。

为防止或减轻系统的水平失调现象，可采用下述设计方法。

(1) 供、回水干管采用同程式布置；

(2) 仍采用异程式系统，宜采用"不等温降"方法进行水力计算；

(3) 仍采用异程式系统，可采用首先计算最近立管环路，再计算其他立管环路的方法。

机械循环单管顺流式热水供暖系统管路水力计算表（例题 4-1）　　**表 4-7**

管段号	Q (W)	G (kg/h)	l (m)	d (mm)	v (m/s)	R (Pa/m)	$\Delta p_y = Rl$ (Pa)	$\sum \xi$	Δp_d (Pa)	$\Delta p_j = \Delta p_d \cdot \sum \xi$ (Pa)	$\Delta p = \Delta p_y + \Delta p_j$ (Pa)	备注
1	2	3	4	5	6	7	8	9	10	11	12	13
立　管　4												
1	44400	1527	14	32	0.43	86.42	1209.9	2	90.9	181.8	1391.68	
2	22200	764	4	25	0.38	96.77	387.08	5	70.99	354.95	742.03	
3	18600	640	4	25	0.32	69.25	277	1	50.34	50.34	327.34	

管段号	Q (W)	G (kg/h)	l (m)	d (mm)	v (m/s)	R (Pa/m)	$\Delta p_y = Rl$ (Pa)	$\Sigma\xi$	Δp_d (Pa)	$\Delta p_j = \Delta p_d \cdot \Sigma\xi$ (Pa)	$\Delta p = \Delta p_y + \Delta p_j$ (Pa)	备注
1	2	3	4	5	6	7	8	9	10	11	12	13
						立 管　4						
4	12600	433	8	25	0.22	33.11	264.88	1	23.79	23.79	288.67	
5	6600	227	8	20	0.18	33.01	264.08	2	15.93	31.86	295.94	
6	6600	227	12.5	20	0.18	33.01	412.63	6	15.93	95.58	508.21	
7		114	9	20	0.09	9.26	83.34	33	3.98	131.34	214.68	
8	6600	227	8	20	0.18	33.01	264.08	2	15.93	31.86	295.94	
9	12600	433	8	25	0.22	33.11	264.88	1	23.79	23.79	288.67	
10	18600	640	4	25	0.32	69.25	277	1	50.34	50.34	327.34	
11	22200	764	4	25	0.38	96.77	387.08	3.5	70.99	283.96	635.55	
12	44400	1527	2	32	0.43	86.42	172.84	2	90.9	181.8	354.64	

$$\Sigma l = 85.5\text{m} \qquad \Sigma(\Delta p_y + \Delta p_j)_{1,12} = 5670.68\text{Pa}$$

入口处的剩余循环作用压力，用阀门节流

立管 3 资用压力 $\Delta p_3' = \Sigma(\Delta p_y + \Delta p_j)_{1314} = 1314.77\text{Pa}$

| 13 | 6000 | 206 | 12.5 | 20 | 0.17 | 27.53 | 344.13 | 9 | 14.21 | 127.89 | 472.02 | |
| 14 | | 103 | 9 | 15 | 0.15 | 34.58 | 311.22 | 33 | 12.59 | 415.47 | 726.69 | |

$$\Sigma(\Delta p_y + \Delta p_j)_{13,14} = 1198.71\text{Pa}$$

$$不平衡百分率\ x_3 = \frac{\Delta p_4' - \Sigma(\Delta p_y + \Delta p_j)_{13,14}}{\Delta p_4'} = \frac{1314.77 - 1198.71}{1314.77} \times 100\% = 8.83\%（在 \pm 15\% 以内）$$

立管 2 资用压力 $\Delta p_2' = \Sigma(\Delta p_y + \Delta p_j)_{4\sim 9} = 1892.11\text{Pa}$

| 15 | 6000 | 206 | 12.5 | 20 | 0.17 | 27.53 | 344.133 | 9 | 14.21 | 127.89 | 472.02 | |
| 16 | | 103 | 9 | 15 | 0.15 | 34.58 | 311.22 | 33 | 12.59 | 415.47 | 726.69 | |

$$\Sigma(\Delta p_y + \Delta p_j)_{15,16} = 1198.71\text{Pa}$$

$$不平衡百分率\ x_2 = \frac{\Delta p_2' - \Sigma(\Delta p_y + \Delta p_j)_{15,16}}{\Delta p_2'} = \frac{1892.11 - 1198.71}{1892.11} \times 100\%$$
$$= 36.6\% > 15\%（用立管阀门调节）$$

立管 1 资用压力 $\Delta p_1'\ \Sigma(\Delta p_y + \Delta p_j)_{3\sim 10} = 2546.79\text{Pa}$

| 17 | 3600 | 124 | 21.5 | 15 | 0.18 | 48.84 | 1050.06 | 36 | 15.93 | 573.48 | 1623.54 | |

$$\Sigma(\Delta p_y + \Delta p_j)_{17} = 1623.54\text{Pa}$$

$$不平衡百分率\ x_1 = \frac{\Delta p_1' - \Sigma(\Delta p_y + \Delta p_j)_{17}}{\Delta p_1'} = \frac{2546.79 - 1623.54}{2546.79} \times 100\%$$
$$= 36.3\% > 15\%（用立管阀门调节）$$

管段号	局 部 阻 力	个数	Σξ	管段号	局 部 阻 力	个数	Σξ
1	闸阀	1	0.5	9	直流三通	1	1
	DN32、90°弯头	1	1.5	10			Σξ=1
		Σξ=2					
2	旁流三通	1	1.5	11	合流三通	1	3
	DN25、90°弯头	2	2×1.5		闸阀	1	065
	闸阀	1	0.5				Σξ=3.5
		Σξ=5		12	闸阀	1	0.5
3	直流三通	1	1		DN32、90°弯头	1	1.5
4		Σξ=1					Σξ=2
5	直流三通	1	1	13	旁流三通	2	2×1.5
	DN20、90°弯头	0.5	0.5×2	15	乙字弯	2	2×1.5
		Σξ=2			闸阀	2	2×1.5
6	DN20、90°弯头	1	2				Σξ=9
	乙字弯	2	2×1.5	14	分流三通	3	3×3
	闸阀	2	2×0.5	16	合流三通	3	3×3
		Σξ=6			乙字弯	6	6×1.5
7	分流三通	3	3×3		散热器	3	3×2
	合流三通	3	3×3				Σξ=33
	乙字弯	6	6×1.5	17	旁流三通	2	2×1.5
	散热器	3	3×2		DN32、90°弯头	6	6×2
		Σξ=33			乙字弯	8	8×1.5
8	DN20、90°弯头	0.5	0.5×2		散热器	3	3×2
	直流三通	1	1		闸阀	2	2×1.5
		Σξ=2					Σξ=36

4.4.2　机械循环同程式热水供暖系统管路的水力计算例题

【例题 4-2】　将例题 4-1 的异程式系统改为同程式系统。已知条件与例题 4-1 相同。管路系统图见图 4-7。

【解】　计算步骤：

1. 首先计算通过最远立管 4 的环路。确定出供水干管各个管段、立管 4 和回水总干管的管径及其压力损失。计算方法同前述，结果见水力计算表 4-9。

2. 用同样方法，计算通过最近立管 1 的环路，从而确定立管 1、回水干管各管段的管径及其压力损失。

3. 求并联环路立管 2 和立管 3 的压力损失不平衡率，使其不平衡率在±5%以内。

4. 根据水力计算结果，利用图示方法（图 4-8），表示出系统的总压力损失及各立管的供、回水节点间的资用压力值。

根据图 4-8 可知，立管 3 的资用压力等于 3733－2750＝983Pa。其他立管的资用压力

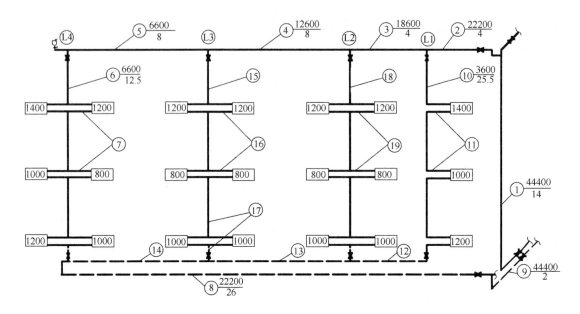

图 4-7　同程式系统管路系统图

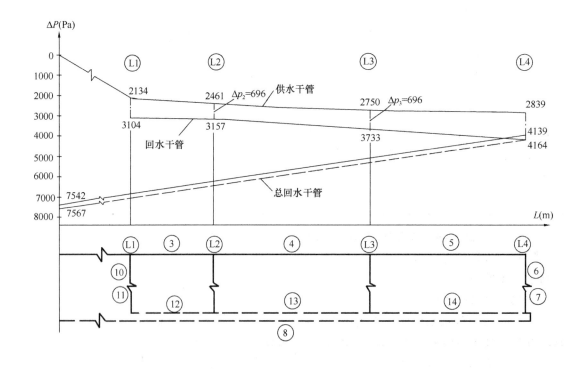

图 4-8　同程式系统的管路压力平衡分析图

————　按通过立管 3 环路的水力计算结果，绘出的相对压降线；

-------　按通过立管 1 环路的水力计算结果，绘出的相对压降线；

-·-·-·　各立管的资用压力

确定方法相同，数值见表4-9。

应注意：如水力计算结果和图示表明个别立管供、回水节点间的资用压力过小或过大，则会使下一步选用该立管的管径过粗或过细，设计很不合理。此时，应调整第一、二步骤的水力计算，适当改变个别供、回水干管的管段直径，使得易于选择各立管的管径并满足并联环路不平衡率的要求。

机械循环同程式单管热水供暖系统管路水力计算表　　　　表 4-9

管段号	Q (W)	G (kg/h)	l (m)	d (mm)	v (m/s)	R (Pa/m)	$\Delta p_y = Rl$ (Pa)	$\Sigma\xi$	Δp_d (Pa)	$\Delta p_j =$ $\Delta p_d \cdot \Sigma\xi$ (Pa)	$\Delta p =$ $\Delta p_y + \Delta p_j$ (Pa)	供水管起点到计算管段末端的压力损失 (Pa)
1	2	3	4	5	6	7	8	9	10	11	12	13
通过立管 4												
1	44400	15277	14	32	0.4281	86.42	1209.88	2	90.9	181.8	1391.68	1392
2	22200	764	4	25	0.38	96.77	387.08	5	70.99	354.95	742.03	2134
3	18600	640	4	25	0.32	69.25	277	1	50.34	50.34	327.34	2461
4	12600	433	8	25	0.22	33.11	264.88	1	23.79	23.79	288.67	2750
5	6600	227	8	25	0.11	9.85	78.8	1.75	5.95	10.4125	89.21	2839
6	6600	227	12.5	20	0.18	33.01	412.625	6	15.93	95.58	508.21	3347
7		114	9	15	0.09	41.8	376.2	33	12.59	415.47	791.67	4139
8	22200	764	26	25	0.38	96.77	2516.02	7.5	70.99	532.425	3048.445	7187
9	44400	1527	2	32	0.4281	86.42	172.84	2	90.9	181.8	354.64	7542

$$\Sigma(\Delta p_y + \Delta p_j)_{1\sim9} = 7542\text{Pa}$$

通过立管 1 的环路												
10	3600	124	12.5	20	0.1	10.77	134.625	12.5	4.92	61.5	196.13	3104
11	3600	124	9	15	0.1	48.84	439.56	21	15.93	334.53	774.09	3157
12	3600	124	4	20	0.1	10.77	43.08	2	4.92	9.84	52.92	3733
13	9600	330	8	20	0.26	67.92	543.36	1	33.23	33.23	576.59	4164
14	15600	537	8	25	0.27	49.34	394.72	1	35.84	35.84	430.56	7567

管段 3～7 与管段 10～14 并联　$\Sigma(\Delta p_y + \Delta p_j)_{10\sim14} = 2030.29\text{Pa}$

$\Delta p_{3\sim7} = 2005.1\text{Pa}$　　　$\Sigma(\Delta p_y + \Delta p_j)$ 1、2、8、9、10～14 $= 7567\text{Pa}$

不平衡率 $= \dfrac{\Delta p_{3\sim7} - \Delta p_{10\sim14}}{\Delta p_{3\sim7}} = \dfrac{2005.1 - 2030.29}{2005.1} \times 100\% = 1.26\%$

系统总压力损失为 7567Pa，剩余作用压力，在引入口处用阀门节流。

立管 3 资用压力 $\Delta p_{\text{IV}} = 3733 - 2750 = 983\text{Pa}$												
15	6000	206	8	20	0.17	27.53	220.24	3.5	14.21	49.735	269.975	
16		103	9	15	0.15	34.58	311.22	33	11.06	364.98	676.2	
17	6000	206	4.5	25	0.1	8.25	37.125	3	4.92	14.76	51.885	

$$\Sigma(\Delta p_y + \Delta p_j)_{15,16,17} = 998.06\text{Pa}$$

不平衡率 $= \dfrac{\Delta p_3 - \Sigma(\Delta p_y + \Delta p_j)_{15,16,17}}{\Delta p_3} = \dfrac{983 - 998.06}{983} \times 100\% = -1.53\%$

管段号	Q (W)	G (kg/h)	l (m)	d (mm)	v (m/s)	R (Pa/m)	$\Delta p_y = Rl$ (Pa)	$\Sigma\xi$	Δp_d (Pa)	$\Delta p_j = \Delta p_d \cdot \Sigma\xi$ (Pa)	$\Delta p = \Delta p_y + \Delta p_j$ (Pa)	供水管起点到计算管段末端的压力损失 (Pa)
立管 2 资用压力 $\Delta p_2 = 3157 - 2461 = 696$Pa												
18	6000	206	12.5	20	0.17	27.53	344.13	7	14.21	99.47	443.595	
19		103	9	20	0.08	7.692	69.228	33	3.15	103.95	173.178	

$$\Sigma(\Delta p_y + \Delta p_j)_{19,20} = 616.77\text{Pa}$$

$$\text{不平衡率} = \frac{\Delta p_2 - \Sigma(\Delta p_y + \Delta p_j)_{18,19}}{\Delta p_2} = \frac{696 - 616.77}{696} \times 100\% = 11.4\%$$

5. 确定其他立管的管径。根据各立管的资用压力和立管各管段的流量,选用合适的立管管径。计算方法同前述。

6. 求各立管的不平衡率。根据立管的资用压力和立管的计算压力损失,求各立管的不平衡率。不平衡率应在±10%以内。

一个良好的同程式系统的水力计算,应使各立管的资用压力值不要变化太大,以便于选择各立管的合理管径。为此,在水力计算中,管路系统前半部供水干管的比摩阻 R 值,宜选用稍小于回水干管的 R 值;而管路系统后半部供水干管的 R 值,宜选用稍大于回水干管的 R 值。

4.4.3 机械循环异程式单管顺流式热水供暖系统,采用不等温降法进行水力计算的例题

【例题 4-3】 采用不等温降法计算图 4-9 中机械循环垂直单管顺流式热水供暖系统管路的管径。热媒参数:供水温度 $t'_g = 95℃$,$t'_h = 70℃$。系统与外网连接,在引入口处外网的供回水压差为 10kPa。图 4-9 表示出系统两个支路中的一支路。散热器内的数字表示散热器的热负荷。楼层高为 3m。本例题采用当量阻力法进行水力计算。整根立管的折算阻力系数 ξ_{zh},按附录 4-7 选用。

【解】 (1)求最不利环路的平均比摩阻 R_{pj}。一般选最远立管环路为最不利环路。根据式(4-21)

$$R_{pj} = \frac{a\Delta p}{\Sigma l} = \frac{0.5 \times 10000}{114.7} = 43.6\text{Pa/m}$$

(2)计算立管 V。设立管的温降 $\Delta t = 30℃$(比设计温降大 5℃),立管流量 $G_V = 0.86 \times 7900/30 = 226$kg/h。根据流量 G_V,R_{pj} 值,选用立、支管管径为 $DN20 \times 15$。

根据附录 4-7,得整根立管的折算阻力系数 $\xi_{zh} = 72.7$(最末立管设置集气罐 $\xi = 1.5$,刚好与附录 4-7 的标准立管的旁流三通 $\xi = 1.5$ 相等)。

根据 $G_V = 226$kg/h,$d = 20$mm,查附录 4-7,当 $\xi_{zh} = 1.0$ 时,$\Delta p = 15.93$Pa。立管的压力损失 $\Delta p_V = \xi_{zh} \cdot \Delta p = 72.7 \times 15.93 = 1158$Pa。

(3)计算供、回水干管 6 和 6' 的管径。管段流量 $G_6 = G'_6 = G_V = 226$kg/h。选定管径

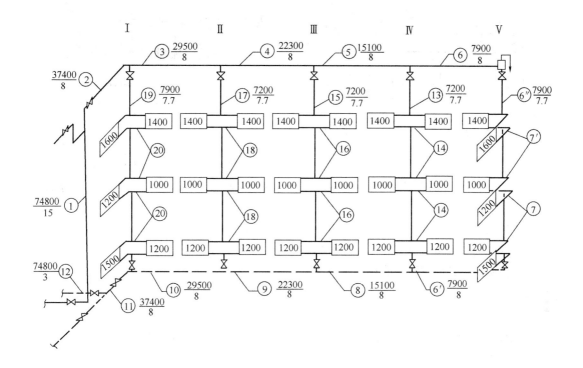

图 4-9　例题 4-3 的管路计算图

为 20mm。由附录 4-4 查出 λ/d 值为 1.8，管段总长度为 $8+8=16$m。两个直流三通，$\Sigma\xi$ $=2\times1.0=2.0$。管段 6 和 $6'$ 的 $\xi_{zh}=(\lambda/d)\ l+\Sigma\xi=1.8\times16+2=30.8$。

根据 $G=226$ 及 $d=20$mm 值，查附录 4-5，当 $\xi_{zh}=1.0$ 时，$\Delta p=15.93$Pa，管段 6 和 $6'$ 的压力损失 $\Delta p_{6,6'}=30.8\times15.93=491$Pa。

（4）计算立管 IV。立管 IV 与环路 $6\text{-}V\text{-}6'$ 并联。因此，立管 IV 的作用压力 $\Delta p_{IV}=$ $\Delta p_{6-V-6'}=1158+491=1649$Pa。立管选用管径为 20×15。查附录 4-7，立管的 ξ_{zh} $=72.7$。

当 $\xi_{zh}=1.0$ 时，$\Delta p=\Delta p_{IV}/\xi_{zh}=1649/72.7=22.69$Pa，根据 Δp_{IV} 和 $d=20$mm，查附录 4-5，得 $G_{IV}=270$kg/h（根据 $\Delta p=sG^2$，用比例法求 G 值，在附录 4-5 中，当 $G=$ 264kg/h 时，$\Delta p=21.68$Pa，可求得 $G_{IV}=G(\Delta p_{IV}/\Delta p)^{0.5}=264(22.69/21.68)^{0.5}$ $=270$kg/h）。

立管 IV 的热负荷 $Q_{IV}=7200$W。由此可求出该立管的计算温降 $\Delta t_j=0.86Q_{IV}/G_{IV}=$ $0.86\times7200/270=22.9$℃。

按照上述步骤，对其他水平供、回水干管和立管从远至近顺次地进行计算。计算结果列于表 4-10 中。在此不再详述。最后得出图 4-9 右侧循环环路初步的计算流量 $G_{j1}=$ 1196Pa，压力损失为 $\Delta p_{j1}=4513$Pa。

（5）按同样方法计算图 4-9 左侧的循环环路。在图 4-9 中没有画出左侧循环环路的管路图。现假定同样按不等温降法进行计算后，得出左侧循环环路的初步计算流量 $G_{j2}=$ 1180kg/h，初步计算压力损失 $\Delta p_{j2}=4100$ Pa（见图4-10）。

将左侧计算压力损失按与右侧相同考虑，则左侧流量变为 $1180\times(4513/4100)^{0.5}$，

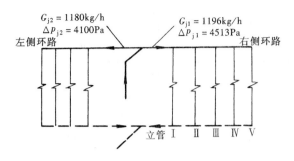

左侧环路
$G_{j2} = 1180kg/h$
$\Delta p_{j2} = 4100Pa$

右侧环路
$G_{j1} = 1196kg/h$
$\Delta p_{j1} = 4513Pa$

立管 Ⅰ Ⅱ Ⅲ Ⅳ Ⅴ

图 4-10 例题 4-3 的管路系统简化示意图

则系统初步计算的总流量为：

$$初步计算的总流量 = 1180\sqrt{\frac{4513}{4100}} + 1196$$
$$= 2434kg/h$$

$$系统设计的总流量 = 0.86\Sigma Q/(t_g - t_h)$$
$$= 0.86 \times 74800/(95 - 70) = 2573kg/h$$

两者不相等。因此，需要进一步调整各循环环路的流量、压降和各立管的温度降。

(6) 调整各循环环路的流量、压降和各立管的温度降。

根据并联环路流量分配和压降变化的规律，按下列步骤进行调整。

1) 计算各分支循环环路的通导数 a 值。

右侧环路 $a_1 = G_{j1}/\sqrt{\Delta p_{j1}} = 1196/\sqrt{4513} = 17.8$

左侧环路 $a_2 = G_{j2}/\sqrt{\Delta p_{j2}} = 1180/\sqrt{4100} = 18.43$

2) 根据并联管路流量分配的规律，确定在设计总流量条件下，分配到各并联循环环路的流量。

根据式（4-30），在并联环路中，各并联环路流量分配比等于其通导数比，亦即

$$G_1 : G_2 = a_1 : a_2$$

当总流量 $G = G_1 + G_2$ 为已知时，并联环路的流量分配比例也可用下式表示

$$G_1 = \frac{a_1}{a_1 + a_2} \cdot G$$

$$G_2 = \frac{a_2}{a_1 + a_2} \cdot G$$

分配到左、右两侧并联环路的流量应为

右侧环路 $\quad G_{t1} = \dfrac{a_1}{a_1 + a_2} \cdot G_{zh} = \dfrac{17.8}{17.8 + 18.43} \times 2573 = 1264kg/h$

左侧环路 $\quad G_{t2} = \dfrac{a_2}{a_1 + a_2} \cdot G_{zh} = \dfrac{18.43}{17.8 + 18.43} \times 2573 = 1309kg/h$

式中 G_{t1}、G_{t2}——调整后右侧和左侧并联环路的流量，kg/h。

3) 确定各并联循环环路的流量、温降调整系数。

右侧环路：

流量调整系数 $a_{G1} = G_{t1}/G_{j1} = 1264/1196 = 1.057$

温降调整系数 $a_{t1} = G_{j1}/G_{t1} = 1196/1264 = 0.946$

左侧环路：

流量调整系数 $a_{G2} = G_{t2}/G_{j2} = 1309/1180 = 1.109$

温降调整系数 $a_{t2} = G_{j2}/G_{t2} = 1180/1309 = 0.901$

根据右侧和左侧并联环路的不同流量调整系数和温降调整系数，乘各侧立管的第一次算出的流量和温降，求得各立管的最终计算流量和温降。

右侧环路的调整结果，见表 4-10 的第 12 栏和 13 栏。

4）并联环路节点的压力损失值，可由下式确定。

压力损失调整系数

右侧　　$a_{p1}=(G_{t1}/G_{j1})^2$

左侧　　$a_{p2}=(G_{t2}/G_{j2})^2$

调整后左右侧环路节点处的压力损失

$$\Delta p_{t(2\sim11)}=\Delta p_{j1}\cdot a_{p1}=\Delta p_{j2}\cdot a_{p2}$$

右侧：$\Delta p_{t(2\sim11)}=4513\left(\dfrac{1264}{1196}\right)^2=5041\text{Pa}$

左侧：$\Delta p_{t(2\sim11)}=4100\left(\dfrac{1309}{1180}\right)^2=5045\text{Pa}\neq5041\text{Pa}（计算误差）$

例题 4-3 的管路水力计算表（不等温降法）　　　　　　表 4-10

管段号	热负荷 Q (W)	管径 d $d_立\times d_支$ (mm)	管长 l (m)	$\dfrac{\lambda}{d}l$	$\Sigma\xi$	总阻力数 ξ_{zh}	$\xi_{zh}=1$ 的压力损失 Δp (Pa)	计算压力损失 Δp_j (Pa)	计算流量 G_j (kg/h)	计算温降 Δt_j (℃)	调整流量 G_t (kg/h)	调整温降 Δt_t (℃)
1	2	3	4	5	6	7	8	9	10	11	12	13
立管 V	7900	20×15				72.7	15.93	1158	226	30	239	28.4
6+6′	7900	20	16	28.8	2.0	30.8	15.93	491	226		239	
立管 Ⅳ	7200	20×15				72.7	22.69	1649	270	22.9	285	21.7
5+8	15100	25	16	20.8	2.0	22.8	29.50	673	496		524	
立管 Ⅲ	7200	15×15				48.4	48.0	2322	216	28.7	228	27.2
4+9	22300	32	16	14.4	2.0	16.4	19.72	323	712		753	
立管 Ⅱ	7200	15×15				48.4	54.65	2645	230	26.9	243	35.4
3+10	29500	32	16	14.4	2.0	16.4	34.54	566	942		996	
立管 Ⅰ	7900	15×15				48.4	66.34	3211	254	26.7	268	25.3
2+11	37400	32	16	14.4	9.0	23.4	55.66	1302	1196		1264	

水力计算成果：右侧环路　　$\Delta p_{j1(2\sim11)}=4513\text{Pa}$；$G_{j1}=1196\text{kg/h}$
假定：左侧环路　　$\Delta p_{j2}=4100\text{Pa}$；$G_{j2}=1180\text{kg/h}$
调整后右侧环路　　$\Delta p_{t(2\sim11)}=5041\text{Pa}$；$G_{t1}=1264\text{kg/h}$
左侧环路　　$\Delta p_{t2}=5045\text{Pa}$；$G_{t2}=1309\text{kg/h}$

（7）确定系统供、回水总管管径及系统的总压力损失。

并联环路水力计算调整后，剩下最后一步是确定系统供、回水总管管径及总压力损失。供、回水总管管径 1 和 12 的设计流量 $G_{zh}=2573\text{kg/h}$。选用管径 $d=40\text{mm}$。根据附录 4-1 水力计算表的数据，得出 $\Delta p_1=1969.3\text{Pa}$，$\Delta p_{12}=423.6\text{Pa}$。

系统的总压力损失

$$\Delta p_{1\sim12}=\Delta p_1+\Delta p_{t(2\sim11)}+\Delta p_{12}=1969.3+5041+423.6=7434\text{Pa}$$

至此，系统的水力计算全部结束。

水力计算结束后，最后进行所需的散热器面积计算。由于各立管的温降不同，通常近处立管的流量比按等温降法计算的流量大，远处立管的流量会小。因此，即使在同一楼层散热器热负荷相同条件下，近处立管的散热器的平均水温高，所需的散热器面积会小些，而远处立管要增加些散热器面积。

综上所述，异程式系统采用不等温降法进行水力计算的主要优点是：完全遵守节点压力平衡分配流量的规律，并根据各立管的不同温降调整散热器的面积，从而有可能在设计角度上去解决系统的水平失调现象。因此，当采用异程式系统时，宜采用不等温降法进行管路的水力计算。

<h2 style="text-align:center">思 考 题 与 习 题</h2>

1. 计算热水供暖系统管路沿程阻力与局部阻力的方法有哪些？
2. 什么叫当量阻力法？什么是当量长度法？利用这两种方法如何计算阻力损失？
3. 室内热水供暖系统的水力计算的任务是什么？
4. 简述室内热水供暖系统的水力计算的步骤。
5. 什么是最不利环路？什么是平均比摩阻？怎样确定？
6. 什么是散热器的进流系数？影响散热器的进流系数的因素有哪些？
7. 减轻或防止水平失调现象的方法有哪些？
8. 机械循环同程式系统、异程式系统水力计算的方法有什么异同？
9. 等温降法、不等温降法进行水力计算的方法有什么异同？
10. 并联环路为什么必须进行阻力平衡计算？为什么又允许一个差值？
11. 通过练习会进行机械循环热水供暖系统水力计算。

教学单元 5　辐　射　供　暖

5.1　辐射供暖的基本概念

5.1.1　辐射供暖的定义

散热设备主要依靠辐射传热方式向房间供热的供暖方式称为辐射供暖。在国外，有用辐射供暖的这一特征来对其进行定义的，即将供暖房间各围护结构内表面（包括供热部件表面）平均温度高于室内空气温度的供暖方式称为辐射供暖。通常将辐射供暖的散热设备称为供暖辐射板。

各种辐射供暖方式的辐射散热量在其总散热量中所占的比例大约是：顶棚式 70%～75%；地板式 30%～40%；墙壁式 30%～60%（随辐射板在墙壁上的位置高度和墙壁温度的增加而增加）。可看出只有在顶棚式辐射供暖时辐射放热占绝对优势。在地板式和墙壁式辐射供暖时对流换热还是占优势。然而房间的供暖方式不是用哪种换热方式占优势来定义，而是用整个房间的温度环境来表征。

辐射供暖有局部辐射供暖和集中全面辐射供暖两种方式。在室内局部区域或局部工作地点保持一定温度而设置的辐射供暖称为局部辐射供暖；而集中全面辐射供暖是指使整个供暖房间保持一定温度的要求而设置的辐射供暖。本章主要介绍集中式热水辐射供暖。

5.1.2　辐射供暖的特点

辐射供暖是一种卫生条件和舒适标准都比较高的供暖形式，和对流供暖相比，它具有以下特点：

（1）对流供暖系统中，人体的冷热感觉主要取决于室内空气温度的高低。而辐射供暖时，人或物体受到辐射照度和环境温度的综合作用，人体感受的实感温度可比室内实际环境温度高 2～3℃左右，即在具有相同舒适感的前提下，辐射供暖的室内空气温度可比对流供暖时低 2～3℃。

（2）从人体的舒适感方面看，在保持人体散热总量不变的情况下，适当地减少人体对周围物体的辐射散热量，增加一些对流散热量，人会感到更舒适。辐射供暖时人体、室内物件、围护结构内表面直接接受辐射热，减少了人体对周围物体的辐射散热量。而辐射供暖的室内空气温度又比对流供暖时低，正好可以增加人体的对流散热量。因此辐射供暖对人体具有最佳的舒适感。

（3）辐射供暖时沿房间高度方向上温度分布均匀，温度梯度小，房间的无效损失减小。而且室温降低的结果可以减少能耗。

（4）辐射供暖不需要在室内布置散热器，少占室内的有效空间，也便于布置家具。

（5）减少了对流散热量，室内空气的流动速度也降低了，避免室内尘土的飞扬，有利于改善卫生条件。

（6）辐射供暖比对流供暖的初投资高。

辐射供暖除用于住宅和公用建筑之外，还广泛用于空间高大的厂房、场馆和对洁净度有特殊要求的场合，如精密装配车间等。

5.1.3 辐射供暖的分类

辐射供暖根据其辐射板面温度、辐射板构造、辐射板位置、热媒种类、与建筑物的结合关系等情况，可分成多种形式，具体分类、特征列于表 5-1。

辐射供暖的分类　　　　　　　　　　　　　　　表 5-1

分类根据	名　　称	特　　征
板面温度	常温辐射板 低温辐射板 中温辐射板 高温辐射板	板面温度不高于 29℃ 板面温度低于 80℃ 板面温度等于 80～200℃ 板面温度高于 500℃
辐射板构造	埋管式 风道式 组合式	以直径 10～20mm 的管道埋置于建筑结构内构成 利用建筑构件的空腔使热空气在其间循环流动构成 利用金属板焊以金属管组成辐射板
辐射板位置	平顶式 墙面式 地面式	以平顶表面作为辐射板进行供暖 以墙壁表面作为辐射板进行供暖 以地板表面作为辐射板进行供暖
热媒种类	低温热水 中温热水 高温热水 热风式 电热式 燃气式	热媒水温度低于或等于 120℃（地面供暖的规定为小于或等于 60℃） 热媒水温度等于 120～175℃ 热媒水温度高于 175℃ 以加热后的空气作为热媒 以电热元件加热特定表面或直接发热 通过燃烧可燃气体在特制的辐射器中燃烧发射红外线
与建筑物的 结合关系	整体式 贴附式 悬挂式	辐射板与建筑物结合在一起 辐射板贴附于建筑结构表面 辐射板悬挂于建筑结构上

供暖辐射板的形式很多，现简单介绍几种常见的辐射板形式，更多的形式可参考有关资料。

整体式辐射板包含埋管式和风道式两种。埋管式辐射板（图 5-1a）；风道式辐射板（图 5-1b）。

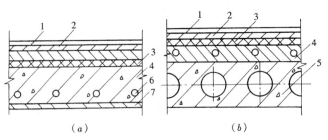

图 5-1　整体式辐射供暖板

（a）埋管式；（b）风道式

1—防水层；2—水泥找平层；3—保温层；4—供暖辐射板；

5—钢筋混凝土板；6—加热管（流通热媒的钢管）；7—抹灰层

贴附式辐射板，如图 5-2 所示是贴附于窗下的辐射板与外围护结构结合的情况。

悬挂式辐射板分为单体式和吊棚式。单体式（图5-3）是由加热管1、挡板2、辐射板3（或5）和隔热层4制成的金属辐射板。其中图5-3（a）为波状辐射板；图5-3（b）为平面辐射板。吊棚式辐射板（图5-4）是将通热媒的管道4、隔热层3和装饰孔板5构成的辐射面板用吊钩1挂在房间钢筋混凝土顶板2之下。

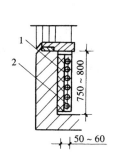

图5-2　贴附式辐射供暖板

1—隔热层；2—加热管

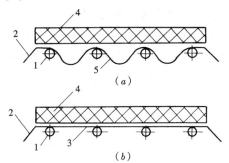

（a）

（b）

图5-3　悬挂式辐射板（单体式）

（a）波状辐射板；（b）平面辐射板

1—加热管；2—挡板；3—平面辐射板；

4—隔热层；5—波状辐射板

墙壁式辐射板又分为：窗下式、墙板式、踢脚板式。

窗下辐射板又有单面放热和双面放热两种。图5-2所示的窗下辐射板为单面放热；图5-5所示的窗下辐射板为双面放热，室内空气从辐射板3的底部进入其背部的对流通道2，被加热后从上部孔口流入室内（如图5-5中箭头所示）。墙板式有外墙式（辐射板设在外墙的室内侧）和间墙式（辐射板设在内墙）之分。间墙式供暖辐射板有单面散热（向一侧房间供热）和双面散热（向内墙两侧房间供热）两种。窗下式和踢脚板式多为单面

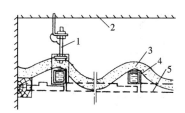

图5-4　悬挂式辐射板（吊棚式）

1—吊钩；2—顶棚；3—隔热层；

4—管道；5—装饰孔板

散热。单面散热的辐射板的背面有隔热层，可减少辐射板背面的热损失。在图5-6中表示了各种供暖辐射板在室内的位置。

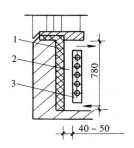

图5-5　双面散热的窗下辐射板

1—隔热层；2—对流通道；3—供暖辐射板

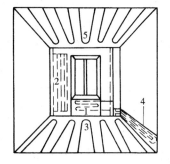

图5-6　房间内不同位置的供暖辐射板

1—窗下式；2—墙板式；3—地板式；

4—踢脚板式；5—顶棚式

在不同的资料中，对辐射供暖（板）的分类有不同的叙述方式，同一种类型的辐射供

暖（板），名称也可能不同，相关内容可参考有关资料。

5.2 热水辐射供暖系统

5.2.1 热水供暖辐射板的加热管

供暖辐射板加热管的形式与供暖辐射板的位置、尺寸及类型有关。窗下辐射板的加热管如图 5-7 所示，其中图（a）为蛇形管；图（b）为排管。踢脚板式供暖辐射板一般采用

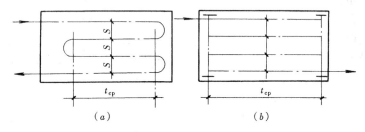

图 5-7　窗下供暖辐射板的加热管
（a）蛇形管；（b）排管

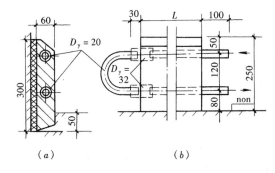

图 5-8　踢脚板式供暖辐射板
（a）剖视图；（b）正视图

如图 5-8 所示的 U 形加热管。U 形管端头与供暖系统立管相连。U 形管的长度 L 由设计确定，长度可达几米，甚至十几米。

墙壁供暖辐射板的加热管可有如图 5-9 所示的三种形式，其中图（a）为用于带闭合管的单管系统；图（b）用于双管系统；图（c）用于垂直双线系统。

地板供暖辐射板的加热管有如图 5-10 所示的几种：图（a）回折型；图（b）平行型；图（c）双平行型。加热管可采用铝塑复合管等热塑性管材，应做到埋设部分无接头，以防渗漏。

平行型易于布置，板面温度变化较大，适合于各种结构的地面；双平行型板面平均温度较均匀，但在较小板面面积上温度波动范围大，有一半数目的弯头曲率半径小；回折型板面温度也并不均匀，但只有两个小曲率半径弯头，施工方便。布置地板和顶棚供暖辐射板时，应使温度较高的供水管靠近外墙。用铝塑复合管作加热管的埋管式地板供暖辐射板的管道埋设方案如图 5-11 所示。加热管用卡钉锚固在隔热层上。管子上方混凝土的厚度

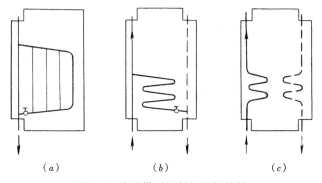

图 5-9　墙壁供暖辐射板的加热管
（a）用于带闭合管的单管系统；（b）用于双管系统；
（c）用于垂直双线系统

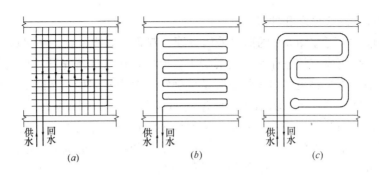

图 5-10 地板供暖辐射板的加热管

（a）回折型；（b）平行型；（c）双平行型

根据热媒温度和地表覆盖层材料的性能来确定，但不宜小于 50mm。

与建筑结构结合或贴附的顶棚供暖辐射板的加热管与地板供暖辐射板类似。

单体悬挂式金属供暖辐射板的加热管，可采用如图 5-12 所示的两种形式。图中尺寸 a、b、c 分别为辐射板的长度、高度和厚度。图 5-12（a）中辐射屏 2 为波形，加热管 1 为蛇形；图 5-12（b）中辐射屏 2 为平板，加热管 1 为排管。加热管与辐射屏之间有间隙时散热量显著减小，应尽量减少其间隙。波形辐射屏能防止或减少加热管之间互相吸收热辐射。

悬挂式辐射板的结构应使其辐射散热不小于总散热量的 60%，从而使房间沿高度方向的温度均匀，与对流供暖和热风供暖相比节省热能。

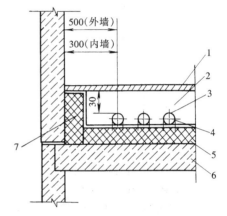

图 5-11　地板供暖辐射板中
铝塑复合管的设置

1—面层；2—混凝土；3—加热管；
4—锚固卡钉；5—隔热层和防水层；
6—楼板；7—侧面隔热层

5.2.2　热水辐射供暖系统

热水辐射供暖系统可采用上供式或下供式，也可采用单管或双管系统。地板辐射板、顶板辐射板以及地板-顶棚辐射板应采用双管系统，以利于调节和控制。其加热管内的水流速不应小于 0.25m/s，以便排气。应设放气阀和放水阀。如图 5-13 所示为下供上回式双管系统中的辐射板与立管连接方式。此系统有利于排除辐射板中的空气。辐射板 1 并联于供水立管 2 和回水立管 3 之间，可用阀门 4 独

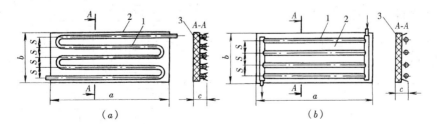

图 5-12　单体悬挂式辐射板的加热管

（a）加热管为蛇形管，波形辐射屏；（b）加热管为排管，平面辐射屏

1—加热管；2—辐射屏；3—隔热材料

立地关闭，用放水阀 5 放空和冲洗。

墙壁供暖辐射板可按图 5-9 的形式采用单管、双管或双线系统。还可以只在建筑物的个别房间（例如公用建筑的进厅）装设混凝土辐射板。在这种情况下热水供暖系统的设计供回水温度应根据建筑物主要房间的供暖条件确定。个别房间如安装窗下辐射板，可连到供水管上；如安装顶棚、地板辐射板，可连到回水管上。图 5-14 所示为一个大厅两块地板供暖辐射板，利用其他供暖系统回水作为地板供暖辐射热媒的情况。此情况正好适合地板辐射供暖要求温度较低的条件。集气罐 2 用于集气和排气，旁通管上的阀门 7 可调节进入辐射板的流量。温度计 3 显示辐射板的供热情况。

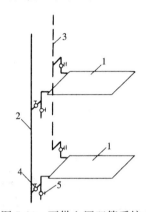

图 5-13 下供上回双管系统中
的地面-顶面供暖辐射板

1—地面—顶面供暖辐射板；2—供水立管；
3—回水立管；4—关闭调节阀；5—放水阀

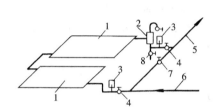

图 5-14 地面供暖辐射板与回水干管的连接

1—地面供暖辐射板；2—集气罐；3—温度计；
4—阀门；5—回热源的回水干管；6—来自供暖
系统的回水干管；7—旁通管上的调节阀；8—放水阀

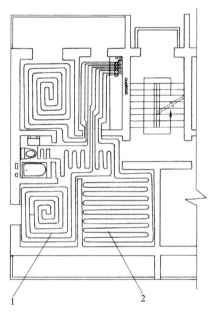

图 5-15 地板辐射供暖系统典型布置一

1—蛇形盘管式；2—平行排管式

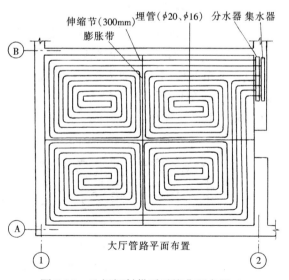

图 5-16 地板辐射供暖系统典型布置二

在实际工程中，应根据房间的具体情况适当选择系统形式，亦可混合使用。对于较小的房间，为了便于水力平衡，可以几个房间合并设置一个环路，而对于较大的房间（如大厅），可以一个房间布置几个环路，图5-15和图5-16所示为二种典型的地板辐射供暖系统布置方式，可供参考。

在实际工程设计中，除可取常规的均匀布置盘管方式外，考虑到靠近外墙、外窗处热损失较大，加热盘管还可采用不均匀间隔的布置方式，即在靠近外墙处将间距布置得小一些，以提高地表温度，增加散热量。

供暖辐射板本身阻力大，是此类系统不易产生水力失调的基本原因之一。供暖辐射板作为末端装置，其阻力损失比散热器大得多，而且不同的辐射板阻力损失差别较大，因此在一个供暖系统中宜采用同类辐射板，否则应设置可靠的调节措施及调节性能好的阀门调节流量。

5.3 辐射供暖系统的设计计算

5.3.1 辐射板的表面温度及供回水温度

1. 辐射板的表面温度

地板辐射供暖辐射板的表面温度 t_s 与加热管的管径 d、管间距 s、管子埋设厚度 h、混凝土的导热系数 λ、热媒温度 t_{hm} 和房间温度 t_n 等有关，即：

$$t_s = f(d、s、h、\lambda、t_{hm}、t_n) \tag{5-1}$$

在上述六个变量中有4个（d、λ、t_{hm}、t_n）变化范围不大或可预先给定。一般采用铝塑复合管等热塑管，其管径规格为 12/16、16/20、20/25（内径/外径）等，即 d 的数值可知，在给定 λ、t_{hm}、t_n 的数值后，辐射板表面温度 t_s 只与管间距 s 和埋设厚度 h 有关。s 越小，h 越大，板面温度越均匀，但造价越高。因此在确定 s 和 h 值时，必须作经济分析。

辐射板表面的平均温度是计算辐射供暖的基本数据，辐射板表面最高允许平均温度应根据卫生要求、人的热舒适性条件和房间的用途来确定。

《暖通规范》中规定，低温热水辐射供暖辐射体表面平均温度，应符合表5-2的要求。

辐射体表面平均温度（℃） 表5-2

设置位置	宜采用的温度	温度上限值
人员经常停留的地面	24～27	29
人员短期停留的地面	28～30	32
无人停留的地面	35～40	42
房间高度 2.5～3.0m 的顶棚	28～30	
房间高度 3.1～4.0m 的顶棚	33～36	
距地面 1m 以下的墙面	35	
距地面 1m 以上 3.5m 以下的墙面	45	

从表5-2可看出，辐射板按表面最高允许平均温度的高低排序是：墙壁辐射板、顶棚辐射板、地板辐射板。顶棚辐射板温度过高，使人头部不适；地板辐射板温度过高，时间长久之后，人体也会不适。地板供暖辐射板表面的平均温度还应受地面覆盖层最高允许温度限制。例如：镶木地板采用铝塑复合管辐射板时，最高允许温度为27℃。

2. 供回水温度

《暖通规范》中规定，热水地面辐射供暖系统供水温度不应超过 60℃，供水温度宜采用 35～45℃；供回水温差不宜大于 10℃，且不宜小于 5℃；毛细管网辐射供暖系统供水温度宜满足表 5-3 的规定。

热水吊顶辐射板的供水温度宜采用 40～95℃ 的热水，其水质应满足产品要求。在非供暖季节供暖系统应充水保养。热水吊顶辐射板的安装高度，应根据人体的舒适度确定。辐射板的最高平均水温应根据辐射板安装高度和其面积占顶棚面积的比例按表 5-4 确定。

毛细管网辐射系统供水温度（℃）   表 5-3

设置位置	宜采用温度
顶棚	25～35
墙面	25～35
地面	30～40

热水吊顶辐射板最高平均水温（℃）   表 5-4

最低安装高度 (m)	热水吊顶辐射板占顶棚面积的百分比					
	10%	15%	20%	25%	30%	35%
3	73	71	68	64	58	56
4	—	—	91	78	67	60
5	—	—	—	83	71	64
6	—	—	—	87	75	69
7	—	—	—	91	80	74
8	—	—	—	—	86	80
9	—	—	—	—	92	87
10	—	—	—	—	—	94

注：表中安装高度指地面到板中心的垂直距离（m）。

对有墙面和窗下供暖辐射板的单管热水系统，热媒的设计供回水温度可取 105～70℃。在双管系统中，取 95～70℃。

5.3.2　盘管的水力计算

1. 辐射供暖热负荷的确定

（1）低温热水地板辐射供暖的热负荷确定。全面辐射供暖的热负荷，按教学单元 2 的有关方法计算，将室内计算温度取值降低 2℃。

局部辐射供暖的热负荷，可按整个房间全面辐射供暖的热负荷乘以该区域面积与所在房间面积的比值和表 5-5 中所规定的计算系数确定。

建筑物地板敷设加热管时，供暖热负荷中不计算地面的热损失。

局部辐射供暖热负荷计算系数   表 5-5

供暖区面积与房间总面积比值	≥0.75	0.55	0.40	0.25	≤0.20
计算系数	1	0.72	0.54	0.38	0.30

（2）热水吊顶辐射板供暖的热负荷，按照教学单元 2 的有关方法进行计算，并按上述

有关计算低温热水地板辐射供暖的热负荷的规定进行修正。当屋顶耗热量大于房间总耗热量的30%时，应采取必要的保温措施。

2. 辐射供暖系统盘管的水力计算

钢管和铝塑管的材质不同，在水力计算时也会有许多不同和特殊之处，地板辐射供暖加热管采用铝塑复合管等塑料管材制作盘管。对于塑料管的水力计算方法，可采用第四章相关内容进行计算。

5.3.3 辐射板供热量的计算

1. 低温热水地板辐射板供热量

地板供暖辐射板的供热量与热媒的温度、流量，加热管的管径、材质、间距、位置、盘管形式，混凝土的导热系数、厚度，供暖辐射板表面的温度及其分布、背部材料的导热系数、厚度等许多因素有关。

经加热后的辐射板，其板面以辐射和对流两种形式与室内的其他表面和空气进行热量交换。热交换的综合传热量，可以近似地将辐射和对流两部分传热量相加而得出。

（1）辐射传热量

$$q_{\mathrm{f}} = 4.98\left[\left(\frac{T_{\mathrm{pj}}}{100}\right) - \left(\frac{T_{\mathrm{f}}}{100}\right)^4\right] \tag{5-2}$$

式中　q_{f}——低温辐射板单位面积的辐射传热量，W/m^2；

T_{pj}——辐射板表面的平均温度，以绝对温度表示，K；

T_{f}——非加热面表面的平均温度，以绝对温度表示，K。

（2）对流传热量

对于顶棚辐射供暖

$$q_{\mathrm{d}} = 0.14(t_{\mathrm{pj}} - t_{\mathrm{n}})^{1.25} \tag{5-3}$$

对于地板辐射供暖

$$q_{\mathrm{d}} = 2.17(t_{\mathrm{pj}} - t_{\mathrm{n}})^{1.31} \tag{5-4}$$

对于墙壁辐射供暖

$$q_{\mathrm{d}} = 1.78(t_{\mathrm{pj}} - t_{\mathrm{n}})^{1.32} \tag{5-5}$$

式中　q_{d}——低温辐射板单位面积的对流传热量，W；

t_{pj}——辐射板表面的平均温度，℃；

t_{n}——室内空气计算温度，℃。

（3）计算室内设备、家具等地面覆盖物等对散热量的折减。

2. 热水吊顶辐射板供热量

热水吊顶辐射板通常利用钢制辐射板散热。其供热量可根据产品样本选用，并根据安装角度不同进行修正。

热水吊顶辐射板安装角度修正系数，按表5-6确定。

热水吊顶辐射板安装角度修正系数　表5-6

辐射板与水平面的夹角	0	10	20	30	40
修正系数	1	1.022	1.043	1.066	1.088

热水吊顶辐射板的管中流体应为紊流。当达不到最小流量时，辐射板的散热量应乘以

1.18 的安全系数。

5.4 其他辐射供暖

5.4.1 电热膜辐射供暖

电热膜是一种通电后能发热的、厚度很小（0.24mm）的半透明聚酯薄膜。由特制的可导电油墨、金属载流条经印刷、热压在两层绝缘聚酯薄膜之间制成的一种特殊的加热产品。将其布置在建筑结构中可实现辐射供暖。电热膜辐射供暖具有辐射供暖和电供暖的优点。没有直接的燃烧排放物，便于控制，运行简便、舒适。但要消耗高品位的电能，设计不当时运行费用较高。可用在远离集中供热热源的独立建筑、电价低廉的地区，对环保有特殊要求的区域及节能建筑中作为集中供热的辅助和补充供暖形式。

采用电供暖时，应满足房间用途、特点、经济和安全防火等要求，根据不同条件，设置不同类型的温控装置。

1. 电热膜辐射供暖的结构

低温加热电缆辐射供暖，宜采用地板式；低温电热膜辐射供暖宜采用顶棚式。顶棚辐射供暖电热膜安装方便，电耗小，室内温度比较均匀，不影响室内设备的布局以及室内设备不影响电热膜散热效果，不易损坏。因此比地板和墙壁电热膜辐射供暖用得多。电热膜的安装有多种结构，图 5-17 中为顶棚电热膜辐射供暖安装示意图。电热膜 5 背面为隔热层 4（如用玻璃棉毡等），用于减少无效热损失；外表面为饰面材料（图中的饰面板 6），起保护电热膜、美化外观和使表面温度均匀的作用。射钉 1 固定在钢筋混凝土楼板上，吊件 2 与射钉 1 用镀锌钢丝拧紧。轻钢龙骨 3 被吊件 2 卡吊。电热膜被饰面层和隔热层夹紧，饰面层用自攻螺钉固定在龙骨上，将多片电热膜连成组。用导线将电热膜组与温控器连到电源回路中，以便随室外温度的变化调节室内温度。

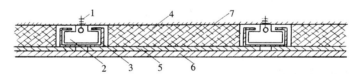

图 5-17 顶棚电热膜辐射供暖安装示意图
1—带尾孔的射钉；2—吊件；3—轻钢龙骨；4—隔热层；
5—电热膜；6—饰面板（石膏板等）；7—钢筋混凝土楼板

2. 电热膜片数的计算

将电热膜安装在室温一定、电压稳定的室内条件下，测得其功率为 q（W/片），则供暖所需电热膜片数用下式计算后取整数

$$N = (1+\kappa)\frac{Q}{q} \tag{5-6}$$

式中　N——电热膜片数；

　　　Q——房间供暖设计热负荷，W；

　　　q——每一片电热膜的功率，W/片；

　　　κ——用于考虑供暖方式、电压波动等因素的富裕系数，一般取 $\kappa=0.2$。

5.4.2 燃气红外线辐射供暖

1. 燃气红外线辐射供暖基本概念

利用可燃气体在辐射器中通过一定方式的燃烧，主要以红外线的形式放散出辐射热的高温辐射供暖，称为燃气红外线辐射供暖。

燃气红外线辐射供暖的燃料，可采用天然气、人工煤气、液化石油气等。燃气质量、燃气输配系统应符合国家现行标准《城镇燃气设计规范》GB 50028—2006 的要求。

燃气红外线辐射供暖，可用于建筑物室内供暖或室外工作地点的供暖。

2. 燃气红外线辐射供暖的耗热量确定

燃气红外线辐射全面供暖的耗热量按第二章的有关方法进行计算，可不计高度附加，并对总耗热量乘以 0.8～0.9 的修正系数。辐射器安装高度过高时，应对总耗热量进行必要的高度修正。

局部区域燃气红外线辐射供暖耗热量可按低温热水地板辐射供暖的耗热量计算方法确定。

3. 燃气红外线辐射供暖的布置

布置全面辐射供暖系统时，沿四周外墙、外门处的辐射器散热量，不宜少于总热负荷的 60%。燃气红外线辐射器用于局部工作地点供暖时，其数量不应少于两个，且应安装在人体的侧上方。燃气红外线辐射器的安装高度，应根据人体舒适度确定，但不宜低于 3m。

由室内供应空气的厂房或房间，应能保证燃烧器所需要的空气量。当燃烧器所需要的空气量超过该房间每小时 0.5 次的换气次数时，应由室外供应空气。无特殊要求时，燃气红外线辐射供暖系统的尾气应排至室外。当采用室外供应空气时，进风口、排风口的设置应符合规范要求。

燃气红外线辐射供暖系统，应在便于操作的位置设置能直接切断供暖系统及燃气供应系统的控制开关。利用通风机供应空气时，通风机与供暖系统应设置连锁开关。

思 考 题 与 习 题

1. 什么是辐射供暖？辐射供暖的方式有哪些？

2. 辐射供暖有什么特点？

3. 辐射供暖的分类有哪些？

4. 供暖辐射板的加热管有哪些形式？

5. 热水辐射供暖系统的形式有哪些？

6. 辐射供暖系统设计计算的方法。会进行一般民用建筑低温热水辐射供暖系统设计。

7. 除利用热媒的辐射供暖外，还有哪些辐射供暖方式？

教学单元6 蒸汽供暖系统

6.1 蒸汽供暖系统的基本原理和特点

6.1.1 蒸汽供暖系统的基本原理

以水蒸气作为热媒的供暖系统称为蒸汽供暖系统。图6-1是蒸汽供暖系统的原理图。水在锅炉中被加热成具有一定压力和温度的蒸汽,蒸汽靠自身压力作用通过管道流入散热器内,在散热器内放热后,蒸汽变成凝结水,凝结水经过疏水器后沿凝结水管道返回凝结水箱内,再由凝结水泵送入锅炉重新被加热变成蒸汽。

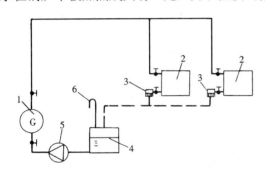

图6-1 蒸汽供暖系统原理图

1—蒸汽锅炉;2—散热器;3—疏水器;
4—凝结水箱;5—凝水泵;6—空气管

蒸汽供暖系统的凝结水回收方式,应根据二次蒸汽利用的可能性及室外地形,管道敷设方式等决定,可采用以下几种回水方式:

(1)闭式满管回水;

(2)开式水箱自流或机械回水;

(3)余压回水。

蒸汽供暖系统中,蒸汽在散热设备内定压凝结成同温度的凝结水,发生了相态的变化。通常认为进入散热设备的蒸汽是饱和蒸汽,流出散热设备的凝结水温度为凝结压力下的饱和温度,进汽的过热度和凝结水的过冷度均很小,可忽略不计。因此可认为在散热设备内蒸汽凝结放出的热量就等于蒸汽的汽化潜热。

散热设备的热负荷为 Q 时,散热设备所需的蒸汽量可按下式计算

$$G = \frac{AQ}{\gamma} = \frac{3600}{1000} \frac{Q}{\gamma} = 3.6 \frac{Q}{\gamma} \tag{6-1}$$

式中　Q——散热设备的热负荷,W;

　　　G——所需的蒸汽量,kg/h;

　　　γ——蒸汽在凝结压力下的汽化潜热,kJ/kg;

　　　A——单位换算系数,$1W=1J/s=3600/1000kJ/h=3.6kJ/h$。

6.1.2 蒸汽作为热媒的特点

与热水相比,蒸汽作为热媒有如下特点:

(1)用蒸汽作为热媒,可同时满足对压力和温度有不同要求的多种用户的用热要求。既可满足室内供暖的需要,又可作为其他热用户的热媒。

(2)蒸汽在散热设备内定压放出汽化潜热,热媒平均温度为相应压力下的饱和温度。热水在散热设备内靠温降放出显热,散热设备的热媒平均温度一般为其进、出口水温平均

值。因此，蒸汽供暖系统每公斤热媒的放热量比热水供暖系统的放热量大，散热设备的传热温差也大。在相同热负荷条件下，蒸汽供暖系统比热水供暖系统所需的热媒质量流量和散热设备面积都要小。因而使得蒸汽系统节省管道和散热设备的初投资。

（3）蒸汽和凝结水在管路内流动时，状态参数（密度和流量）变化大，甚至伴随相变。从散热设备流出的饱和凝结水通过疏水器和凝结水管路，压力下降的速率快于温降，使部分凝结水重新汽化，形成"二次蒸汽"。这些特点使得蒸汽供热系统的设计计算和运行管理复杂，易出现"跑、冒、滴、漏"问题，处理不当时，会降低蒸汽供热系统的经济性。

（4）蒸汽密度比水小，适用作高层建筑高区的（特别是高度大于160m的特高层建筑）供暖热媒，不会使建筑物底部的散热器超压。

（5）蒸汽热惰性小，供汽时热得快，停汽时冷得也快。

（6）蒸汽流动的动力来自于自身压力。蒸汽压力与温度有关，而且压力变化时，温度变化不大。因此蒸汽供暖不能采用改变热媒温度的质调节，只能采用间歇调节。因此使得蒸汽供暖系统用户室内温度波动大，间歇工作时有噪声，易产生水击现象。

（7）用蒸汽作热媒时，散热器和管道的表面温度高于100℃。以水为热媒时，大部分时间散热器表面平均温度低于80℃。用蒸汽作为热媒时散热器表面有机灰尘将会影响室内空气质量。同时易烫伤人，无效热损失大。

（8）蒸汽管道系统间歇工作。蒸汽管内时而流动蒸汽，时而充斥空气；凝结水管时而充满水，时而进入空气。管道（特别是凝结水管）易受到氧化腐蚀，使用寿命短。

由于上述特点，蒸汽作为热媒的供暖系统目前一般用于工业建筑及其辅助建筑，也可用于供暖期比较短以及有工业用汽的厂区办公楼。

6.2 蒸汽供暖系统

6.2.1 蒸汽供暖系统的类型

（1）根据蒸汽压力大小不同可分为：高压蒸汽供暖系统（表压＞0.07MPa）、低压蒸汽供暖系统（表压≤0.07MPa）和真空蒸汽供暖系统（绝对压力＜0.1MPa）。根据供汽汽源的压力、对散热器表面最高温度的限度和用热设备的承压能力来选择高压或低压蒸汽供暖系统。工业建筑及其辅助建筑可用高压蒸汽供暖系统。真空供暖系统因需要抽真空设备，同时运行管理复杂，国内外用得都很少。

（2）根据立管的数量可分为：单管蒸汽供暖系统和双管蒸汽供暖系统。单管系统易产生水击和汽水冲击噪声，所以多采用垂直双管系统。

（3）根据蒸汽干管的位置可分为：上供下回式、中供式和下供下回式。其蒸汽干管分别位于各层散热器上部、中部和下部。为了保证蒸汽、凝结水同向流动，防止水击和噪声，上供下回式系统用得较多。

（4）根据凝结水回收动力可分为：重力回水和机械回水。

（5）根据凝结水系统是否通大气可分为：开式系统（通大气）和闭式系统（不通大气）。

（6）根据凝结水充满管道断面的程度可分为：干式回水和湿式回水。

6.2.2 低压蒸汽供暖系统的形式

低压蒸汽供暖系统一般都采用开式系统，根据凝结水回收的动力分为重力回水和机械回水两大类。供汽干管位置可为上供下回式、下供下回式和中供式。低压蒸汽供暖系统一般适用于有蒸汽汽源的工业辅助建筑和厂区办公楼。

1. 重力回水低压蒸汽供暖系统

重力回水低压蒸汽供暖系统的主要特点是供汽压力小于或等于 0.07MPa，以及凝结水在有一定坡度的管道中依靠其自身的重力回流到热源。

图 6-2 为重力回水低压蒸汽供暖系原理图。图 (a) 为上供下回式，图 (b) 为下供下回式。锅炉 1 内的蒸汽在自身压力作用下，沿蒸汽管 2 输送进入散热器 6，同时将积聚在供汽管道和散热器内的空气驱赶入凝结水管 3、4，经连接在凝结水管末端 B 点的空气管 5 排出。蒸汽在散热器内冷凝放热，凝结水靠重力作用返回锅炉，重新加热变成蒸汽。

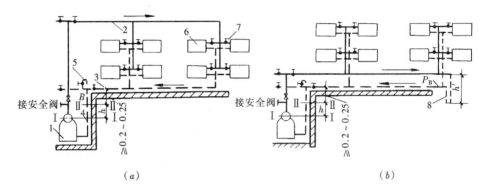

图 6-2　重力回水低压蒸汽供暖系统

(a) 上供下回式；(b) 下供下回式

1—锅炉；2—蒸汽管；3—干式自流凝结水管；4—湿式凝结水管；
5—空气管；6—散热器；7—截止阀；8—水封

锅筒内水位为 I-I。在蒸汽压力作用下，总凝结水管内的水位 II-II 比 I-I 水位高出 h（h 为按锅筒蒸汽压力 p 折算的水柱高度），水平凝结水干管的最低点比 II-II 水位还要高出 $200\sim250$mm，以保证水平凝结水干管内不被水充满。系统工作时该管道断面上部充满空气，下部流动凝结水；系统停止工作时，该管内充满空气。这种特点的凝结水管称为干式凝结水管，这种回水方式被称为干式回水。管道 4 的整个断面、始终充满凝结水，称为湿式凝结水管。图 (b) 中水封 8 排除蒸汽管沿途凝结水，可防止立管中的汽水冲击并阻止蒸汽窜入凝结水管。水平蒸汽干管应坡向水封，水封底部应设放水丝堵作排污和放空之用。

重力回水低压蒸汽供暖系统简单，不需要设置占地的凝结水箱和消耗电能的凝结水泵。供汽压力低，只要初调节好散热器入口阀门，原则上可以不装疏水器，以降低系统造价。一般重力回水低压蒸汽供暖系统的锅炉位于一层地面以下。当供暖系统作用半径较大时，需要采用较高的蒸汽压力才能将蒸汽送入最远的散热器。图 6-2 中的 h 值也需加大，即锅炉的位置将进一步降低。如锅炉的位置不能降低，则水平凝结水干管内甚至底层散热器内充满凝结水，空气不能顺利排出，蒸汽不能正常进入系统，从而影响供热，系统不能正常运行。因此重力回水低压蒸汽供暖系统只适用于小型系统。

2. 机械回水低压蒸汽供暖系统

机械回水低压蒸汽供暖系统的主要特点是供汽压力小于0.07MPa以及凝结水依靠水泵的动力送回热源重新加热。

图6-3为中供式机械回水低压蒸暖系统原理图。由蒸汽锅炉输送来的蒸汽沿蒸汽管1输送进入散热器9，散热后凝结水汇集到凝结水箱6中，再用凝结水泵7沿凝结水管3送回热源重新加热。凝结水箱应低于底层凝结水干管2，管2插入水箱水面以下。从散热器流出的凝结水靠重力流入凝结水箱。空气管4在系统工作时排除系统内的空气；在系统停止工作时进入空气。通气管5用于排除水箱水面上方的空气。水平凝结水干管仍为干式凝结水管。图中的高度h应满足防止凝结水泵汽蚀的

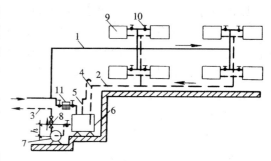

图6-3 中供式机械回水低压蒸汽供暖系统

1—蒸汽管；2—凝结水管；3—回热源的凝结水管；
4—空气管；5—通气管；6—凝结水箱；7—凝结水泵；
8—止回阀；9—散热器；10—截止阀；11—疏水器

需求，机械回水低压蒸汽供暖系统，适用于较大型系统。

6.2.3 高压蒸汽供暖系统的形式

一般情况下高压蒸汽供暖系统与工业生产用汽共用汽源，而且蒸汽压力往往大于供暖系统允许最高压力，必须减压后才能和供暖系统连接。高压蒸汽供暖系统原则上也可以采用上供下回式、中供式或下供下回式。为了简化系统及防止水击，尽可能采用上供下回式，使立管中蒸汽与沿途凝结水同向流动。

1. 开式高压蒸汽供暖系统

图6-4为开式上供下回式高压蒸汽供暖系统的示意图。由锅炉房将蒸汽输送到热用户。首先进入高压分汽缸1，将高压蒸汽分配给工艺生产用汽。高压分汽缸上可分出多个

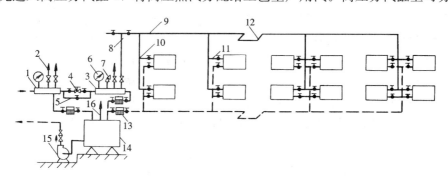

图6-4 开式上供下回高压蒸汽供暖系统示意图

1—高压分汽缸；2—工艺用户供汽管；3—低压分汽缸；4—减压阀；5—减压阀旁通管；6—
压力表；7—安全阀；8—供汽主立管；9—水平供汽干管；10—供汽立管；11—供汽支管；
12—方形补偿器；13—疏水器；14—凝结水箱；15—凝结水泵；16—通气管

分支，向对压力有不同要求的工艺用汽设备供汽。蒸汽经减压阀4减压后进入低压分汽缸3。减压阀设有旁通管5，在修理减压阀时旁通蒸汽用。安全阀7限制了进入供暖系统的

最高压力不超过额定值。从低压分汽缸上还可以分出许多供汽管，分别供空调系统的蒸汽加湿、汽水换热器以及蒸汽暖风机等用汽。系统中设有疏水器13，将沿途以及系统产生的凝结水排到凝结水箱14中，凝结水箱上有通气管16通大气，排除箱内的空气和二次蒸汽。因此也称为开式系统。凝结水箱中的水由凝结水泵15抽送回凝结水站或热源。

高压蒸汽供暖系统每一组散热器的供汽支管和凝结水支管上都要安装阀门，用于调节供汽量或关闭散热器，防止修理时高压蒸汽或凝结水汽化产生的蒸汽窜入室内。高压蒸汽供暖系统温度高，对管道的热胀冷缩问题应更加重视，充分利用自然补偿，不能保证时应设补偿器。图6-4中水平供汽干管和凝结水干管上设置了方形补偿器12。

2. 闭式凝结水箱

凝结水回流到凝结水箱后，会产生二次蒸汽。在开式系统中二次蒸汽从通气管16排掉，浪费了能源。在闭式高压蒸汽供暖系统中采用图6-5所示闭式凝结水箱。由补汽管5向箱内补给蒸汽，使其内部压力维持在5kPa左右（由压力调节器3控制）。水箱上设置安全水封2，防止箱内压力升高、二次蒸汽逸散和隔绝空气，从而减轻系统腐蚀、节省热能。

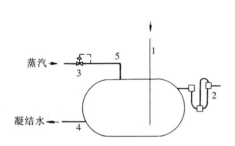

图6-5　闭式凝结水箱

1—凝结水进入管；2—安全水封；3—压力调节
器；4—凝结水排出管；5—补汽管

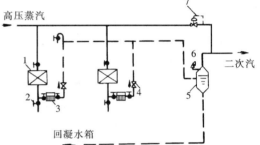

图6-6　设置二次蒸发箱的高压蒸汽供暖系统

1—高压用汽设备；2—放水阀；3—疏水器；4—止回
阀；5—二次蒸发箱；6—安全阀；7—压力调节器

3. 设置二次蒸发箱的高压蒸汽供暖系统

图6-6是设置二次蒸发箱的高压蒸汽供暖系统。二次蒸发箱5设置在车间内3m左右高度处。用汽设备1的凝结水通过疏水器3进入二次蒸发箱，扩容后产生的二次汽可加以利用。当二次汽量较小时，由高压蒸汽供汽管补充。靠压力调节器7控制补汽量，以保持箱内压力20～40kPa（表压力），并满足二次蒸汽热用户的用汽量的要求。当箱内二次汽量超过二次汽热用户的用汽量时，箱内压力增高，箱上安装的安全阀6开启，排汽降压。

6.3　蒸汽供暖系统的附属设备

6.3.1　排除凝结水的设备

如蒸汽在散热器内不能全部凝结，就会进入凝结水管。蒸汽管沿途凝结水不及时排除会产生水击。因此在蒸汽管路上以及在散热器和换热器出口要安装凝结水排除设备，它们能顺利排除凝结水（有的还能同时排除空气），阻碍蒸汽逸漏。其性能好坏将影响到系统运行的可靠性和经济性。排除凝结水的设备有疏水器、水封和孔板式疏水阀。

1. 疏水器

（1）疏水器的种类

根据作用原理不同，可分以下几种：

1）利用疏水器内凝结水液位变化动作的机械型疏水器。浮筒式、吊桶式（倒吊桶式）、浮球式疏水器均属于此类疏水器。

2）依靠蒸汽和凝结水流动时热动力特性不同来工作的热动力型疏水器。热动力式、脉冲式属于此类疏水器。

3）依靠疏水器内凝结水的温度变化来排水阻汽的热静力式（恒温型）疏水型。波纹管式、双金属片式疏水器均属于此类疏水器。

（2）疏水器的工作原理

以目前用得较多的浮筒式疏水器、热动力式疏水器和恒温式疏水器为例说明其工作原理。

1）浮筒式疏水器

浮筒式疏水器的构造如图 6-7 所示。其工作原理是：凝结水流入疏水器外壳 2 内，当壳内水位升高时，浮筒 1 浮起，顶针 3 将阀孔 4 关闭，水继续进入外壳，并继而从外壳 2 进入浮筒中。当浮筒内充水到重力大于浮力时，浮筒下沉，阀孔打开，凝结水借蒸汽压力排入凝结水管。当凝结水排出一定数量后，浮筒的总重量减轻，浮筒再度浮起，又将阀孔关闭。凝结水继续进入筒内，如此反复循环动作。放气阀 5 用于排除系统启动时的空气，阀芯提高时外壳内的空气通过放气阀门 5 排到凝结水管外。

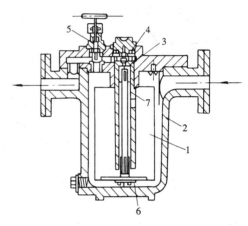

图 6-7　浮筒式疏水器
1—浮筒；2—外壳；3—顶针；4—阀孔；5—放气阀；
6—重块；7—水封套筒排气孔

浮筒式疏水器只能水平安装在用热设备下方。优点是在正常工作情况下，漏气量很小。它能排出具有饱和温度的凝结水。疏水器前凝结水的表压力 p_1 在 500kPa 或更小时便能启动疏水。排水孔阻力较小，因而可有较高的背压。主要缺点是体积大、排凝结水量小、活动部件多、筒内易沉渣结垢、阀孔易磨损、可能因阀杆被卡住而失灵，维修量较大。

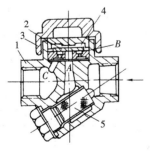

图 6-8　热动力式疏水器
1—阀体；2—阀片；3—阀盖；4—控制室；5—过滤器

2）热动力式疏水器

热动力式疏水器的构造原理如图 6-8 所示。当过冷的凝结水流入孔 A 时，靠圆盘形阀片 2 上下的压差顶开阀片，水经环形槽 B，通过阀片下的出水孔 C 排出。由于凝结水的比容几乎不变，凝结水流动通畅，阀片常开，连续排水。当凝结水带有蒸汽时，蒸汽从孔 A 经阀片下的环形通道 B 流向出口。在通过狭窄出水孔 C 时，压力下降，蒸汽比容急骤增大，阀片下面蒸汽流速激增，使阀片下面的静压下降。与此同时，蒸汽在槽 B 与出水孔 C 处受阻，被迫从阀片 2 和阀盖 3 之间的缝隙冲入阀片上部的控制室 4，动压转化为静压，在控制室内形成比阀片下更高的压力，迅速将阀片向下关闭而阻汽。阀片关闭一段时间后，由于控制室内蒸汽凝结，压力下降，阀片重新开启疏水并有少量蒸汽通过。

优点是体积小，重量轻，结构简单，安装维修方便，排水能力大，自身带过滤器 5，有止回阀作用，可阻止凝结水倒流，能稳定工作在阀前压力 p_1 高于 0.1MPa，阀后压力 $p_2=0.5p_1$ 的情况下。其缺点是有周期性漏汽现象，只能水平安装；在凝结水量较小或疏水器前压力 p_1 和其后压力 p_2 的差值过小（$p_1-p_2<0.05P_1$）时，会发生连续漏汽；当周围环境气温较高时，控制室内蒸汽凝结缓慢、阀片不易打开，会使排水量减少。

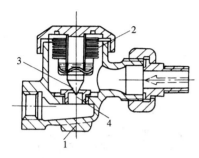

图 6-9　恒温式疏水器
1—外壳；2—波纹盒；3—锥形阀；4—阀孔

3）恒温式疏水器

恒温式疏水器用于低压蒸汽系统。其构造原理如图 6-9 所示。阀孔 4 的启闭由一个能热胀冷缩的薄金属波纹盒 2 控制。盒内装有少量受热易蒸发的液体（如酒精）。当蒸汽流入时，波纹盒被迅速加热，液体蒸发产生压力，波纹盒伸长。盒底部的锥形阀 3 堵住阀孔 4，防止蒸汽逸漏。直到疏水器内蒸汽凝结成饱和水并稍有过冷后，波纹盒收缩，打开阀孔，排出凝结水。当含有蒸汽的凝结水流过时，阀孔关闭；当空气或冷的凝结水流过时，阀孔常开，顺利排除。恒温式疏水器正常工作时，流出的凝结水为过冷状态，不再出现二次汽化。

（3）疏水器的选择计算

1）选择疏水器时，应使其排水能力大于用热设备的理论排水量，即：

$$G_{sh} = KG_l \tag{6-2}$$

式中　G_{sh}——疏水器设计排水量，kg/h；

　　　G_l——用热设备的理论排水量，kg/h；

　　　K——疏水器的选择倍率。

疏水器的选择倍率 K 是考虑运行时的实际情况与理论计算情况不可能完全一致而引入的系数。使用条件经常会有变化，用汽压力下降，背压升高时将导致疏水器的排水能力下降；设备用汽量增加时，凝结水量会增加等。此外用热设备的工作情况也可能有变化，在低压力、大负荷下启动或要求用热设备迅速投入使用时，疏水器的瞬时排水量都要大于设备正常运行时的疏水量。

应适当确定疏水器选择倍率 K 的数值，不是越大越好。对浮筒式疏水器，K 值大，疏水器体积大，造价高；对热动力式疏水器，K 值大，易造成漏汽；大多数疏水器间歇工作，应防止疏水器动作频繁、阀孔及阀座很快磨损。不同热用户系统的疏水器选择倍率 K 值，可按表 6-1 进行选择。

疏水器选择倍率 K 值　　　　　　　　　　　表 6-1

系　　统		使用情况	选择倍率 K	系　　统	使用情况	选择倍率 K
采　　暖		$p \geqslant 100$kPa	2～3	淋浴	单独换热器	2
		$p < 100$kPa	4		多喷头	4
热　　风		$p \geqslant 200$kPa	2	生产	一般换热器	3
		$p < 200$kPa	3		大容量、常间歇、速加热	4

注：p—表压力。

2）疏水器排水量的计算。

疏水器的排水量可按下式计算：

$$G = 0.1A_pd^2\sqrt{\Delta p}\tag{6-3}$$

式中　G——疏水器的排水量，kg/h；

　　A_P——疏水器的排水系数；

　　d——疏水器的排水阀孔直径，mm；

　　Δp——疏水器前后压差，kPa。

当通过冷水时，疏水器的排水系数 $A_P = 32$；当通过饱和凝结水时，按设计手册或生产厂家的产品样本选用。

3）疏水器前、后压力的确定原则。

疏水器前、后设计压力及其设计压差的数值，关系到疏水器孔径的选择以及疏水器后余压回水管路资用压力的大小。疏水器前的表压力 p_1 取决于疏水器在蒸汽供热系统中连接的位置。

当疏水器用于排除蒸汽管路的凝结水时，$p_1 = p_b$（p_b 为疏水点处的蒸汽管中的表压力）；当疏水器安装在用热设备（如换热器、暖风机等）的出口凝结水支管上时，$p_1 = 0.95p_b$（p_b 为用热设备前的蒸汽表压力）；当疏水器安装在凝结水干管末端时，$p_1 = 0.7p_b$（p_b 为供热系统入口蒸汽的表压力）。

凝结水通过疏水器及其排水阀孔时，有能量损失，使其背压 p_2 比其进口压力 p_1 低。为保证疏水器正常工作，必须有一个最小的压差 Δp_{min}。如 p_1 给定后，p_2 不得超过某一最大允许值 p_{2max}。

$$p_{2max} \leqslant p_1 - \Delta p_{min}\tag{6-4}$$

疏水器的最大允许背压 p_{2max} 值，取决于其类型和规格，通常由厂家提供试验数据。多数疏水器的 p_{2max} 约为 $0.5p_1$ 左右（浮筒式的 Δp_{min} 值较小，约为 50kPa，亦即最大允许背压 p_{2max} 高）。设计时选较高的背压数值，对疏水器后的余压凝结水管路的水力计算有利，但疏水器前后压差会减小，对选择疏水器不利。同时，p_2 值不得高于最大允许背压 p_{2max} 值。如低压蒸汽供暖系统，按干式凝结水管设计时，取 p_2 等于大气压。

（4）疏水器的安装

如图 6-10 所示为几种常用的疏水器安装方式。疏水器通常多为水平安装。疏水器前后需设置截止阀用于维修时将疏水器与凝结水管路隔开。冲洗管 3 位于疏水器前截止阀的前面，用于冲洗管路时排水和放气。检查管 4 位于疏水器后，用以检查疏水器的工作情况。旁通管 2 可以水平安装（图 6-10b）或垂直安装（图 6-10c）。多台疏水器并联安装可不设旁通管（图 6-10d），也可设旁通管（图 6-10e）。

旁通管的作用是：①系统启动时排除凝结水和空气；②检修疏水器时不中断供汽。为了防止蒸汽窜入凝结水系统，运行时旁通管上的阀门应关闭，以免影响其他用热设备凝结水的排除、干扰凝结水管路的正常工作及浪费热能。对不允许中断供汽的生产设备，应安装旁通管。对一般的蒸汽供暖系统，疏水器可不设旁通管（图 6-10a、图 6-10d），以免旁通管上阀门关闭不严造成泄漏。蒸汽用热设备经常为间歇工作，为了防止启动时产生蒸汽冲击，疏水器后应安装止回阀 7。

2. 水封和孔板式疏水阀

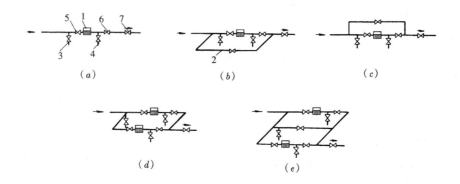

图 6-10 疏水器的安装

1—疏水器；2—旁通管；3—冲洗管；4—检查管；5、6—截止阀；7—止回阀

（1）水封

水封如图 6-11 所示，其优点是：结构简单、无活动部件。水封中积存的凝结水阻止了蒸汽的通过，水封的高度 H 应等于水封安装处前后的压力差相当的水柱高度，并考虑 10% 的富余值。水封用于蒸汽压力小于 0.05MPa 的地方。

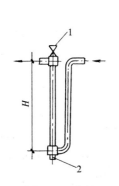

图 6-11　水封

1—放气阀；2—放水丝堵

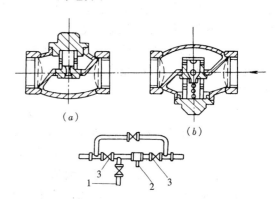

图 6-12　孔板式疏水阀及其安装

（a）无止回阀的压力孔板；（b）带止回阀的压力孔板

1—检查管；2—孔板式疏水阀；3—阀门

（2）孔板式疏水阀

孔板式疏水阀如图 6-12 所示，其作用原理是：纯凝结水的密度大，能顺利通过孔板内面积很小的阀孔；蒸汽或含汽凝结水的密度小，通过孔板内面积很小的阀孔时受到阻碍，从而达到阻汽疏水的作用。孔板式疏水器不能用于排除蒸汽管的沿途冷凝水，可用于换热设备后面的压力小于 0.6MPa，而且蒸汽流量的波动值不超过 30% 的场合。

6.3.2　减压阀

减压阀通过调节阀孔大小，对蒸汽进行节流达到减压目的，并能自动地将阀后压力维持在一定范围内。目前国产减压阀有活塞式、波纹管式和薄膜式等几种。

图 6-13 是活塞式减压阀的工作原理图。主阀 1 由活塞 2 由阀前蒸汽压力与下弹簧 3 的弹力相互平衡控制作用而上下移动，增大或减小阀孔的流通面积。针阀 4 由薄膜 5 带动升降，开大或关小室 d 和室 e 间的通道，薄膜片的弯曲程度由上弹簧 6 和阀后蒸汽压力的

相互作用来控制。启动前，主阀关闭。启动时，旋紧螺丝7压下薄膜片5和针阀4，阀前压力为 p_1 的蒸汽便通过阀体内通道 a、室 e、室 d 和阀体内通道 b 到达活塞2上部空腔，推下活塞，打开主阀。蒸汽流过主阀，压力下降为 p_2，经阀体内通道 c 进入薄膜片5下部空间，作用在薄膜片上的力与被压紧的弹簧力相平衡。调节旋紧螺丝7使阀后压力达到定值。当某种原因使阀后压力 p_2 升高时，薄膜片5由于下面的作用力变大而上弯，针阀4关小，活塞2的推动力下降，主阀上升，阀孔通道变小，p_2 下降。反之，动作相反。这样可以保持 p_2 在一个较小的范围（一般在±0.05MPa）内波动，处于基本稳定状态。活塞式减压阀适用于工作温度低于300℃、工作压力达1.6MPa的蒸汽管道，

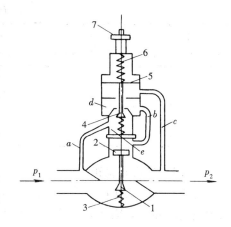

图6-13　活塞式减压阀工作原理图
1—主阀；2—活塞；3—下弹簧；4—针阀；
5—薄膜片；6—上弹簧；7—旋紧螺钉

阀前与阀后最小压差为0.15MPa。它工作可靠，工作温度和压力较高，适用范围广。

蒸汽通过减压阀孔的过程为气体绝热过程。阀孔截面积可按下式计算：

$$A = \frac{G}{\mu q} \tag{6-5}$$

式中　A——减压阀阀孔面积，cm^2；

　　　G——通过减压阀的蒸汽量，kg/h；

　　　μ——阀孔的流量系数，一般取 $\mu=0.6$；

　　　q——每平方厘米阀孔面积通过的理论蒸汽量，kg/（cm^2·h）。

每平方厘米阀孔面积通过的理论饱和蒸汽量 q，可查图6-14。根据减压阀阀前蒸汽绝对压力 p_1（图中弧线所对应的数值）和阀后蒸汽绝对压力 p_2（图中横坐标数值）在纵坐标上查得 q 的数值。用公式（6-5）可算得减压阀的阀孔面积 A 值，在表6-2中查出对应的减压阀公称直径。

当要求减压阀前后压力比大于5～7倍时，或阀后蒸汽压力 p_2 较小时，应串装两个减压阀，以便减小减压阀工作时的振动、噪声和保证可靠运行。在热负荷波动频繁而剧烈时，其中一个减压阀可用节流孔板代替。图6-15为减压阀接管安装图。发生故障需要检修时，可关闭减压阀前后的截止

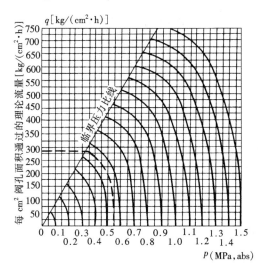

图6-14　饱和蒸汽减压阀阀孔面积选用图

阀，从旁通管供汽。减压阀前、后应分别装设压力表。为防止减压后的压力超过允许的限度，阀后应装安全阀。

公称直径 DN（mm）	阀孔截面积 A（cm²）	公称直径 DN（mm）	阀孔截面积 A（cm²）	公称直径 DN（mm）	阀孔截面积 A（cm²）	公称直径 DN（mm）	阀孔截面积 A（cm²）
25	2.00	50	5.30	100	23.50	150	52.20
32	2.80	65	9.45	125	36.80	—	—
40	3.48	80	13.20				

减 压 阀 公 称 直 径　　　　　　　　　　　表 6-2

6.3.3　二次蒸发箱

二次蒸发箱的作用是将各用汽设备排出的凝结水，在较低压力下扩容，分离出一部分二次蒸汽，并将其输送到热用户加以利用。二次蒸发箱实际上是一个扩容器，构造如图6-16所示。当高压含汽凝结水沿切线方向的入口进入箱内时，压力下降，汽水分离。二次蒸汽积聚在其上方，凝结水向下流动，沿凝结水管流回凝结水箱。

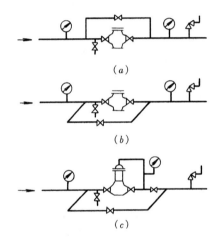

图 6-15　减压阀接管安装图

（a）活塞式减压阀旁通管垂直安装；（b）活塞式
减压阀旁通管水平安装；（c）薄膜式或波
纹管式减压阀安装

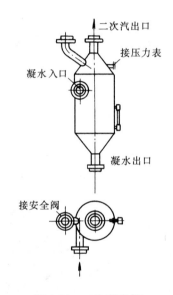

图 6-16　二次蒸发箱

一般二次蒸发箱的容积 V 按每 $1m^3$ 容积每小时分离出 $2000m^3$ 蒸汽来确定，则所需二次蒸发箱的蒸汽容积可按下式计算：

$$V = Gxv/2000 = 5 \times 10^{-4}Gxv \qquad (6-6)$$

式中　V——二次蒸发箱的容积，m^3；

$\quad\quad\ G$——流入二次蒸发箱的凝结水量，kg/h；

$\quad\quad\ x$——每1kg凝结水的二次汽化率，kg/kg；

$\quad\quad\ v$——蒸发箱内的压力所对应的蒸汽比容，m^3/kg。

蒸发箱容积中 20%存水，80%为蒸汽分离空间。

蒸发箱的截面积按蒸汽流速不大于 2.0m/s 来计算，水流速不应大于 0.25m/s。二次蒸发箱的型号及规格见国家标准图集。

6.3.4　安全水封

安全水封用于闭式凝结水回收系统，其组成如图 6-17 所示。它由三个水罐（压力罐 A、真空贮水罐 B、下贮水罐 C）和四根管 1、2、3、4 组成。其作用是系统正常工作时用罐、管内的水封将凝结水系统与大气隔绝；在凝结水系统超压时，排水、排汽起安全作用。

管 3 与凝结水箱相连，系统启动前充水至 $Ⅰ'-Ⅰ'$ 高度。在正常的凝结水箱内压力作用下，下贮水罐 C 内贮满水，管 2 内水面比管 4、管 1 内水面低高度 h，管 1、2、4 内的水柱将凝结水系统与大气隔绝。当系统压力高于大气压力 H_1 米水柱时，凝结水或蒸汽从管 2、管 4 经压力罐 A 流入大气，将系统压力释放，保证系统安全；

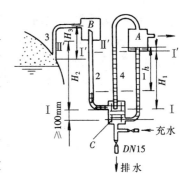

图 6-17　安全水封
A—压力罐；B—真空贮水罐；
C—下贮水罐

当系统压力回落时，压力罐 A 中的水自动补充到管 2 和管 4 中。当水箱内无凝结水，而启动凝结水泵时，箱内呈负压，管 1、4 内水面下降，管 2 内水面上升，只要箱内真空度小于 H_1 米水柱时，管 2 的水封不被破坏，安全水封仍能起隔离空气的作用；高度 H_2 应按水箱内可能出现的最大真空度设计。一旦箱内真空度消失，真空贮水罐 B 中的水立即由管 2 端部的孔眼充入管 2、4 及管 1 中。如水箱内水过多，水也由管 2、4 排入大气，保证系统不会超压。

6.4　低压蒸汽供暖系统的水力计算

6.4.1　低压蒸汽供暖系统水力计算原则和方法

1. 蒸汽管路

低压蒸汽供暖系统的水力计算原理、基本公式与热水供暖系统相同。同样有沿程阻力损失 Δp_y，和局部阻力损失 Δp_j。

单位长度沿程阻力损失（比摩阻），可由达西·维斯巴赫公式进行计算。即

$$R = \frac{\lambda}{d} \cdot \frac{\rho v^2}{2} \tag{6-7}$$

式中　λ——管段的摩擦阻力系数；

　　　d——管子内径，m；

　　　v——流体在管道内的流速，m/s；

　　　ρ——流体的密度，kg/m³。

在利用上式为基础进行水力计算时，可认为每个管段内的流量和整个系统的密度 ρ 是不变的。在低压蒸汽供暖管路中，蒸汽的流动状态多处于紊流过渡区，其摩擦阻力系数 λ 值可采用过渡区公式进行计算。管壁的绝对粗糙度 $K=0.2$mm。

附录 6-1 给出低压蒸汽供暖系统管路水力计算表，制表时蒸汽的密度取值均为 0.6 kg/m³。

局部阻力损失的计算公式

$$p_j = \Sigma \xi \cdot \frac{\rho v^2}{2} \tag{6-8}$$

各局部阻力系数 ξ 值同样可按附录 4-2 确定，其动压头值可见附录 6-2。

在散热器入口处，蒸汽应有 $1500\sim2000\mathrm{Pa}$ 的剩余压力，以克服阀门和散热器入口的局部阻力，使蒸汽进入散热器，并将散热器内的空气排出。

在进行低压蒸汽供暖系统管路的水力计算时，同样应先从最不利环路开始。水力计算方法，通常采用控制比压降法和平均比摩阻法两种方法进行计算。

按控制比压降法是将最不利环路的每 $1\mathrm{m}$ 总压力损失控制在约 $100\mathrm{Pa/m}$ 来设计。

平均比摩阻法是在已知锅炉或室内入口处蒸汽压力条件下进行计算。

$$R_{\mathrm{pj}} = \frac{\alpha(p_{\mathrm{g}} - 2000)}{\Sigma l} \tag{6-9}$$

式中　α——沿程压力损失占总压力损失的百分数，取 $\alpha=0.6$；

　　　　p_{g}——锅炉出口或室内用户入口的蒸汽表压力，Pa；

　　　　2000——散热器入口处的蒸汽剩余压力，Pa；

　　　　Σl——最不利环路管段的总长度，m。

当锅炉出口或室内用户入口处蒸汽压力高时，得出的平均比摩阻 R_{pj} 值会较大，此时仍建议采用控制比压降值，按不超过 $100\mathrm{Pa/m}$ 设计。

最不利环路各管段的水力计算完成后，即可进行其他立管的水力计算。可按平均比摩阻法来选择其他立管的管径，但管内流速不得超过下列规定的最大允许流速：

当汽水同向流动时　　　　$30\mathrm{m/s}$；

当汽水逆向流动时　　　　$20\mathrm{m/s}$。

规定最大允许流速主要是为了避免水击和噪声，便于排除蒸汽管路中的凝水；在实际工程设计中，常采用更低一些的流速。供汽干管的末端和回水干管始端的管径不宜小于 $20\mathrm{mm}$，低压蒸汽的供汽干管可适当放大。

2. 凝结水管路

低压蒸汽供暖系统凝结水管路，在排气管前的管路为干凝结水管路，管路截面的上半部为空气，管路截面下半部流动凝结水，凝结水管路必须保证 0.005 以上的向下坡度，属非满管流状态。

排气管后面的凝结水管路，可以全部充满凝结水，称为湿凝结水干管，其流动状态为满管流。在相同热负荷条件下，湿式凝结水管选用的管径比干式的小。

低压蒸汽供暖系统干凝结水管路和湿凝结水管路的管径选择表可见附录 6-3。

6.4.2　低压蒸汽供暖系统水力计算例题

【例题 6-1】　图 6-18 为重力回水的低压蒸汽管路系统的一个支路。每个散热器的热负荷均为 4000W。每根立管及每个散热器的蒸汽支管上均装有截止阀。每个散热器凝水支管上装一个恒温式疏水器。总蒸汽立管保温。

图中小圆圈内的数字表示管段号。圆圈旁的数字：上行表示管段热负荷（W），下行表示管段长度（m）。罗马数字表示立管编号。

要求确定各管段的管径及锅炉蒸汽压力。

【解】　1. 确定锅炉压力

根据已知条件，从锅炉出口到最远散热器的最不利环路的总长度 $\Sigma l=80\mathrm{m}$。如按控制比压降为 $100\mathrm{Pa/m}$ 设计，并考虑散热器前所需的蒸汽剩余压力为 2000Pa，则锅炉的运行

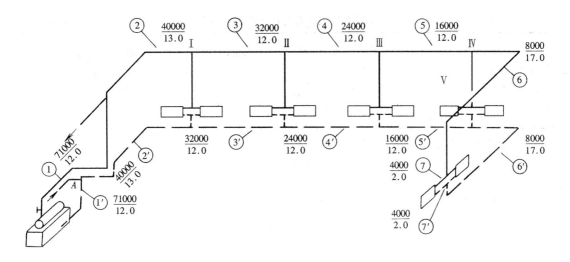

图 6-18 例题 6-1 的管路计算图

表压力 p_g 应为

$$p_g = 80 \times 100 + 2000 = 10000 \text{Pa}$$

在锅炉正常运行时，凝结水总立管在比锅炉蒸发面高出约 1.0m 下面的管段必然全部充满凝水。考虑 200～250mm 的安全高度，因此，重力回水的干凝结水干管的布置位置，至少要比锅炉蒸发面高出 $h = 1.0 + 0.25 = 1.25$m。

2. 最不利环路的水力计算

采用控制比压降法进行最不利环路的水力计算。

低压蒸汽供暖系统摩擦压力损失约占总压力损失的 60%，因此，根据预计的平均比摩阻：$R_{pj} = 100 \times 0.6 = 60$Pa/m 和各管段的热负荷，选择各管段的管径及计算其压力损失。

利用附录 6-1、附录 6-2 和附录 4-2 进行有关计算。

以计算管段 1 为例，热负荷 $Q_1 = 71000$W，按附录 6-1，可选用 $d = 70$mm。根据表中数据可知：

当 $d = 70$mm，$Q = 61900$W 时，相应的流速 $v = 12.1$m/s，比摩阻 $R = 20$Pa/m。

当 $d = 70$mm，$Q = 76600$W 时，相应的流速 $v = 14.95$m/s，比摩阻 $R = 30$Pa/m。

当选用相同的管径 $d = 70$mm，热负荷改变为 $Q_1 = 71000$W 时，相应的流速 v_1 和比摩阻 R_1 的数值，可用内插法确定。计算得：$v_1 = 13.9$m/s，$R_1 = 26.2$Pa/m。计算结果列于表 6-3 和表 6-4 中。

3. 其他立管的水力计算

通过最不利环路的水力计算后，即可确定其他立管的资用压力。该立管的资用压力应等于从该立管与供汽干管节点起到最远散热器的管路的总压力损失值。根据该立管的资用压力，确定平均比摩阻，可以选择该立管与支管的管径。其水力计算结果列于表 6-3 和表 6-4 中。

通过水力计算可知，低压蒸汽供暖系统并联环路压力损失的相对差额较大，即使选用较小管径，也难达到平衡，只好在系统投入运行时，调整立支管阀门解决。同时，在疏水器正常工作的情况下，蒸汽供暖系统对水平失调现象具有自调性。

管段号	热负荷 Q (W)	管长 l (m)	管径 d (mm)	比摩阻 R (Pa/m)	流速 v (m/s)	摩擦压力损失 $\Delta p = Rl$ (Pa)	局部阻力系数 $\Sigma\xi$	动压头 Δp_d (Pa)	局部压力损失 $\Delta p_j = \Delta p_d \cdot \Sigma\xi$ (Pa)	总压力损失 $\Delta p = \Delta p_y + \Delta p_j$ (Pa)
1	2	3	4	5	6	7	8	9	10	11
1	71000	12	70	26.2	13.9	314.4	10.5	61.2	642.6	957.0
2	40000	13	50	29.0	13.0	377.0	2.0	53.5	107.0	484.0
3	32000	12	40	70.1	17.0	841.2	1.0	91.57	91.57	932.8
4	24000	12	32	87.0	16.9	1044.0	1.0	90.5	90.5	1134.5
5	16000	12	32	39.3	11.2	471.6	1.0	39.7	39.7	511.3
6	8000	17	25	50.2	10.2	853.4	12.0	33.0	396.0	1249.4
7	4000	2	20	36.4	7.8	72.8	4.5	19.3	86.9	195.7
	$\Sigma l = 80\text{m}$								$\Sigma\Delta p = 5429\text{Pa}$	
立管Ⅳ	资用压力　$\Delta p_{6,7} = 1409\text{Pa}$									
立管	8000	4.5	25	50.2	10.2	225.9	11.5	33.0	379.5	605.4
支管	4000	2	20	36.4	7.8	7208	4.5	19.3	86.9	159.7
									$\Sigma\Delta p = 765\text{Pa}$	
立管Ⅲ	资用压力　$\Delta p_{5\sim7} = 1920\text{Pa}$									
立管	8000	4.5	25	50.2	10.2	225.9	11.5	33.0	379.5	605.4
支管	4000	2	15	195.1	14.8	390.2	4.5	69.4	312.3	702.5
									$\Sigma\Delta p = 1308\text{Pa}$	
立管Ⅱ	资用压力　$\Delta p_{4\sim7} = 3055\text{Pa}$			立管Ⅰ	资用压力　$\Delta p_{3\sim7} = 3988\text{Pa}$					
立管	8000	4.5	20	139.3	15.5	626.9	13.0	76.1	989.3	1616.2
支管	4000	2	15	195.1	14.8	390.2	4.5	69.4	312.3	702.5
									$\Sigma\Delta p = 2319\text{Pa}$	

局部阻力名称	管段号					其他立管		其他支管	
	1	2	3, 4, 5	6	7	DN25	DN20	DN20	DN15
截止阀	7.0			9.0		9.0	10.0		
锅炉出口	2.0								
90°煨弯	3×0.5 =1.5	2×0.5 =1.0		2×1.0 =2.0		1.0	1.5		
乙字弯					1.5			1.5	1.5
直流三通		1.0	1.0	1.0					
分流三通					3.0			3.0	3.0
旁通三通						1.5	1.5		
$\Sigma\xi$ 总局部阻力系数	10.5	2.0	1.0	12.0	4.5	11.5	13.0	4.5	4.5

4. 低压蒸汽供暖系统凝结水管路管径选择

如图 6-18 所示，排气管 A 处前的凝结水管路为干凝结水管路。根据各管段热负荷，按附录 6-3 选择管径。对管段 $1'$，它属于湿凝结水管路，因管路不长，仍按干式凝结水管选择管径。将管径稍选粗一些。计算结果见表 6-5。

管段编号	$7'$	$6'$	$5'$	$4'$	$3'$	$2'$	$1'$	其他立管的凝水立管段
热负荷（W）	4000	8000	16000	24000	32000	40000	71000	8000
管径 DN（mm）	15	20	20	25	25	32	32	20

6.5　高压蒸汽供暖系统的水力计算

6.5.1　高压蒸汽供暖系统水力计算的基本原则和方法

高压蒸汽供暖系统的水力计算原理与低压蒸汽供暖系统完全相同。为了计算方便，供暖通风空调设计手册中列有不同蒸汽压力下的蒸汽管径计算表。在进行室内高压蒸汽管路的局部压力损失计算时，习惯将局部阻力换算为当量长度进行计算。

高压蒸汽供暖系统的水力计算任务同样也是选择管径和计算其压力损失，通常采用平均比摩阻法或流速法进行计算。计算从最不利环路开始。

1. 平均比摩阻法

当蒸汽系统的起始压力已知时，为使疏水器能正常工作和留有必要的剩余压力使凝结水排入凝结水管网，在工程设计中，高压蒸汽供暖系统最不利环路的供汽管，其总压力损失不应大于起始压力的 25%。平均比摩阻可按下式确定：

$$R_{pj} = \frac{0.25 \alpha p}{\Sigma l} \tag{6-10}$$

式中　α——摩擦压力损失占总压力损失的百分数，按附录 4-8 对高压蒸汽供暖系统取 $\alpha=0.8$；

　　p——蒸汽供暖系统的起始表压力，Pa；

　　Σl——最不利环路的总长度，m。

2. 流速法

如果室内高压蒸汽供暖系统的起始压力较高，在保证用热设备有足够的剩余压力的情况下。蒸汽管路可以采用较高的流速，但《暖通规范》规定，高压蒸汽供暖系统的最大允许流速不应超过：

汽水同向流动时　　　　80m/s

汽水逆向流动时　　　　60m/s

在工程设计中，为保证系统正常运行，最不利环路的推荐流速值要比最大允许流速低得多。通常采用 $v=15\sim40$m/s。

在确定其他支路的立管管径时，可采用较高的流速，但不得超过规定的最大允许流速。

室外高压蒸汽供暖系统的疏水器，大多连接在凝水支干管的末端。从用热设备到疏水器入口的管段，同样属于干式凝结水管，为非满管流的流动状态。此类凝结水管的管径选择，可按附录6-3选用。但要保证凝结水支干管路有足够的坡度和足够的凝结水管管径。

从疏水器出口以后的凝结水管路（余压回水）的凝结水管径确定方法，将在后面章节中讲述。

6.5.2 高压蒸汽供暖系统水力计算例题

【例题 6-2】 图 6-19 所示为室内高压蒸汽供暖管路系统的一个支路。各散热器的热负荷均为 4000W。用户入口处设分汽缸，与室外蒸汽管网相接。在每一个凝结水支路上设置疏水器。散热器的蒸汽工作表压力要求为 200kPa。试选择高压蒸汽供暖系统的管径和用户入口处的供暖蒸汽系统起始压力。

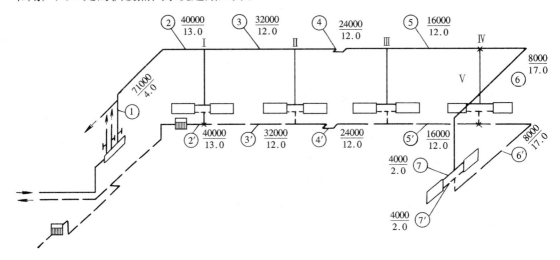

图 6-19 例题 6-2 的管路计算图

【解】 1. 计算最不利环路

按流速法确定最不利环路的各管段的管径。附录6-4为蒸汽表压力200kPa时的水力计算表，按此表选择管径。

室内高压蒸汽系统局部压力损失，通常按当量长度法计算。局部阻力当量长度值可查附录6-5。

水力计算结果列在表6-6和表6-7中。

高压蒸汽供暖系统水力计算表　　　　　　　　　　　　　　表 6-6

管段编号	热负荷 Q (W)	管长 l (m)	管径 d (mm)	比摩阻 R (Pa/m)	流速 v (m/s)	当量长度 l_d (m)	折算长度 l_{zh} (m)	压力损失 $\Delta p = R \cdot l_{zh}$ (Pa)
1	2	3	4	5	6	7	8	9
1	71000	4.0	32	282	19.8	10.5	14.5	4089
2	4000	13.0	25	390	19.6	2.4	15.4	6006
3	32000	12.0	25	252	15.6	0.8	12.8	3226
4	24000	12.0	20	494	18.9	2.1	14.1	6965
5	16000	12.0	20	223	12.6	0.6	12.6	2810

管段编号	热负荷 Q (W)	管长 l (m)	管径 d (mm)	比摩阻 R (Pa/m)	流速 v (m/s)	当量长度 l_d (m)	折算长度 l_{zh} (m)	压力损失 $\Delta p = R \cdot l_{zh}$ (Pa)
1	2	3	4	5	6	7	8	9
6	8000	17.0	20	58	6.3	8.4	25.4	1473
7	4000	2.0	15	71	5.7	1.7	2.7	263
$\Sigma l = 72.0mm$				$\Sigma \Delta p \approx 25kPa$				
其他立管	8000	4.5	20	58	6.3	7.9	12.4	719
	4000	2.0	15	71	5.7	1.7	3.7	263
$\Sigma \Delta p = 982kPa$								

最不利环路的总压力损失为 25kPa，考虑 10% 的安全裕量，则蒸汽入口处供暖蒸汽系统起始的表压力不得低于

$$p_b = 200 + 1.1 \times 25 = 227.5kPa$$

高压蒸汽供暖系统各管段的局部阻力当量长度（m） 表 6-7

局部阻力名称	管段号									备注
	1 DN32	2 DN25	3 DN25	4 DN20	5 DN20	6 DN20	7 DN15	其他立管 DN20	其他支管 DN15	
分汽缸出口	0.6									
截止阀	9.9					6.4		6.4		
直流三通		0.8	0.8	0.6	0.6	0.6				
90°揻弯		2×0.8=1.6				2×0.7=1.4		0.7		
方形补偿器				1.5						
分流三通							1.1		1.1	
乙字弯							0.6		0.6	
旁流三通								0.8		
总 计	10.5	2.4	0.8	2.1	0.6	8.4	1.7	7.9	1.7	

2. 其他立管的水力计算

由于室内高压蒸汽系统供汽干管各管段的压力损失较大，各分支立管的节点压力难以平衡，通常按流速法选用立管管径。剩余过高压力，可通过关小散热器前的阀门的方法来调节。

3. 凝结水管段管径的确定

按附录 6-3，根据凝结水管段所担负的热负荷，确定各干凝结水管段的管径，结果列于表 6-8。

室内高压蒸汽供暖系统凝结水管径表 表 6-8

管段编号	2′	3′	4′	5′	6′	7′	其他立管的凝水立管段
热负荷（W）	40000	32000	24000	16000	8000	4000	8000
管径 DN（mm）	25	25	20	20	20	15	20

思 考 题 与 习 题

1. 蒸汽供暖系统的特点有哪些?

2. 低压蒸汽供暖系统常见的形式有哪些? 各有什么特点?

3. 高压蒸汽供暖系统常见的形式有哪些? 各有什么特点?

4. 蒸汽管路水力计算与热水管路水力计算有什么不同?

5. 蒸汽管路水力计算的方法有哪些? 简述其计算步骤,并会进行计算。

6. 什么是湿式凝结水管路? 什么是干式凝结水管路? 如何确定其管径?

教学单元 7 集 中 供 热 系 统

集中供热系统是由热源、管网和热用户三部分组成的。集中供热系统的热用户有供暖、通风、空调及生活热水供应、生产工艺等用热系统，供应范围广。根据热媒的不同，集中供热系统可分为热水供热系统和蒸汽供热系统；根据热源的不同，可分为热电厂供热系统和区域锅炉房供热系统等；根据供热管道的不同，可分为单管制，双管制和多管制供热系统。

7.1 集中供热系统方案的确定

7.1.1 集中供热系统方案确定的原则

集中供热系统方案确定的原则是：有效利用并节约能源，投资少，见效快，运行经济，符合环境保护要求等。应在这个原则基础上，确定出技术先进、经济合理、使用可靠的最佳方案。

确定集中供热系统的方案时，需要确定集中供热系统的热源形式，选择热媒的种类及参数。

7.1.2 集中供热系统热源形式的确定

集中供热系统中，目前采用的热源形式主要有：区域锅炉房、热电厂、核能、地热、工业余热和太阳能等，最广泛应用的热源形式是热电厂和区域锅炉房，核能的应用近来也逐渐增多。

在区域热水锅炉房中，设热水锅炉制备热水。在区域蒸汽锅炉房中，设蒸汽锅炉产生蒸汽。对于区域蒸汽、热水锅炉房供热系统中则应在锅炉房内分别装设蒸汽锅炉和热水锅炉，构成蒸汽供热、热水供热两个独立的系统。

在热电厂供热系统中，则应根据选用的汽轮机组不同，分别采用抽汽式、背压式及凝汽式低真空热电厂供热系统等。以热电厂作为热源，实现热电联产，热能利用效率高。它是发展集中供热，节约能源的最有效措施。

在一些大型的工矿企业中，生产工艺过程往往伴随着产生大量的余热和废热，充分利用这些余热和废热资源来供热，是有效利用和节约能源的重要途径。

7.1.3 供热介质及参数的确定

1. 供热介质的确定

集中供热的供热介质（热媒）主要是热水和蒸汽。

（1）对民用建筑物供暖、通风、空调及生活热水热负荷的城镇供热管网应采用水作供热介质。

（2）同时对生产工艺热负荷和供暖、通风、空调及生活热水热负荷的城镇供热管网供热介质应按下列原则确定：

1) 当生产工艺热负荷为主要负荷，且必须采用蒸汽供热时，应采用蒸汽作供热介质；

2) 当以水为供热介质能够满足生产工艺需要（包括在热用户处转换为蒸汽），且技术经济合理时，应采用水作供热介质；

3) 当供暖、通风、空调热负荷为主要负荷，生产工艺又必须采用蒸汽供热，经技术经济比较认为合理时，可采用水和蒸汽两种供热介质。

2. 供热介质参数的确定

（1）热水供热管网最佳设计供、回水温度，应结合具体工程条件，考虑热源、供热管网、热用户系统等方面的因素，进行技术经济比较确定。

（2）当不具备条件进行最佳供、回水温度的技术经济比较时，热水供热管网供、回水温度可按下列原则确定：

1) 以热电厂或大型区域锅炉房为热源时，设计供水温度可取110~150℃，回水温度不应高于70℃。热电厂采用一级加热时，供水温度取较小值；采用二级加热（包括串联尖峰锅炉）时，供水温度取较大值；

2) 以小型区域锅炉房为热源时，设计供回水温度可取热用户内供暖系统的设计温度；

3) 多热源联网运行的供热系统中，各热源的设计供回水温度应一致。当区域锅炉房与热电厂联网运行时，应采用以热电厂为热源的供热系统的最佳供、回水温度。

7.2 热 水 供 热 系 统

7.2.1 热水供热系统与独立锅炉房的连接

图7-1为热水锅炉房集中供热系统。热源处主要设备有热水锅炉、循环水泵、补给水泵及水处理设备。室外管网由一条供水管和一条回水管组成。热用户包括供暖热用户、生活热水供应热用户等。系统中的水在锅炉中被加热到需要的温度，以循环水泵作为动力使水沿供水管供给各热用户，散热后回水沿回水管返回锅炉，水不断地在系统中循环流动。系统在运行过程中的漏水量或被热用户消耗的水量，由补给水泵把经过处理后的水从回水管补充到系统内。补充水量的多少可通过压力调节阀控制。除污器设在循环水泵吸入口侧，用以清除水中的污物、杂质，避免进入水泵与锅炉内。

7.2.2 热水供热系统与集中供热管网的连接

热水供热系统的供热对象多为供暖、通风和热水供应热用户。

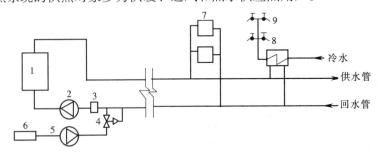

图7-1 热水锅炉房供热系统

1—热水锅炉；2—循环水泵；3—除污器；4—压力调节阀；5—补给水泵；

6—补充水处理装置；7—供暖散热器；8—生活热水加热器；9—水龙头

按热用户是否直接取用管网循环水，热水供热系统又分成闭式系统和开式系统。

1. 闭式热水供热系统

热用户不从管网中取用热水，管网循环水仅作为热媒，起转移热能的作用，供给热用户热量，这样的系统称为闭式系统。

根据闭式热水供热系统热用户与热水管网的连接方式不同，可分为直接连接和间接连接两种。

直接连接是指热用户直接连接在热水管网上，热用户与热水管网的水力工况直接发生联系。

间接连接是指管网水进入表面式水-水换热器加热用户系统的水，热用户与管网各自是独立的系统，二者温度不同，水力工况互不影响。

闭式双管热水供热系统是应用最广泛的一种供热系统形式，通常以高温水作热媒，管网由一条供水管和一条回水管组成，故为双管，如图7-2所示。

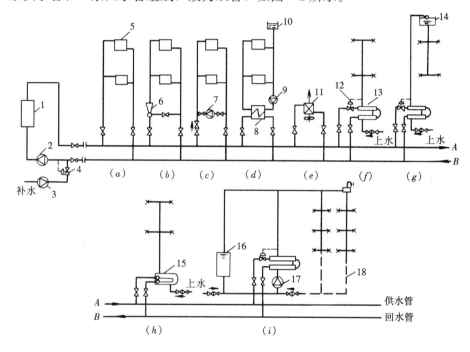

图 7-2　双管闭式热水供热系统

(a) 无混合装置的直接连接；(b) 装水喷射器的直接连接；(c) 装混合水泵的直接连接；(d) 供暖热用户与管网的间接连接；(e) 通风热用户与管网的连接；(f) 无储水箱的连接方式；(g) 装设上部储水箱的连接方式；(h) 装置容积式换热器的连接方式；(i) 装设下部储水箱的连接方式

1—热源的加热装置；2—管网循环水泵；3—补给水泵；4—补给水压力调节器；5—散热器；6—水喷射器；7—混合水泵；8—表面式水—水换热器；9—供暖热用户系统的循环水泵；10—膨胀水箱；11—空气加热器；12—温度调节器；13—水-水式换热器；14—储水箱；15—容积式换热器；16—下部储水箱；17—热水供应系统的循环水泵；18—热水供应系统的循环管路

(1) 不混合的直接连接（图 7-2a）

当热用户与管网水力工况和温度工况一致时，热水经管网供水管直接进入供暖系统热用户，在散热设备散热后，回水直接返回管网回水管路。这种连接形式简单、造价低。但这种无混合装置的直接连接方式，只能在管网的设计供水温度等于用户供暖系统的设计供水温度时方可采用，且要满足热用户引入口处管网的供、回水管的资用压头大于供暖系统热用户要求的压力损失的条件。

绝大多数低温水热水供热系统是采用无混合装置的直接连接方式。

当集中供热系统采用高温水供热，管网设计供水温度超过用户供暖系统的设计供水温度时，若采用直接连接方式，就要采用装水喷射器或装混合水泵的形式。

（2）设水喷射器的直接连接（图7-2b）

管网高温水进入喷射器，由喷嘴高速喷出，在喷嘴出口处形成低于热用户回水管的压力，回水管的低温水被抽入水喷射器，与管网高温水混合，使热用户入口处的供水温度低于管网供水温度，达到热用户供水温度的要求。

水喷射器（又叫混水器）无活动部件，构造简单，运行可靠，管网系统的水力稳定性好。但由于水喷射器抽引回水时需消耗能量，通常要求管网供回水管在热用户入口处有0.08～0.12MPa的压差，才能保证水喷射器正常工作。因而装水喷射器直接连接方式，通常只用在单幢建筑物的供暖系统上，需要分散管理。

（3）设混合水泵的直接连接（图7-2c）

当建筑物热用户引入口处管网的供、回水压差较小，不能满足水喷射器正常工作时所需的压差，或设集中泵站将高温水转为低温水向建筑物供热时，可采用设混合水泵的直接连接方式。

混合水泵设在建筑物入口或专设的热力站处，管网高温水与水泵加压后的热用户回水混合，降低温度后送入热用户供热系统，混合水的温度和流量可通过调节混合水泵的阀门或管网供回水管进出口处阀门的开启度进行调节。为防止混合水泵扬程高于管网供、回水管的压差，将管网回水抽入管网供水管，在管网供水管入口处应装设止回阀。

设混合水泵的连接方式是目前高温水供热系统中应用较多的一种直接连接方式。但其造价较设水喷射器的方式高，运行中需要经常维护并消耗电能。

（4）间接连接（图7-2d）

管网高温水通过设置在热用户引入口或热力站的表面式水-水换热器，将热量传递给供暖热用户的循环水，冷却后的回水返回管网回水管。热用户循环水靠热用户水泵驱动循环流动，热用户循环系统内部设置膨胀水箱、集气罐及补给水装置，形成独立系统。

间接连接方式系统造价比直接连接高得多，而且运行管理费用也较高，适用于局部热用户系统必须和管网水力工况隔绝的情况。

有下列情况之一时，热用户供暖系统与管网连接的方式应采用间接连接：

1）大型城市集中供热热力网；

2）建筑物供暖系统高度高于热力网水压图供水压力线或静水压力线；

3）供暖系统承压能力低于热力网回水压力或静水压力；

4）热力网资用压头低于热用户供暖系统阻力，且不宜采用加压泵；

5）由于直接连接，而使管网运行调节不便、管网失水率过大及安全可靠性不能有效保证。

（5）通风热用户的直接连接（图7-2e）

如果通风系统的散热设备承压能力较强，对热媒参数无严格限制，可采用最简单的直接连接形式与管网相连。

（6）热水供应热用户的间接连接

在闭式热水供热系统中，管网的循环水仅作为热媒，供给热用户热量，而不从管网中取出使用。因此，热水供应热用户与管网的连接必须通过表面式水-水换热器。根据热用户热水供应系统中是否设置储水箱及其设置位置不同，连接方式有如下几种主要形式：

1）无储水箱的连接方式（图 7-2f）

管网供水通过水-水换热器将生活给水加热，冷却后的回水返回管网回水管。该系统热用户供水管上应设温度调节器，控制系统供水温度不随用水量的改变而剧烈变化。这是一种最简单的连接方式，适用于一般住宅或公共建筑连续用热水且用水量较稳定的热水供应系统。

2）设上部储水箱的连接方式（图 7-2g）

生活给水被表面式水-水加热器加热后，先送入设在热用户最高处的储水箱，再通过配水管输送到各配水点。上部储水箱起着储存热水和稳定水压的作用。适用于热用户需要稳压供水且用水时间较集中，用水量较大的浴室，洗衣房或工矿企业等处。

3）设容积式换热器的连接方式（图 7-2h）

容积式换热器不仅可以加热水，还可以储存一定的水量。不需要设上部储水箱，但由于传热系数很低，需要较大的换热面积。适用于工业企业和小型热水供应系统。

4）设下部储水箱的连接方式（图 7-2i）

该系统设有下部储水箱、热水循环管和循环水泵。当热用户用水量较小时，水-水加热器的部分热水直接流进热用户，多余的部分流入储水箱储存；当热用户用水量较大，水-水加热器供水量不足时，储水箱内的热水被生活给水挤出供给热用户系统，补充一部分热水量。装设循环水泵和循环管的目的是使热水在系统中不断流动，保证打开水龙头就能流出热水。为了使储水箱能自动地充水和放水，应将储水箱上部的连接管尽可能选粗一些。

这种方式复杂、造价高，但工作稳定可靠，适用于对热水供应要求较高的宾馆或高级住宅。

2. 开式热水供热系统

热用户全部或部分地取用管网循环水，管网循环水直接消耗在生产和热水供应热用户上，只有部分热媒返回热源，这样的系统称为开式系统。

开式热水供热系统中，供暖、通风热用户系统与管网的连接方式，与闭式热水供热系统完全相同。

开式热水供热系统的热水供应热用户与管网的连接，有下列几种形式：

（1）无储水箱的连接方式（图 7-3a）

管网供水和回水直接经混合三通送入热水用户，混合水温由温度调节器控制。为防止管网供应的热水直接流入管网回水管，回水管上应设置止回阀。

这种连接方式简单，由于是直接取水，适用于管网压力任何时候都大于热用户压力的情况。一般可用于小型住宅和公共建筑中。

（2）设上部储水箱的连接方式（图 7-3b）

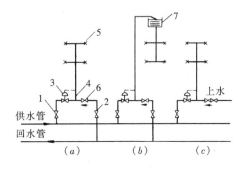

图 7-3　开式热水供热系统

1、2—进水阀门；3—温度调节器；4—混合
三通；5—取水栓；6—止回阀；7—上部储水箱

管网供水和回水经混合三通送入热水用户的高位储水箱，热水再沿配水管路送到各配水点。这种连接方式常用于浴室、洗衣房或用水量较大的工业厂房中。

（3）与生活给水混合的连接方式（图7-3c）

当热水供应热用户用水量很大且要求水温不很高，建筑物中（如浴室、洗衣房等）来自供暖通风热用户系统的回水量不足与供水管中的热水混合时，则可采用这种连接方式。混合水温同样可用温度调节器控制。为了便于调节水温，管网供水管的压力应高于生活给水管的压力，在生活给水管上要安装止回阀，以防止管网水流入生活给水管。

7.3　蒸汽供热系统

蒸汽供热系统，广泛地应用于工业厂房或工业区域，它主要承担向生产工艺热用户供热，同时也向供暖、通风、空调和热水供应热用户供热。蒸汽供热管网一般采用双管制，即一根蒸汽管，一根凝结水管。有时，根据热用户的要求还可以采用三管制，即一根管道供应生产工艺用汽和加热生活热水用汽，一根管道供给供暖、通风空调用汽，它们的回水共用一根凝结水管道返回热源，凝结水也可根据情况采用不回收的方式。

7.3.1　热用户与蒸汽管网的连接方式

图7-4为蒸汽供热管网与热用户的连接方式。锅炉生产的高压蒸汽进入蒸汽管网，通过不同的连接方式直接或间接供给热用户热量，凝水经凝水管网返回热源凝水箱，经凝水泵打入锅炉重新加热变成蒸汽。

1. 生产工艺热用户与蒸汽管网连接方式（图7-4a）

蒸汽在生产工艺用热设备中，通过间接式热交换器放热后，凝结水返回热源。如在生产工艺用热设备后的凝结水有污染可能或回收凝结水在技术经济上不合理时，凝结水可采用不回收的方式。此时，应在热用户内对其凝结水及其热量加以就地利用。对于直接用蒸汽加热的生产工艺，凝结水当然不回收。

2. 蒸汽供暖热用户与蒸汽管网的连接方式（图7-4b）

高压蒸汽通过减压阀减压后进入热用户系统，凝结水通过疏水器进入凝结水箱，再用凝结水泵将凝结水送回热源。如热用户需要采用热水供暖系统，则可采用在热用户引入口安装热交换器或蒸汽喷射装置的连接方式。

3. 热水供暖热用户系统与蒸汽供热系统采用间接连接方式（图7-4c）

高压蒸汽减压后，经蒸汽-水换热器将热用户循环水加热，热用户采用热水进行供暖。

4. 采用蒸汽喷射装置的连接方式（图7-4d）

蒸汽喷射器与前述的水喷射器的构造和工作原理基本相同。蒸汽在蒸汽喷射器的喷嘴处，产生低于热水供暖系统回水的压力，回水被抽引入喷射器并被加热，通过蒸汽喷射器的扩压管段，压力回升，使热水供暖系统的热水不断循环，系统中多余的水量通过水箱

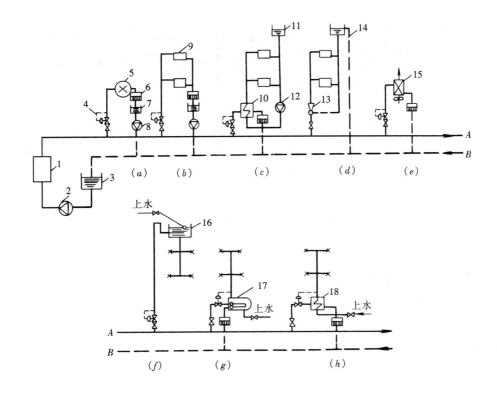

图 7-4 蒸汽供热系统

(a) 生产工艺热用户与蒸汽管网连接；(b) 蒸汽供暖热用户与蒸汽管网直接连接；(c) 采用蒸汽—水换热器的连接；(d) 采用蒸汽喷射器的连接；(e) 通风系统与蒸汽管网的连接；(f) 蒸汽直接加热的热水供应；(g) 采用容积式加热器的热水供应；(h) 无储水箱的热水供应

1—蒸汽锅炉；2—锅炉给水泵；3—凝结水箱；4—减压阀；5—生产工艺用热设备；6—疏水器；7—热用户凝结水箱；8—热用户凝结水泵；9—散热器；10—供暖系统用的蒸汽—水换热器；11—膨胀水箱；12—循环水泵；13—蒸汽喷射器；14—溢流管；15—空气加热装置；16—上部储水箱；17—容积式换热器；18—热水供应系统的蒸汽—水换热器

的溢流管返回凝结水管。

5. 通风系统与蒸汽管网的连接方式（图 7-4e）

它采用简单的连接方式，将蒸汽直接接入空气加热装置中加热空气。如蒸汽压力过高，则在入口处装置减压阀。

6. 热水供应系统与蒸汽管网的连接方式（图 7-4 f、g、h）

图 7-4（f）是蒸汽直接加热热水的热水供应系统；（g）是采用容积式汽-水换热器的间接连接供热系统；（h）是无储水箱的间接连接热水供热系统，如需安装储水箱时，水箱可设在系统的上部或下部。

蒸汽供热管网通常是以同一参数的蒸汽向热用户供热。当热用户系统的各用热设备所需要蒸汽压力不同时，则在热用户引入口处设置分汽缸和减压装置，根据热用户系统的各种用热设备的需要，直接地或经减压后，分别送往各用热设备，以保证热用户系统的安全运行。蒸汽供热系统热用户引入口减压装置如图 7-5 所示。

蒸汽供热管网的高压蒸汽进入高压分汽缸中，经减压装置减压后，进入低压分汽缸。

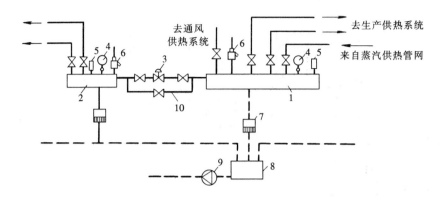

图 7-5　蒸汽供热系统热用户引入口减压装置示意图

1—高压分汽缸；2—低压分汽缸；3—减压装置；4—压力表；5—温度计；
6—安全阀；7—疏水器；8—凝结水箱；9—凝结水泵；10—旁通管

热用户系统的高压用热设备可直接由高压分汽缸引出。对于低压的用热设备，则由低压分汽缸引出。各用热设备的凝结水，汇集于热用户入口的凝结水箱中，用凝结水泵返回锅炉房的总凝结水箱中去。分汽缸中的各分支管道上都应装设截止阀，同时在分汽缸上应装设压力表、温度计和安全阀等，分汽缸的下部装疏水器，将分汽缸内的凝结水排入凝结水箱中。

7.3.2　凝结水回收系统

凝结水回收系统是指蒸汽在用热设备内放热凝结后，凝结水经疏水器、凝结水管道返回热源的管路系统及其设备组成的整个系统。凝结水水温较高（一般为 $80\sim100℃$ 左右），同时又是良好的锅炉补水，应尽可能回收。

凝结水回收系统按其是否与大气相通，可分为开式凝结水回收系统和闭式凝结水回收系统。前者不可避免地要产生二次蒸汽的损失和空气的渗入，造成热量与凝水的损失，并易产生管道腐蚀现象，因而一般只适用于凝水量和作用半径较小的小型凝结水回收系统。

按凝结水的流动方式不同，可分为单相流和两相流两大类；单相流又可分为满管流和非满管流两种流动方式。

按凝水流动的动力不同，可分重力回水和机械回水。

1. 非满管流的凝结水回收系统（低压自流式系统）（图 7-6）

低压自流式凝结水回收系统是依靠凝结水的重力沿着坡向锅炉房凝结水箱的管道，自流返回的凝结水回收系统。只适用于供热面积小，地形坡向凝结水箱的场合，锅炉房应位于系统的最低处，其应用范围受到很大限制。

2. 两相流的凝结水回收系统（余压回水系统）（图 7-7）

余压凝结水回收系统是利用疏水器后的背压，将凝结水送回锅炉房或凝结水分站的凝结水箱。是目前应用最广的一种凝结水回收方式，适用于耗汽量较少、用汽点分散、用汽参数（压力）比

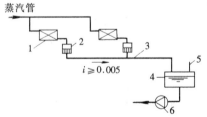

图 7-6　低压自流式凝结水回收系统

1—用热设备；2—疏水器；3—室外自流凝结水管；4—凝结水箱；5—排汽管；6—凝结水泵

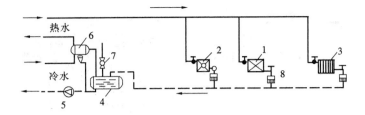

图 7-7 余压回水简图

1—通风加热设备；2—暖风机组；3—散热器；4—闭式凝水箱；

5—凝水加压泵；6—利用二次汽的水加热器；7—安全阀；8—疏水器

较一致的蒸汽供热系统上。

3. 重力式满管流凝结水回收系统（图 7-8）

用汽设备排出的凝结水，首先集中到一个高位水箱，在箱内排出二次蒸汽后，凝结水依靠水位差充满整个凝结水管道流回凝结水箱。重力式满管流凝结水回收系统工作可靠，适用于地势较平坦且坡向热源的蒸汽供热系统。

以上三种不同凝水流动状态的凝结水回收系统，均属于开式凝结水回收系统，系统中的凝结水箱或高位水箱与大气相通，凝水管道易腐蚀。

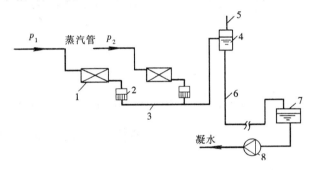

图 7-8 重力式满管流凝结水回收系统

1—车间用热设备；2—疏水器；3—余压凝结水管道；4—高位水箱（或

二次蒸发箱）；5—排气管；6—室外凝水管道；7—凝结水箱；8—凝结水泵

4. 闭式余压凝结水回收系统（图 7-9）

闭式余压凝结水回收系统与前述余压回水系统情况相似，仅仅是系统的凝结水箱必须为承压水箱，而且需设置一个安全水封，安全水封的作用是使凝水系统与大气隔断。当二次汽压力过高时，二次汽从安全水封排出；在系统停止运行时，安全水封可防止空气进入。

室外凝水管道的凝水进入凝结水箱后，大量的二次汽和漏汽分离出来，可通过一个蒸汽—水加热器，以利用二次汽和漏汽的热量。这些热量可用来加热锅炉房的软化水或加热上水，用于热水供应或生产工艺用水。为使闭式凝结水箱在系统停止运行时，也能保持一定的压力，宜向凝结水箱通过压力调节器进行补汽，补汽压力一般为 5kPa。

5. 闭式满管流凝结水回收系统（图 7-10）

该系统是将用汽设备的凝结水集中送到各车间的二次蒸发箱，产生的二次汽可用于供暖。二次蒸发箱内的凝结水经多级水封引入室外凝结水管网，靠多级水封与凝结水箱顶

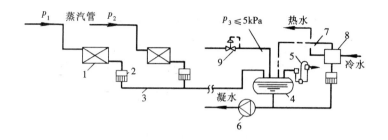

图 7-9　闭式余压凝结水回收系统

1—用热设备；2—疏水器；3—余压凝水管；4—闭式凝结水箱；5—安全水封；
6—凝结水泵；7—二次汽管道；8—利用二次汽的换热器；9—压力调节器

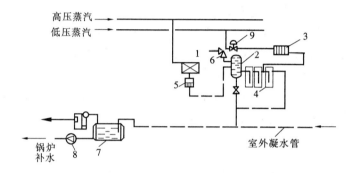

图 7-10　闭式满管流凝结水回收系统

1—高压蒸汽加热器；2—二次蒸发箱；3—低压蒸汽散热器；4—多级水封；
5—疏水器；6—安全阀；7—闭式凝水箱；8—凝水泵；9—压力调节器

的回形管的水位差，使凝水返回凝结水箱，凝结水箱应设置安全水封，以保证凝水系统不与大气相通。

闭式满管流凝结水回收系统适用于能分散利用二次汽，厂区地形起伏不大，地形坡向凝结水箱的场合。由于利用了二次汽，其热能利用率较高。

6.加压回水系统（图 7-11）

加压回水系统是利用水泵的机械动力输送凝结水的系统。这种系统凝水流动工况呈满管流动，它可以是开式系统，也可是闭式系统，取决于是否与大气相通。

加压回水系统增加了设备和运行费用，一般多用于较大的蒸汽供热系统。

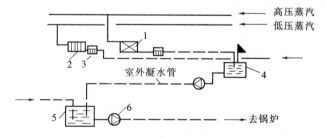

图 7-11　加压回水系统

1—高压蒸汽加热器；2—低压蒸汽散热器；3—疏水器；
4—（分站）凝水箱；5—总凝水箱；6—凝水泵

蒸汽供热系统应采用间接换热系统。当被加热介质泄漏不会产生危害时，其凝结水应全部回收并设置凝结水管道。当蒸汽供热系统的凝结水回收率较低时，是否设置凝结水管道，应根据用户凝结水量，凝结水管网投资等因素进行技术比较后确定。对不能回收的凝结水，应充分利用其热源和水资源，以有效地节能。

7.4 供热管网系统形式

供热管网系统形式的选择应遵循安全供热和经济性的基本原则，取决于热媒、热源与热用户的相互位置和供热地区热用户种类、热负荷大小和性质等。

7.4.1 蒸汽供热系统

蒸汽作为热媒主要用于工厂的生产工艺用热上。热用户主要是工厂的各生产设备，比较集中且数量不多，因此单根蒸汽管和凝结水管的管网系统形式是最普遍采用的方式，同时采用枝状管网布置（其形式参考图7-12）。

蒸汽热力网的蒸汽管道，宜采用单管制。当符合下列情况时，可采用双管或多管制：

（1）各热用户间所需蒸汽参数相差较大或季节性热负荷占总热负荷比例较大且技术经济合理；

（2）热负荷分期增长。

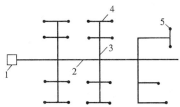

图7-12 枝状管网

1—热源；2—主干线；3—支干线；4—热用户支线；5—热用户的用户引入口

注：双管管网以单线表示，各种附件未标出。

7.4.2 热水供热系统

热水供热系统在城市热水供热系统中应用非常普遍。主要形式如下：

1. 枝状管网（图7-12）

枝状布置方式是常用的，管网形式简单，投资省，运行管理方便。其管径随着其与热源距离的增加和热用户的减少而逐步减小。但枝状管网不具有后备供热的能力。当供热管网某处发生故障时，在故障点以后的热用户都将停止供热。但由于建筑物具有一定的蓄热能力，通常可采用迅速消除管网故障的办法，以使建筑物室温不致大幅度地降低。因此，枝状管网是热水管网最普遍采用的方式。

2. 环状管网（图7-13）

环状管网将其主干线连成环状。特别是在城市中多热源联合供热时，各热源连在环状主管网上。这种方式投资高，但运行可靠、安全。

3. 放射状布置（图7-14）

放射状管网实际上跟枝状管网接近，当主热源在供热区域中心地带时，可采用这种方式，从主热源往各方向敷设好几条主干线，以辐射状形式供给各热用户。这种方式虽然减小了主干线管径，但又增加了主干线的长度。总体而言，投资增加不多，但对运行管理带来较大方便。

4. 网格状布置（图7-15）

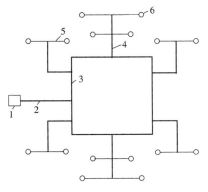

图7-13 环状管网

1—热源；2—主干线；3—环状管网；4—支干线；5—热用户支线；6—热用户的用户引入口

注：双管管网以单线表示，其附件未标出。

这种方式由很多小型环状管网组成，并将各小环状网之间相互连接在一起。这种方式投资大，但运行管理方便、灵活、安全、可靠。

在选用热水热力网形式时，应考虑下列问题：

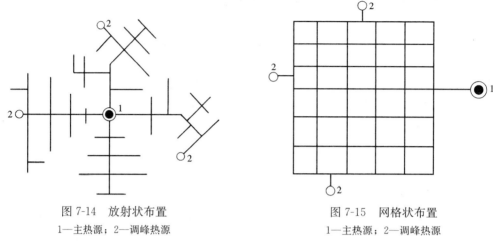

图 7-14　放射状布置
1—主热源；2—调峰热源

图 7-15　网格状布置
1—主热源；2—调峰热源

（1）热水热力网宜采用闭式双管制。

（2）以热电厂为热源的热水热力网，同时有生产工艺、供暖、通风、空调及生活热水多种热负荷，在生产工艺热负荷与供暖热负荷所需供热介质参数相差较大，或季节性热负荷占总热负荷比例较大，且技术经济合理时，可采用闭式多管制。

（3）当热水热力网满足下列条件，且技术经济合理时，可采用开式热力网：

1）具有水处理费用较低的丰富的补给水资源；

2）具有与生活热水热负荷相适应的廉价低位能热源。

（4）开式热水热力网在生活热水热负荷足够大且技术经济合理时，可不设回水管。

（5）供热建筑面积大于 $1000 \times 10^4 \, \text{m}^2$ 的供热系统应采用多热源供热，且各热源热力干线应连通。在技术经济合理时，热力网干线宜连接成环状管网。

（6）对供热可靠性有特殊要求的用户，有条件时应由两个热源供热或者设置自备热源。

（7）供热系统的主环线或多热源供热系统中，热源间、自热源向同一方向引出的干线之间宜设置连通管线。连通管线设计时，在各种事故工况下的用户最低供热量保证率应符合规范规定，并要有切换或切断手段。

思 考 题 与 习 题

1. 集中供热系统方案的确定原则是什么？

2. 如何确定集中供热系统的热媒种类和系统形式？

3. 热水供热管网与热用户之间的连接方式有哪几种？

4. 什么叫直接连接？什么叫间接连接？各适合于什么场合？

5. 蒸汽供热系统和凝结水回收系统有几种方式？

6. 管网系统形式有哪些？

教学单元 8 供热管网的水力计算

8.1 集中供热系统的热负荷

集中供热系统有供暖、通风、空调及生活热水供应、生产工艺等用热热负荷。正确合理地确定这些热用户的热负荷是确定供热方案、选择锅炉和进行管网水力计算的重要依据。

集中供热系统各热用户用热系统的热负荷，按其性质可分为两大类：

1. 季节性热负荷

供暖、通风、空调等系统的热负荷是季节性热负荷。它们与室外温度、湿度、风速、风向和太阳辐射强度等气候条件密切相关，其中室外温度对季节性热负荷的大小起决定作用。

2. 常年性热负荷

生产工艺和生活用热（主要指热水供应）系统的热负荷是常年性热负荷。这些热负荷与气候条件的关系不大，用热比较稳定，在全年中变化较小。但在全天中由于生产班制和生活用热人数多少的变化，用热负荷的变化幅度较大。

对集中供热系统进行规划或初步设计时，通常采用热指标法概算各类热用户的设计热负荷。对于已建成和原有建筑物，或已有热负荷数据的拟建房屋，可以采取对需要供热的建筑物进行热负荷调查，用统计的方法，确定系统的热负荷。根据调查统计资料确定总热负荷时，应考虑管网热损失附加5%的安全余量。

8.1.1 供暖热负荷

供暖设计热负荷的概算，可采用面积热指标法或体积热指标法。

1. 面积热指标法

$$Q_h = q_h A_c \times 10^{-3} \tag{8-1}$$

式中 Q_h——建筑物的供暖设计热负荷，kW；

A_c——供暖建筑物的建筑面积，m^2；

q_h——建筑物供暖面积热指标，W/m^2。

建筑物的面积热指标表示各类建筑物在室内外温差为1℃时，每1m^2建筑面积的供暖设计热负荷。

各类建筑物面积热指标的推荐值见表8-1。

供暖面积热指标（W/m²） 表8-1

建筑物类型	住宅	居住区综合	学校办公	医院托幼	旅馆	商店	食堂餐厅	影剧院展览馆	大礼堂体育馆
未采取节能措施	58～64	60～67	60～80	65～80	60～70	65～80	115～140	95～115	115～165
采取节能措施	40～45	45～55	50～70	55～70	50～60	55～70	100～130	80～105	100～150

注：1. 表中数值适用于我国东北、华北、西北地区；

2. 热指标中已包括约5%的管网热损失。

例如：若某住宅楼在规划总图上的平面面积为 $800m^2$，楼层为 11 层，试估算该住宅楼的供暖设计热负荷。

首先计算该楼的总建筑面积为 $800 \times 11 = 8800m^2$；再据表 8-1 选用其采取节能措施的建筑面积热指标为 $42W/m^2$；则该楼的供暖设计热负荷为：

$$Q = q_h A_c \times 10^{-3} = 42 \times 8800 \times 10^{-3} = 369.6kW$$

2. 体积热指标法

$$Q_h = q_v \cdot V_w (t_n - t_{wn}) \times 10^{-3} \tag{8-2}$$

式中　Q_h——建筑物的供暖设计热负荷，kW；

　　　V_w——建筑物的外围体积，m^3；

　　　t_n——供暖室内计算温度，℃；

　　　t_{wn}——供暖室外计算温度，℃；

　　　q_v——建筑物的供暖体积热指标，$W/(m^3 \cdot ℃)$。

建筑物的体积热指标 q_v 表示各类建筑物在室内外温差为 1℃时，$1m^3$ 建筑物外围体积的供暖设计热负荷。它的大小取决于建筑物的围护结构及外形尺寸。围护结构的传热系数越大、采光率越大、外部体积越小、长宽比越大，建筑物单位体积的热损失也就是体积热指标也就越大。

从建筑节能角度出发，想要降低建筑物的供暖设计热负荷就应减小体积热指标 q_v。各类建筑物的供暖体积热指标 q_v 可通过对已建成建筑物进行理论计算或对已有数据进行归纳统计得出，可查阅有关设计手册。

8.1.2　通风空调热负荷

通风空调热负荷主要指加热从室外进入通风空调房间的新鲜空气而消耗的热量。

1. 通风热负荷

$$Q_v = K_v Q_h \tag{8-3}$$

式中　Q_v——通风空调设计热负荷，kW；

　　　Q_h——建筑物供暖设计热负荷，kW；

　　　K_v——计算建筑物通风空调热负荷系数，一般取 0.3～0.5。

2. 空调热负荷

（1）空调冬季热负荷：

$$Q_a = q_a A_k \cdot 10^{-3} \tag{8-4}$$

式中　Q_a——空调冬季设计热负荷，kW；

　　　q_a——空调热指标，W/m^2，可按表 8-2 取用；

　　　A_k——空调建筑物的建筑面积，m^2。

（2）空调夏季热负荷：

$$Q_c = \frac{q_c A_k \cdot 10^{-3}}{COP} \tag{8-5}$$

式中　Q_c——空调夏季设计热负荷，kW；

　　　q_c——空调冷指标，W/m^2，可按表 8-2 取用；

A_k——空调建筑物的建筑面积，m^2；

COP——吸收式制冷机的制冷系数，可取 0.7～1.2。

8.1.3 生活热水热负荷

生活热水热负荷主要是指日常生活中浴室、食堂、热水供应等方面消耗的热量，它的大小取决于人们的生活水平、生活习惯和生产设备情况。

空调热指标 q_a、冷指标 q_c 推荐值（W/m²）　　　　　表 8-2

建筑物类型	办公	医院	旅馆、宾馆	商店、展览馆	影剧院	体育馆
热指标	80～100	90～120	90～120	100～120	115～140	130～190
冷指标	80～110	70～100	80～110	125～180	150～200	140～200

注：1. 表中数值适用于我国东北、华北、西北地区；

2. 寒冷地区热指标取较小值，冷指标取较大值；严寒地区热指标取较大值，冷指标取较小值。

1. 生活热水平均热负荷

$$Q_{wa} = q_w A \times 10^{-3} \tag{8-6}$$

式中　Q_{wa}——生活热水平均热负荷，kW；

A——总建筑面积，m^2；

q_w——生活热水热指标，W/m^2，应根据建筑物类型，采用实际统计资料，居住区可按表 8-3 选用。

居住区供暖期生活热水日平均热指标　　　　　表 8-3

用 水 设 备 情 况	热指标（W/m²）
住宅无生活热水设备，只对公共建筑供热水时	2～3
全部住宅有淋浴设备，并供给生活热水时	5～15

注：1. 冷水温度较高时采用较小值，反之采用较大值；

2. 热指标中已包括10%管网热损失。

2. 生活热水最大热负荷

建筑物或居住区的生活热水供应最大热负荷取决于该建筑物或居住区每天使用热水的规律。

$$Q_{wmax} = K_h Q_{wa} \tag{8-7}$$

式中　Q_{wmax}——生活热水最大热负荷，kW；

Q_{wa}——生活热水平均热负荷，kW；

K_h——小时变化系数，根据用热水计算单位数按《建筑给水排水设计规范》规定取用。

在计算管网设计热负荷时，城市集中供热系统的管网干线，由于连接的用水单位数目很多，干线的热水供应设计热负荷可按热水供应的平均热负荷计算，对支线当热用户有足够的储水箱时，采用供暖期生活热水平均热负荷；当热用户无足够的储水箱时，采用供暖期生活热水最大热负荷，最大热负荷叠加时应考虑同时使用系数。

8.1.4 生产工艺热负荷

生产工艺热负荷是指用于生产过程中的烘干、加热、蒸煮、洗涤等方面的用热，或作为动力用于驱动机械设备运动耗汽等。生产工艺热负荷的大小及需要的热媒种类和参数，取决于生产工艺过程的性质、用热设备的形式及企业的工作制度等，很难用固定的公式表达，它一般应由生产工艺设计人员提供或根据用热设备的产品样本来确定。

当生产工艺热用户或用热设备较多时，供热管网中各热用户的最大热负荷往往不会同时出现，因而在计算集中供热系统的热负荷时，应以经各工艺热用户核实的最大热负荷之和乘以同时使用系数（同时使用系数指实际运行的用热设备的最大热负荷与全部用热设备最大热负荷之和的比值），同时使用系数一般为 0.6~0.9。考虑各设备的同时使用系数后将使管网总热负荷适当降低，因而可相应降低集中供热系统的投资费用。

8.1.5 年耗热量

集中供热系统的年耗热量是各类热用户年耗热量的总和。民用建筑的全年耗热量应按下列公式计算。工业建筑的供暖、通风、空调及生活热水的全年耗热量也可按下列公式计算。

1. 供暖年耗热量

$$Q_h^a = 0.0864 Q_h \left(\frac{t_n - t_{pj}}{t_n - t_{wn}} \right) N \tag{8-8}$$

式中　Q_h^a——供暖年耗热量，GJ；

Q_h——供暖设计热负荷，kW；

N——供暖期天数，天；

t_{wn}——供暖室外计算温度，℃；

t_n——供暖室内计算温度℃，一般取 18℃；

t_{pj}——供暖期室外平均温度，℃。

2. 供暖期通风耗热量

$$Q_V^a = 0.0036 T_V Q_V \left(\frac{t_n - t_{pj}}{t_n - t_{wV}} \right) N \tag{8-9}$$

式中　Q_V^a——供暖期通风耗热量，GJ；

T_V——供暖期内通风装置每日平均运行小时数，h；

N——供暖期天数；

Q_V——通风设计热负荷，kW；

t_n——通风室内计算温度，℃；

t_{pj}——供暖期室外平均温度，℃；

t_{wV}——冬季通风室外计算温度，℃。

3. 空调供暖耗热量

$$Q_a^a = 0.0036 T_a Q_a \left(\frac{t_n - t_{pj}}{t_n - t_{wa}} \right) N \tag{8-10}$$

式中　Q_a^a——空调供暖耗热量，GJ；

T_a——供暖期内空调装置每日平均运行小时数，h；

N——供暖期天数；

Q_a——空调冬季设计热负荷，kW；

t_n——空调室内计算温度，℃；

t_{pj}——供暖期室外平均温度，℃；

t_{wa}——冬季空调室外计算温度，℃。

4. 供冷期制冷耗热量

$$Q_c^a = 0.0036 Q_c T_{c.max}$$ (8-11)

式中　Q_c^a——供冷期制冷耗热量，GJ；

　　　Q_c——空调夏季设计热负荷，kW；

　　$T_{c.max}$——空调夏季最大负荷利用小时数，h。

5. 生活热水全年耗热量

$$Q_w^a = 30.24 Q_{w.a}$$ (8-12)

式中　Q_w^a——生活热水全年耗热量，GJ；

　　$Q_{w.a}$——生活热水平均热负荷，kW。

6. 生产工艺耗热量

$$Q_S = \Sigma Q_i T_i$$ (8-13)

式中　Q_S——生产工艺耗热量，GJ；

　　　Q_i——一年 12 个月中第 i 个月的日平均耗热量，GJ /天；

　　　T_i——一年 12 个月中第 i 个月的天数，天。

生产工艺热负荷的全年耗热量应根据年负荷曲线图计算。生产工艺的年负荷曲线应根据不同季节的典型日（周）负荷曲线绘制。具体可查阅有关资料。

8.2　热水管网水力计算的基本原理

热水管网水力计算的主要任务是：

（1）根据热媒的流量和允许比摩阻，选择各管段的管径；

（2）根据管径和允许压降，计算或校核系统输送介质的流量；

（3）根据流量和管径计算管路压降，为热源设计和选择循环水泵提供必要的数据。

对于热水管网，还可以根据水力计算结果和沿管线建筑物的分布情况、地形变化等绘制管网水压图，进而控制和调整供热管网的水力工况，并为确定管网与热用户的连接方式等提供依据。

8.2.1　沿程压力损失的计算

因室外管网流量较大，所以计算每米长沿程压力损失（比摩阻）的公式中的流量，用 t/h 作单位，即

$$R = 6.25 \times 10^{-2} \frac{\lambda G^2}{\rho d^5}$$ (8-14)

式中　R——每米管长的沿程压力损失，Pa/m；

　　　G——管段的热媒流量，t/h；

　　　λ——沿程阻力系数；

　　　ρ——热媒密度，kg/m³；

　　　d——管道内径，m。

对于管径等于或大于 40mm 的管道，λ 可用公式 $\lambda = 0.11 \left(\dfrac{k}{d} \right)^{0.25}$ 计算。

式中 k 是管内壁面的绝对粗糙度，对室外管网取 $k = 0.5$mm。将该式代入公式（8-14）

中，得：

$$R = 6.88 \times 10^{-3} k^{0.25} \frac{G^2}{\rho d^{5.25}} \tag{8-15}$$

根据式（8-15）编制的热水管网水力计算表见附录8-1。该表的编制条件为绝对粗糙度 $k=0.5\text{mm}$，温度 $t=100℃$，密度 $\rho=958.38\text{kg/m}^3$，运动黏滞系数 $\mu=0.295 \times 10^{-6} \text{m}^2/\text{s}$，如果实际使用条件与制表条件不符，应按下列公式对流速、管径、比摩阻进行修正。

（1）管道的实际绝对粗糙度与制表的绝对粗糙度不符时，则

$$R_{\text{sh}} = \left(\frac{k_{\text{sh}}}{k_{\text{b}}}\right)^{0.25} R_{\text{b}} = m R_{\text{b}} \tag{8-16}$$

式中 R_{b}、k_{b}——制表中的比摩阻和表中规定的管道绝对粗糙度；

R_{sh}、k_{sh}——热媒的实际比摩阻和管道的实际绝对粗糙度；

m——绝对粗糙度 k 修正系数，见表8-4。

k 值修正系数 m 和 β 值 表 8-4

k（mm）	0.1	0.2	0.5	1.0
m	0.669	0.795	1.0	1.189
β	1.495	1.26	1.0	0.84

（2）如果流体的实际密度与制表的密度不同，但质量流量相同，则

$$v_{\text{sh}} = \left(\frac{\rho_{\text{b}}}{\rho_{\text{sh}}}\right) \cdot v_{\text{b}} \tag{8-17}$$

$$R_{\text{sh}} = \left(\frac{\rho_{\text{b}}}{\rho_{\text{sh}}}\right) \cdot R_{\text{b}} \tag{8-18}$$

$$d_{\text{sh}} = \left(\frac{\rho_{\text{b}}}{\rho_{\text{sh}}}\right)^{0.19} \cdot d_{\text{b}} \tag{8-19}$$

式中 ρ_{b}、v_{b}、R_{b}、d_{b}——制表中的密度和在表中查得的流速、比摩阻、管径；

ρ_{sh}、v_{sh}、R_{sh}、d_{sh}——热媒的实际密度和实际密度下的流速、比摩阻、管径。

在热水管网的水力计算中，由于水的密度随温度变化很小，可以不考虑不同密度下的修正计算，但对于蒸汽管网和余压凝结水管网，流体在管中流动，密度变化较大时，应考虑不同密度下的修正计算。

8.2.2 局部压力损失的计算

在室外管网的水力计算中，经常采用当量长度法进行管网局部压力损失的计算。局部阻力的当量长度，$l_{\text{d}} = \Sigma \xi \frac{d}{\lambda}$，将公式 $\lambda = 0.11 \left(\frac{k}{d}\right)^{0.25}$ 代入，得

$$l_{\text{d}} = 9.1 \frac{d^{1.25}}{k^{0.25}} \Sigma \xi \tag{8-20}$$

式中 l_{d}——管段的局部阻力当量长度，m；

$\Sigma \xi$——管段的总局部阻力系数。

$k=0.5\text{mm}$ 条件下，一些局部构件的局部阻力系数和当量长度值见附录8-2。如果使用条件下的绝对粗糙度与制表的绝对粗糙度不符，应对当量长度 l_{d} 进行修正。即

$$l_{\text{dsh}} = \left(\frac{k_{\text{b}}}{k_{\text{sh}}}\right)^{0.25} l_{\text{db}} = \beta l_{\text{db}} \tag{8-21}$$

式中 k_b、l_{db}——制表时的绝对粗糙度及表中查得的当量长度；

$\qquad k_{sh}$——管网的实际绝对粗糙度；

$\qquad l_{dsh}$——实际粗糙度条件下的当量长度；

$\qquad \beta$——绝对粗糙度的修正系数，见表8-4。

8.2.3 室外管网的总压力损失

当采用当量长度法进行水力计算时，热水管网中管段的总压降为：

$$\Delta p = \Sigma R(l + l_d) = Rl_{zh} \tag{8-22}$$

式中 l_{zh}——管段的折算长度，m。

若进行压力损失的估算，局部阻力的当量长度 l_d 可按管道实际长度 l 的百分数估算。即

$$l_d = \alpha_j \cdot l \tag{8-23}$$

式中 α_j——局部阻力当量长度百分数，%，见表8-5；

$\qquad l$——管段的实际长度，m。

局部阻力当量长度百分数（%） 表8-5

补偿器类型	公称直径（mm）	局部阻力与沿程阻力的比值	
		蒸汽管道	热水及凝结水管道
输 送 干 线			
套筒或波纹管补偿器（带内衬筒）	≤1200	0.2	0.2
方形补偿器	200～350	0.7	0.5
方形补偿器	400～500	0.9	0.7
方形补偿器	600～1200	1.2	1.0
输 配 管 线			
套筒或波纹管补偿器（带内衬筒）	≤400	0.4	0.3
套筒或波纹管补偿器（带内衬筒）	450～1200	0.5	0.4
方形补偿器	150～250	0.8	0.6
方形补偿器	300～350	1.0	0.8
方形补偿器	400～500	1.0	0.9
方形补偿器	600～1200	1.2	1.0

注：1. 输送干线是指自热源至主要负荷区且长度超过2km无分支管的干线；

　　2. 输配管线是指有分支管接出的干线。

8.3 热水管网的水力计算

8.3.1 热水管网的水力计算已知条件

热水管网水力计算时，需要的已知条件有：

（1）地形图；

（2）管网平面图，标注管道、所有的附件、补偿器及有关设备等；

（3）热用户和热源的位置和标高；

（4）热源近期和远期供热能力、供热范围、供热方式、供热介质参数；

（5）热用户近、远期热负荷及各管段长度。

8.3.2 热水管网的水力计算方法和例题

热水管网水力计算的方法如下：

1. 确定各管段的计算流量

管网水力计算时，各管段的计算流量应根据各管段所担负的各热用户的计算流量确定。如果热用户只有热水供暖热用户，流量可按下式确定

$$G = 3.6 \frac{Q}{c(t_g - t_h)} \tag{8-24}$$

式中　G——管段设计流量，t/h；

　　　Q——计算管段的设计热负荷，kW；

　t_g、t_h——热水管网的设计供、回水温度，℃；

　　　c——水的比热容，取 $c=4.187$kJ/（kg·℃）。

2. 确定主干线并选择管径

热水管网的主干线应为允许平均比摩阻最小的管线。热水管网主干线的管径应按经济比摩阻选定。主干线经济比摩阻的数值一般可按 30～70Pa/m 选用，当管网设计温差较小或供热半径大时取较小值，反之取较大值。根据计算流量和比摩阻即可按附录 8-1 确定各管段管径和实际比摩阻。

3. 计算主干线的压力损失

由主干线各管段的管径、实际比摩阻、管段长度及局部阻力形式、数量，并查附录 8-2 确定相应的当量长度，按式（8-22）计算各管段的压降及主干线总压降。

4. 计算各分支干线或支线

在保证各热用户入口处预留足够的资用压差以克服热用户内部系统的阻力的同时，应按管网各分支干线或支线始末两端的资用压力差选择管径，并尽量消耗掉剩余压差，以使各并联环路之间的压力损失趋于平衡。但应控制管内介质流速不应大于 3.5m/s，同时支干线比摩阻不应大于 300Pa/m。对于只连接一个热用户的支线，比摩阻可大于 300Pa/m。

当并联环路的压力损失相差太大而无法平衡时，可在阻力损失小的分支管上设置调节阀、平衡阀及调压板。

【**例题 8-1**】　某热水供热管网平面布置如图 8-1 所示。已知管网设计供回水温度为 $t_g=130$℃，$t_h=70$℃，各热用户内部要求的压力差均为 50kPa。试对该管网系统进行水力计算。

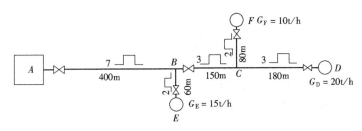

图 8-1　热水管网水力计算图

【**解**】　1. 主干线的计算

首先选择确定管网主干线，由于各热用户入口要求的压力差均为 50kPa，故从热源到最远热用户 D 的管线为主干线，对主干线及分支干线的各管段编号，求出各管段的计

算流量，并将有关数据填入表 8-6 内。

根据主干线各管段的计算流量和比摩阻 $R_{Pj}=30\sim70\text{Pa/m}$ 的范围，查附录 8-1 选择各管段管径和实际比摩阻，将所得数据列入表 8-6 内。

例题 8-1 水力计算表   表 8-6

管段编号	计算流量 G (t/h)	管段长度 L (m)	当量长度 L_d (m)	折算长度 L_{zh} (m)	公称直径 DN (mm)	流速 v (m/s)	比摩阻 R (Pa/m)	实际压降 Δp (kPa)
1	2	3	4	5	6	7	8	9
AB	45	400	110.04	510.04	150	0.74	46.9	23.92
BC	30	150	44.1	194.1	125	0.71	54.6	10.60
CD	20	180	34.35	214.35	100	0.74	79.2	16.98
								51.50
BE	15	60	17.6	77.6	70	1.16	319.7	24.81
CF	10	80	17.6	97.6	70	0.78	142.2	13.88

对管段 AB，$G=15+10+20=45\text{t/h}$，当 $R_{pj}=30\sim70\text{Pa/m}$ 时，查附录 8-1 得管径 $DN=150\text{mm}, v=0.74\text{m/s}, R=46.9\text{Pa/m}$。

查附录 8-2 得管段 AB 的局部阻力当量长度为：

闸阀（$DN150$）$1\times2.24=2.24$

方形补偿器（$DN150$）$7\times15.4=107.8$

AB 管段的当量长度 $L_d=2.24+107.8=110.04\text{m}$

AB 段的实际压力损失为：

$\Delta p_{AB}=R(L+L_d)=46.9\times(400+110.04)=23.92\text{kPa}$。

用相同的方法计算 BC 段和 CD 段，计算结果见表 8-6。

由计算结果可见，主干线的压力损失为：

$\Delta p_{AD}=23.92+10.6+16.98=51.5\text{kPa}$

2. 各分支线的计算

分支线 BE 与主干线 BD 并联，因而资用压差为：

$$\Delta p_{BE}=\Delta p_{BC}+\Delta p_{CD}=10.6+16.98=27.58\text{kPa}$$

BE 段的平均比摩阻为：

$$R_{pj}=\frac{\Delta p_{BE}}{L_{BE}(1+\alpha_j)}$$

查表 8-5 得：$\alpha_j=0.6$，又知 $L_{BE}=60\text{m}$，则：

$$R_{pj}=\frac{27.58\times10^3}{60(1+0.6)}=289.3\text{Pa/m}$$

由 BE 段流量和 R_{pj} 查附录 8-1，选 $DN_{BE}=70\text{mm}$，$v=1.16\text{m/s}$，$R_{BE}=319.7\text{Pa/m}$，均符合规定。

BE 管段的当量长度为：

闸阀（$DN70$）　　$1\times1.0=1.0$

方形补偿器　　$2\times6.8=13.6$

分流三通　　$1\times3.0=3.0$

故当量长度为 $L_d=1.0+13.6+3.0=17.6\text{m}$。

BE 段的压力损失为：

$$\Delta p_{BE}=R\,(L+L_d)=319.7\times(60+17.6)=24.81\text{kPa}$$

剩余压差 $\Delta p=27.58-24.81=2.77\text{kPa}$，通过调节阀门消耗掉。

计算 CF 管段的方法同上，计算结果见表 8-6。

8.4　蒸汽管网的水力计算

8.4.1　蒸汽管网的水力计算的特点

蒸汽管道水力计算的特点是在计算压力损失时应考虑蒸汽密度的变化。在设计中，为了简化计算，蒸汽密度采用平均密度，即以管段的起点和终点密度的平均值作为该管段的计算密度。

热水管网水力计算的基本公式，对蒸汽管网同样适用。

1. 沿程阻力计算

编制附录 8-3 室外蒸汽管道水力计算表时，取 $k=0.2\text{mm}$，蒸汽密度 $\rho=1\text{kg/m}^3$。当计算管段的平均密度不等于 1kg/m^3 时，可用公式（8-17）、（8-18）对比摩阻及流速进行修正。

当蒸汽管道的当量绝对粗糙度 k_{sh} 与 $k_b=0.2\text{mm}$ 不符时，同样按式（8-16）进行修正。

2. 局部阻力损失计算

局部阻力损失按当量长度法计算，局部阻力当量长度查附录 8-2 进行计算。

3. 蒸汽管网供热介质的最大允许设计流速应采用下列数值：

（1）过热蒸汽管道：

1）公称直径大于 200mm 的管道　　　　　80m/s；

2）公称直径小于或等于 200mm 的管道　　50m/s。

（2）饱和蒸汽管道：

1）公称直径大于 200mm 的管道　　　　　60m/s；

2）公称直径小于或等于 200mm 的管道　　35m/s。

8.4.2　蒸汽管网的水力计算方法和例题

蒸汽管网的水力计算方法如下：

（1）先确定各管段的流量：

$$G=3.6\,\frac{Q}{r} \tag{8-25}$$

式中　G——管段的计算流量，t/h；

　　　Q——用户的计算热负荷，kW；

r——用汽压力下的蒸汽潜热，kJ/kg。

（2）绘制蒸汽管网平面图，并在图中标注所有补偿器、阀门的个数及其型号、管道长度等。

（3）确定主干线的平均比摩阻：

$$R_{pj} = \frac{\Delta p}{\Sigma L (1 + \alpha_j)} \qquad (8\text{-}26)$$

式中　Δp——管网始端和终端的蒸汽压力差，Pa；

　　　ΣL——主干线总长，m；

　　　α_j——局部阻力当量长度百分比，查表 8-5。

（4）按主干线上压力损失均匀分布来假定管段末端压力：

$$p_{mi} = p_{si} - \frac{\Delta p}{\Sigma L} L_i \qquad (8\text{-}27)$$

式中　p_{mi}、p_{si}——该管段的终端、始端蒸汽压力，Pa；

　　　L_i——该计算管段的长度，m。

（5）计算管段中蒸汽的平均密度：

$$\rho_{pj} = \frac{\rho_{si} + \rho_{mi}}{2} \qquad (8\text{-}28)$$

式中　ρ_{pj}——管段中蒸汽的平均密度，kg/m³；

　ρ_{si}，ρ_{mi}——管段中蒸汽的始端、末端密度，kg/m³。

（6）根据式（8-18）将平均比摩阻换算成查表用比摩阻。

（7）根据各管段的流量和查表用比摩阻查附录 8-3 选定合适的管径，从而得出对应于选定管径情况下的比摩阻及流速。

（8）根据式（8-17）、式（8-18）将表中查出的比摩阻、流速再换算成实际条件下的比摩阻及流速。

（9）检查管内实际流速是否超过限定流速。

（10）根据已选定的管径，查附录 8-2 得出局部阻力当量长度 L_d。

（11）计算管段阻力损失及主干线总阻力损失。各管段阻力损失为 $\Delta p = \Sigma R(L + L_d)$，主干线总阻力损失应为各管段阻力损失的总和。

（12）校验计算：求出管段实际的末端压力 $p_{mi} = p_{si} - \Delta p$ 与蒸汽密度，与假定值对比。若误差允许，则计算下一管段，否则，用第一次计算的实际密度值，重新进行计算，直到符合要求。

（13）根据分支节点压力选择并联支管的管径，方法同前。

【例题 8-2】　蒸汽管网如图 8-2 所示，锅炉出口饱和蒸汽压力为 10×10^5 Pa，$p_D = 8 \times 10^5$ Pa，$p_E = 6 \times 10^5$ Pa，试确定管网管径。

【解】

主干线 AD 段的平均比摩阻

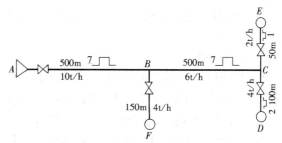

图 8-2　蒸汽管网水力计算图

$$R_{pj} = \frac{\Delta p}{\Sigma L(1+\alpha_j)} = \frac{(10-8)\times10^5}{(500+500+100)(1+0.7)} = 107\text{Pa/m}$$

1. 管段 AB

管段 AB 末端压力 $p_{mi} = p_{si} - \frac{\Delta p}{\Sigma L}L_i = 10\times10^5 - \frac{(10-8)\times10^5}{1100}\times500 = 9.09\times10^5\text{Pa}$

计算管段 AB 的蒸汽平均密度：查附录 8-4，始端蒸汽绝对压力 $p_A=(10+1)\times10^5\text{Pa}=11\times10^5\text{Pa}$，$\rho_A=5.637\text{kg/m}^3$；末端蒸汽绝对压力 $p_B=(9.09+1)\times10^5\text{Pa}=10.09\times10^5\text{Pa}$，$\rho_B=5.191\text{kg/m}^3$，则

$$\rho_{pj} = (5.637+5.191)\times0.5 = 5.414\text{kg/m}^3$$

换算为表中条件值，查表确定管径 $R_{pjb} = \frac{R_{pj}\rho_{pj}}{\rho_b} = \frac{107\times5.414}{1} = 539.3\text{Pa/m}$

用平均比摩阻和流量查附录 8-3，得管径 $DN=175$，且 $R_b=628.6\text{Pa/m}$，$v_b-107\text{m/s}$。换算成实际比摩阻和流速

$$R_{sh} = \left(\frac{\rho_b}{\rho_{sh}}\right)\cdot R_b = 628.6\times\frac{1}{5.414} = 116.1\text{Pa/m}$$

$$v_{sh} = \left(\frac{\rho_b}{\rho_{sh}}\right)\cdot v_b = 107\times\frac{1}{5.414} = 19.78\text{m/s}$$

蒸汽流速没有超出极限流速。

查附录 8-2 局部阻力当量长度表，局部阻力当量长度为 $L_d=217.35\text{m}$。

管段总压力损失为

$$\Delta p_{AB} = R_{sh}(L+L_d) = 116.1\times(500+217.35) = 83284\text{Pa}$$

管段末端压力为

$$p_B = (1-0.08328) = 0.9167\text{MPa}$$

查得 $\rho_B=5.229$ kg/m^3

管段实际平均密度为

$$\rho_{pj} = (5.637+5.229)\times0.5 = 5.433\text{kg/m}^3$$

假定值与实际值基本相符，可将计算结果列于水力计算表 8-7 中。

2. 管段 BC

将管段 BC 的始端压力定为 0.917MPa，计算方法及步骤与管段 AB 相同。计算结果列入表 8-7 中。

3. 其他管段

如同管段 AB 方法逐段计算，列入计算表中。

考虑 15% 的富裕度后，主干线的总压力损失为 A 至热用户 D 处的压力，为 1-0.8634=0.1366MPa，高于要求值，富裕压力可在热用户 D 入口调节。

分支管线，只计算了 CE 段，从表中可见热用户处压力比要求值高，用阀门调节。

表 8-7

例题 8-2 蒸汽管网水力计算表

管段	蒸汽流量 G (t/h)	管段长度 L (m)	蒸汽始端压力 $p\times10^5$ (Pa)	蒸汽末端压力 $p\times10^5$ (Pa)	蒸汽平均密度 ρ_{pj} (kg/m³)	平均比摩阻 R_{pj} (Pa/m)	管径 $D\times S$ (mm)	查表比摩阻 R_b (Pa/m)	查表流速 v_b (m/s)	实际比摩阻 R_{sh} (Pa/m)	流速 v_{sh} (m/s)	当量长度 L_d (m)	总计算长度 $L+L_d$ (m)	管段压力损失 Δp (Pa)	蒸汽始端压力 $p\times10^5$ (Pa)	蒸汽末端压力 $p\times10^5$ (Pa)	蒸汽平均密度 ρ_{pj} (kg/m³)
AB	10	500	10	9.09	5.414 5.433	579.3	194×6	628.6	107	116.1 115.7	19.78 19.69	217.35	717.35	83284 82997	10 10	9.167 9.170	5.433 5.434
BC	6	500	9.170	8.261	5.007 5.155	537.7	194×6	226.4	64.1	45.22 43.92	12.80 12.43	176.70	676.70	30600 29721	8.170 8.170	8.864 8.873	5.155 5.157
CD	4	100	8.691	8.77	5.04 5.026	539.3	133×4	723.3	90.6	143.49 143.89	17.98 18.0	65.90	165.90	23805 23871	8.873 8.873	8.635 8.634	5.026 5.026
CE	2	50	8.873	6.00	4.376 4.863 4.885	6984	73×3.5	5214	164	1191.4 1072.1 1067.3	37.48 33.72 33.57	25.70	75.70	90189 81158 80795	8.873 8.873 8.873	7.971 8.061 8.065	4.863 4.885 4.886

注：管段局部阻力当量长度：

AB：7个方形补偿器，1个截止阀：1.26 (7×19+39.5) =217.35；

BC：7个方形补偿器，1个直流三通：1.26 (7×19+7.24) =176.70；

CD：2个方形补偿器，1个分流三通，1个截止阀：1.26 (2×12.5+8.8+18.5) =65.90；

CE：1个方形补偿器，1个分流三通，1个截止阀：1.26 (1×6.8+4+9.6) =25.70。

8.5 凝结水管网的水力计算

8.5.1 凝结水管管径确定的基本原则

高压蒸汽供热系统的凝结水管，根据凝结水回收系统的各部位管段内凝结水流动形式不同，管径确定方法也不同。蒸汽热力网凝结水管道设计比摩阻可取100Pa/m。

（1）单相凝结水满管流动的凝结水管路，其流动规律与热水管路相同，水力计算公式与热水管路相同。因此，管径可按热水管路的水力计算方法和图表进行计算。

（2）汽水两相乳状混合物满管流的凝结水管路，近似认为流体在管内的流动规律与热水管路相同。因此，在计算流动摩擦阻力和局部阻力时，采用与热水相同的公式，只需将乳状混合物的密度代入计算式即可。

（3）非满管流动的管路，流动复杂，较难准确计算，一般不进行水力计算，而是采用根据经验和实验结果制成的管道管径选用表，直接根据热负荷查表确定管径，见附录6-3蒸汽供暖系统干式和湿式自流凝结水管管径选择表。

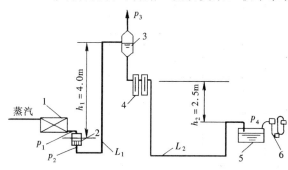

图8-3 凝结水管网水力计算图
1—用汽设备；2—疏水器；3—二次蒸发箱；4—多级水封；
5—闭式凝结水箱；6—安全水封

8.5.2 凝结水管网水力计算例题

【例题 8-3】 图8-3所示为一闭式满管流凝结水回收系统示意图。用热设备的凝结水计算流量 $G=2.0t/h$，疏水器前凝结水表压力 $p_1=2.5bar$，疏水器后的表压力 $p_2=1bar$。二次蒸发箱的最高蒸汽表压力 $p_3=0.4bar$。

管段的计算长度 $L_1=160m$，管壁 $K=0.5mm$，疏水器后凝结水提升高度 $h_1=4.0m$。二次蒸发箱下面减压水封出口与凝结水箱的回形管标高差 $h_2=2.5m$。管网管段长度 $L_2=200m$。闭式凝结水箱的蒸汽表压力 $P_4=5kPa$。试选择各管段的管径。

【解】

1. 从疏水器到二次蒸发箱的凝结水管段

（1）计算余压凝结水管段的资用压力及其允许平均比摩阻值

该管段资用压力

$$\Delta p_1 = (p_2 - p_3) - h_1 \rho_n g = (1-0.4) \times 10^5 - 4 \times 10^3 \times 9.8 = 20800Pa$$

其中，ρ_n 为凝结水管中凝结水的密度，从安全角度出发，取 $\rho_n=1000kg/m^3$

该管段的允许平均比摩阻

$$R_{pj} = \frac{\Delta p(1-\alpha_j)}{\Sigma L} = \frac{20800(1-0.2)}{160} = 104Pa/m$$

（2）求余压凝结水管中汽水混合物的密度 ρ_r 值

设疏水器漏汽量 $x_1=0$，查二次蒸发汽数量表（附录8-5）得出由于压降产生的含汽量 $x_2=0.056kg/kg$，则在该余压凝结水管的二次含汽量为 $x = x_1 + x_2 = 0 + 0.056 = 0.056kg/kg$。

由饱和水及饱和水蒸汽性质表查得，二次蒸发箱表压力 0.4bar 下饱和水比容 $v_s = 0.001\text{m}^3/\text{kg}$，饱和蒸汽比容 $v_q = 1.258\text{m}^3/\text{kg}$。则汽水混合物密度 ρ_r 为

$$\rho_r = \frac{1}{v_r} = \frac{1}{v_s + x(v_q - v_s)} = \frac{1}{0.001 + 0.056 \times 1.257} = 13.996\text{kg/m}^3$$

（3）确定凝结水管管径

利用附录表 8-6 闭式余压回水凝结水管径计算表（$p=30\text{kPa}$），漏汽加二次蒸发汽量按 15% 计算，该表 $K=0.5\text{mm}$，$p=30\text{kPa}$，$\rho=5.26\text{kg/m}^3$，则

$$R_{pj} = \frac{104 \times 13.996}{5.26} = 276.8\text{Pa/m}$$

查表时的流量 $G=2\text{t/h}$，换算成蒸汽放热量为

$$Q = Gr = \frac{2000 \times 2164.1}{3600} = 1187\text{kW}$$

查附录表 8-4 闭式余压回水凝结水管径计算表（$p=30\text{kPa}$），漏汽加二次蒸发汽量按 15% 计算得，管径 $d=100\text{mm}$。

2. 从二次蒸发箱到凝结水箱的管网凝结水管段

（1）该管段内为纯凝结水，可利用的作用压头 Δp_2 及其允许比摩阻 R_{pj} 值，按下式计算

$$\Delta p_2 = \rho_n g(h_2 - 0.5) - p_4 = 1000 \times 9.8(2.5 - 0.5) - 5000 = 14620\text{Pa}$$

式中的 0.5m 为预留富裕值。

$$R_{pj} = \frac{\Delta p_2}{L_2(1 + \alpha_j)} = \frac{14620}{200(1 + 0.6)} = 45.7\text{Pa/m}$$

（2）确定该管段管径

按流过最大量凝结水考虑，$G=2.0\text{t/h}$。利用热水管网水力计算表，根据 R_{pj} 值选择管径，选用管子的公称直径 $DN50\text{mm}$，相应的比摩阻 $R=31.9\text{Pa/m}$，$v=0.3\text{m/s}$。

思 考 题 与 习 题

1. 试述集中供热系统热负荷的分类与特点，各类热负荷如何确定？

2. 供热管网水力计算的基本公式与室内供暖系统有什么不同？

3. 供热管网水力计算的任务有哪些？

4. 什么是管网主干线？水力计算为什么要从主干线开始计算？

5. 室外高压蒸汽管路的水力计算方法与室内蒸汽管路有什么不同？为什么？

6. 室外高压凝结水管路按流动动力分为哪几类？各类管径如何确定？

7. 室外蒸汽管网与凝结水管网在水力计算中分别要进行哪些换算？

8. 为什么要规定允许流速？选管径时流速过大会发生什么问题？

9. 试对下图所示某闭式双管热水管网进行水力计算。已知 $t_g = 130℃$，$t_h = 70℃$，管网每隔一定距

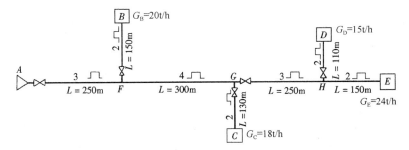

离设有方形补偿器。每一个热用户入口要求作用压力不低于 $4 \times 10^4 \mathrm{Pa}$。其余条件见图示。

10. 试求某厂区蒸汽供热管网的管径。管网平面布置如下图，已知条件均标入图中。锅炉房供给的饱和蒸汽压力为 $10 \times 10^5 \mathrm{Pa}$。

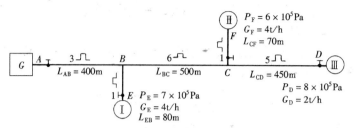

教学单元 9　热水管网的水压图与水力工况

9.1　水压图的基本概念

热水管网的水力计算只能确定管段的压力损失，但不能清晰地表示出热水管网中各点的压力值。因此，分析研究热水管网压力状况必须借助于水压图。

9.1.1　绘制水压图的基本原理

如图 9-1 所示，当热水流过某一管段时，根据伯努利能量方程式，可以列出断面 1 和断面 2 之间的能量方程式：

$$Z_1 + \frac{p_1}{\rho g} + \frac{v_1^2}{2g} = Z_2 + \frac{p_2}{\rho g} + \frac{v_2^2}{2g} + \Delta H_{1-2} \tag{9-1}$$

或

$$Z_1 \rho g + p_1 + \frac{v_1^2 \rho}{2} = Z_2 \rho g + p_2 + \frac{v_2^2 \rho}{2} + \Delta p_{1-2} \tag{9-2}$$

式中　Z_1、Z_2——分别为断面 1、2 的管中心线至基准面 $0-0$ 的位置高度，m；

　　　p_1、p_2——分别为断面 1、2 的压力，Pa；

　　　v_1、v_2——分别为断面 1、2 的热水平均速度，m/s；

　　　　ρ——热水的密度，kg/m³；

　　　　g——重力加速度，取 9.81m/s²；

　　　ΔH_{1-2}——断面 1、2 间的水头损失，mH₂O；

　　　Δp_{1-2}——断面 1、2 间的压力损失，Pa。

位置水头 Z，压强水头 $p/\rho g$ 和流速水头 $v^2/2g$ 三项之和表示断面 1、2 之间任意一点的总水头值。图 9-1 中线段 AB 称为总水头线，断面 1 与 2 的总水头的差值，就是水流经过管段 1—2 的水头损失 ΔH_{1-2}。

位置水头 Z 与压强水头 $p/\rho g$ 之和表示断面 1、2 之间任意一点的测压管水头。图 9-1 中线段 CD 称为测压管水头线。在热水管路中，将管路各节点的测压管水头线高度顺次连接起来的曲线，称为热水管路的水压曲线。

绘制热水管网的水压图，就是要得到热水管网的水压曲线，即测压管水头线。

9.1.2　水压图的作用

热水管网上连接着多个热用户，这些热用户在供水温度、供水压力等方面都可能有着各不相同的要求，并且它们所处的地势高低也不一定相同。因此，在设计阶段必须考虑整个热水管网的压力状况。通过绘制热水管网的水压图，可以全面地反映热水管网和各热用户的压力状况，分析

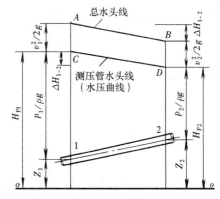

图 9-1　总水头线与测压管水头线

管网中各点的压力分布是否合理，能否安全可靠地运行，并确定使各热用户安全正常运行的技术措施。

利用水压图可以确定管网中任意一点的压力（压头）值，确定计算管段单位长度的平均比压降（即平均比摩阻）的大小，表示出各管段的压力损失值。

此外，利用水压图还可以正确决定各热用户与热水管网的连接方式及自动调节措施，检验管网水力计算结果，对于地形变化复杂的大型供热管网，通过水压图还可以分析是否需要设加压泵站及加压泵站的位置及数量。

由此可见，水压图是热水管网设计和运行的重要工具。

9.1.3 水压图的组成

热水管网的水压图应由以下各部分组成：

1. 纵横坐标系

纵坐标应表示地面标高、热用户高度及各点水头（测压管水头）；横坐标（基准面）应表示管道的展开长度，一般定位于热水管网循环水泵的中心线高度。

水压图的纵横坐标可采用不同的比例，纵坐标和横坐标的名称和单位（一般为米）应分别注明。

2. 管道的平面展开图

在坐标系的下方应有单线（对应的供水管线）绘制的有关管道平面展开简图。

3. 地形剖面、各热用户系统的充水高度和汽化水头线

在坐标系中应绘制沿管线的地形纵剖面，并宜绘出典型热用户系统（一般为最高热用户系统、中间高度的热用户系统和最低热用户系统）的充水高度及与供水温度汽化压力值对应的水柱高度。

4. 静水压线和供回水管动水压曲线

在水压图中应绘制静水压线和主干线的动水压曲线，必要时还应绘制支干线的动水压曲线。

静水压线是管网循环水泵停止工作时，管网上各点测压管水压的连接线。由于管网热用户是相互联通的，系统静止时管网上各点的测压管水压均相等。因此，静水压线应是一条平行于横坐标的直线。

动水压曲线是当管网循环水泵运转时，管网供回水管各点测压管水压的连接线。由于各管段的压力损失不同，因此，供、回水管的动水压曲线应各是一条折线。

绘制水压图时，管线各重要部位在供、回水管水压曲线上所对应的点应编号，并标注水头的数值，各点的编号应与管道平面展开简图相对应。

静水压线、动水压曲线应用粗线绘制；管道应采用粗实线绘制；热用户系统的充水高度应用中实线绘制；热用户汽化压力的水柱高度应采用中虚线绘制；地形纵剖面应采用细实线绘制。

9.2 热水管网水压图

9.2.1 绘制水压图的基本技术要求

热水供热系统在运行或停止运行时，系统内热媒的压力必须满足下列基本技术要求：

（1）与管网连接的各建筑物供暖系统的压力，在循环水泵和补给水泵运转或停止运转时，均不得超过供暖设备的允许承压值。如供暖热用户使用的为柱型铸铁散热器，其承压能力为 0.4MPa，因此作用在该热用户系统底层散热器上的压力，无论在管网运行还是停止运行时，都不得超过 0.4MPa。

（2）在热水管网供水管道和热用户系统内，任何一点压力不应低于供热介质的汽化压力，并留有 30～50kPa 的富裕压力。热用户系统内的最高点由于压力小，易汽化，因此，高温水供暖系统内只要最高点的水不汽化，其他地点的水就不会汽化。

不同水温下的汽化压力见表 9-1。

不同水温下的汽化压力 表 9-1

水温（℃）	100	110	120	130	140	150
汽化压力（mH$_2$O）	0	4.6	10.3	17.6	26.9	38.6

（3）与热水管网直接连接的热用户系统，无论在管网循环水泵运转或停止工作时，其热用户系统回水管出口处的压力，必须高于热用户系统的充水高度，以防止系统倒空吸入空气，破坏系统的正常运行和腐蚀管道。

（4）室外管网回水管内任何一点的压力，都应比大气压力至少高出 50kPa（5mH$_2$O），以免吸入空气。

（5）在热水管网的热力站或热用户引入口处，供、回水管的资用压头，应满足热力站或热用户所需的作用压头。

热用户系统的资用压头可按连接方式不同，按下列估算值确定：

水—水热交换间接连接的供暖系统为 30～50kPa（3～5mH$_2$O）；

混水器供暖系统为 80～120kPa（8～12mH$_2$O）；

直接连接的热计量供暖系统为 50kPa（5mH$_2$O）；

直接连接的常规散热器供暖系统为 20kPa（2mH$_2$O）。

9.2.2 绘制水压图的方法和步骤

在绘制水压图前，需已知供热管网平面图，供热区域地形地貌，热用户的分布状况及高度，热水的供回水设计温度，管网的水力计算成果等资料。

现以连接有四个供暖热用户的高温水供热系统为例，说明绘制水压图的方法和步骤。

某室外高温水供热管网，如图 9-2 所示。供、回水设计温度分别为 110℃/70℃，热用户 1、2 采用低温水供暖，热用户 3、4 直接采用高温水供暖；热用户 1、3、4 建筑物高度为 17m，热用户 2 为高层建筑，建筑物高度为 30m，各热用户内均采用铸铁散热器，管网主干线的总压降为 12mH$_2$O。

（1）以管网循环水泵的中心线高度为基准面，在纵坐标上按一定的比例尺标出标高的刻度（如图 9-2 中的 $O-Y$）。沿基准面在横坐标上按一定的比例尺标出距离的刻度（如图 9-2 中的 $O-X$）。

横坐标的下方为供热管网的平面展开简图。

（2）按照管网上的各点和各热用户从热源出口起沿管线计算的距离，在 $O-X$ 轴上相应点标出管网相对于基准面的标高和建筑物高度。各点管网高度的连接线就是图 9-2 上带有阴影的线，表示沿管线的纵剖面。对高温水热用户 3、4 还应在建筑物高度顶部标出汽

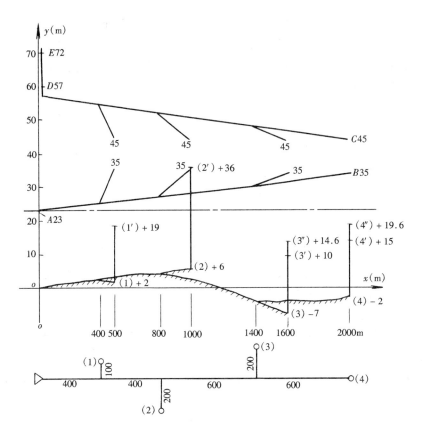

图 9-2　热水管网的水压图

化压力折合的水柱高度，按表 9-1 可知，汽化压力水柱高度为 4.6mH$_2$O。

（3）绘制静水压线。

静水压线的高度必须满足前述水压图基本技术要求的第 1 条、第 2 条、第 3 条。

热用户若全部采用直接连接，并保证所有热用户都不会汽化或倒空，静水压线的高度需要定在不低于 39m 处（热用户 2 处加了 3m 的富裕压力）。由图可见，静水压线定在此高度时，将使热用户 3、4 底层压力都超过了铸铁散热器的承压能力 0.4MPa（40mH$_2$O），即热用户 3 为 39－（－7）＝46mH$_2$O，热用户 4 为 39－（－2）＝41mH$_2$O，均大于 40mH$_2$O。这样热用户 3、4 必须采用间接连接方式，增加了基建投资费用。

若在设计中希望热用户 3、4 采用直接连接方式，可以考虑对热用户 2 采用间接连接方式，按保证热用户 1、3、4 不汽化、不倒空和不超压的技术要求，确定静水压线的高度。

点 4 的标高是 15m，加上汽化压力 4.6mH$_2$O，再加 30～50kPa 的富裕压力，由此可定出静水压线的高度为 15＋4.6＋3.4＝23mH$_2$O。

静水压线位置可依靠系统所采用的定压方式来保证。目前热水供热系统常用的定压方式有高位水箱定压、补给水泵定压、气体定压等方式。定压点的位置通常设置于管网循环水泵的吸入管段上。

（4）绘制回水管的动水压曲线。

回水管的动水压曲线应满足下列基本要求：

1）回水管动水压曲线应满足基本技术要求中的第 3 条、第 4 条，保证所有直接连接的热用户系统不倒空、不汽化，管网上任何一点的压力不应低于 50kPa（$5mH_2O$），这是控制回水管动水压曲线最低位置的要求。

2）与热水管网直接连接的热用户，回水管动水压曲线应满足基本技术要求中的第 1 条，保证底层铸铁散热器承受的压力不超过 0.4MPa，这是控制回水管动水压曲线最高位置的要求。

实际上底层散热器承受的压力比热用户系统回水管处的压力高，它应等于底层散热器供水支管的压力。但由于两者的差值比热用户系统的热媒压力小很多，可近似认为热用户系统底层散热器所承受的压力就是管网回水管在热用户出口处的压力。

采用补给水泵定压，只要补给水泵施加在循环水泵的吸入口处的压力维持 $23mH_2O$ 的压力，就能保证循环水泵在停止运转时对压力的要求。在管网循环水泵运行时，定压点 A 的压力不变，设计的回水管动水压曲线在 A 点标高上，仍是 23m，而回水主干线末端 B 点的动水压曲线的水位高度应高于 A 点，其高度差应等于回水主干线的总压降。回水主干线的总压降为 $12mH_2O$，则 B 点的水压高度为 $23+12=35m$。这就可初步确定回水主干线的动水压曲线的末端位置。

（5）绘制供水管的动水压曲线。

与回水主干线的动水压曲线相同，供水干管的动水压曲线沿水流方向逐渐下降，它在每米管道上降低的高度反映了供水管的比压降值。供水管的动水压曲线应满足前述水压图基本技术要求的第 2 条、第 5 条。这两条要求实质上就是限制供水管动水压曲线的最低位置。

由于定压点位置在管网循环水泵的吸入口处，前面确定的回水管动水压曲线全部高出静水压线 $j-j$，所以在供水管上不会出现汽化现象。

管网供、回水管之间的资用压头，在管网末端最小。因此，只要选定管网末端热用户引入口或热力站处所要求的作用压头，就可以确定管网供水主干线末端的动水压曲线的水压高度。根据给定的供水主干线的平均比压降或根据供水主干线的水力计算结果，可绘出供水主干线的动水压曲线。

若假设末端热用户 4 预留的资用压头为 $10mH_2O$。在供水管主干线末端 C 点的水位高度应为 $35+10=45m$。供水主干线的总压力损失与回水管相等，均为 $12mH_2O$，在热源出口处供水管动水压曲线的水位高度，即 D 点的标高应为 $45+12=57m$。

最后水压图中 E 点与 D 点的高差等于热源内部的压力损失（若取 $15mH_2O$），则 E 点的水头应为 $57+15=72m$，由此，可得管网循环水泵的扬程为 $72-23=49mH_2O$。

这样，绘制出的动水压曲线 $ABCDE$ 以及静水压线 $j-j$ 组成了该热水管网主干线的水压图。

各分支线的动水压曲线，可根据各分支线在分支点处的供、回水管的测压管水头高度和分支线的水力计算结果，按上述相同的方法和要求绘制。

9.2.3　热用户系统与管网连接方式的确定

现以上述热水管网水压图（图 9-2）为例，分析确定各热用户与管网的连接形式及压力状况。

1. 热用户系统 1

它是一个低温水供暖的热用户，管网110℃高温水经与回水混合后再进入热用户系统。从水压图中可以看出，在管网循环水泵停止运转时，静水压线对热用户1满足不倒空、不汽化的技术要求。

（1）热用户系统的充水高度仅在标高19m处，低于静水压线，故不倒空。

（2）110℃的高温水在热用户系统内的最高位置为标高2m处，该点压力大于该点水温下的汽化压力（4.6m），故不会汽化。

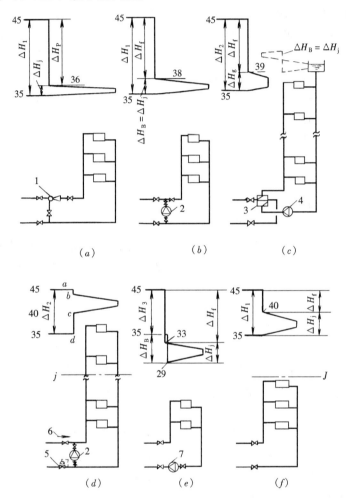

图 9-3 热水管网与供暖热用户系统的连接方式和相应的水压图

1—水喷射器；2—混水器；3—水—水式换热器；4—热用户循环水泵；5—"阀前"压力调节阀；6—止回阀；
7—回水加压泵；ΔH_1、ΔH_2……—热用户1、2等的资用压头；ΔH_f—阀门节流损失；ΔH_j—热用户压力损失；
ΔH_B—水泵扬程；ΔH_g—水—水式换热器的压力损失；ΔH_p—水喷射器本身消耗的压力

注：图中数字表示该处的测压管水头标高（对应图9-2）。

若设热用户系统1的资用压头 $\Delta H_1 = 10\text{mH}_2\text{O}$，而热用户系统1的压力损失 $\Delta H_j = 1\text{mH}_2\text{O}$。在此情况下，可以考虑采用水喷射器（混水器）的连接方式。这种连接方式的示意图和其相应的水压图如图9-3（a）所示。图中 ΔH_p 是表示水喷射器（混水器）为抽吸回水本身消耗的能量。在运行时，作用于热用户系统的供水管的压力，仅比回水管的压力高出 ΔH_j。因此，可将回水管的压力近似地视为热用户系统所承受的压力。

由图 9-2 可见，回水管动水压曲线的位置，不致使热用户系统 1 底层散热器超压，即点 1 处的压力为 35－2＝33＜40mH₂O。该热用户系统满足与管网直接连接的全部要求。

若热用户系统 1 的压力损失 $H_j＝3mH_2O$，管网供、回水的资用压头 $\Delta H＝10mH_2O$，而 $10－3＝7mH_2O$，不足以保证水喷射器使水混合后提供足够的作用压头（8～12mH₂O），此时，就要采用混水泵的连接方式。采用混水泵连接方式示意图及其相应的水压图如图 9-3（b）所示。混水泵的流量应等于其抽引的回水量，扬程 ΔH_B 应等于热用户系统（或二级管网系统）的压力损失值即 $\Delta H_B＝\Delta H_j$。

2. 热用户系统 2

它是一个高层建筑的低温水供暖的热用户。为使作用在其他热用户的散热器不超压，热用户系统 2 采用间接连接。其连接方式示意图及其相应的水压图如图 9-3（c）所示。

热用户系统 2 与管网连接处供、回水压差为 10mH₂O，如水一水式换热器的设计压力损失 $\Delta H_g＝4mH_2O$，此时，只需将进入热用户 2 的供水管用阀门节流，使阀门后的水压线标高下降到 39m 处，就可满足设计工况的要求。

如果该热用户系统与管网直接连接，在设计热用户入口时，在热用户入口的回水管上安装一个保证系统始终充满水，不倒空的阀前压力调节阀，在供水管上安装止回阀。

"阀前"压力阀的结构如图 9-4 所示。工作原理是当回水管的压力作用在阀瓣上的压力超过弹簧的平衡拉力时，阀孔才能开启。弹簧的选定拉力应大于局部系统静压力 3～5mH₂O，这样就可以保证系统不倒空。当管网循环水泵停止运转时，弹簧的平衡拉力超过热用户系统的水静压力，将阀瓣拉下，阀孔关闭，"阀前"压力调节阀与安装在供水管上的止回阀一起将热用户系统与管网隔断。

安装了"阀前"压力调节阀的水压图如图 9-3（d）所示。其中 H_{ab} 表示供水管阀门节流损失，ΔH_{bc} 表示热用户系统的压力损失，c 点水压线位置应比热用户系统的充水高度超出 3～5mH₂O。ΔH_{cd} 表示"阀前"压力调节阀的压力损失。由水压图水压线的位置可见，它满足了热用户系统与管网直接连接的所有技术要求。

3. 热用户系统 3

它位于地势最低处，循环水泵停止工作时，静水压不会使底层散热器超压，即 23－（－7）＝30mH₂O，小于 40mH₂O。但在循环水泵运转时，热用户系统 3 回水管压力为 35－（－7）＝42mH₂O，大于一般铸铁散热器的工作压力。因此，系统入口的供水管必须节流降压。从安全角度出发，进入热用户系统 3 供水管的测压管水头要下降到标高 33m 处（底层散热器不超压需 30mH₂O，再加上 3mH₂O 的富裕压力，即为 33mH₂O），这样一来，热用户系统的作用压头不但不足，而且成为负值。所以，要在系统入口的回水管上安装水泵，抽引热用户系统的回水，压入管网中。如设系统的设计压力损失为 4mH₂O，则该热用户回水加压泵的扬程应等于 35－（33－4）＝6mH₂O。热用户系统 3 与管网的连接方式及水压

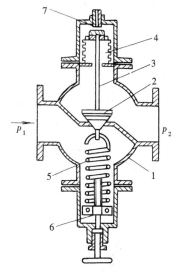

图 9-4　"阀前"压力
调节阀的结构示意图
1—阀体；2—阀瓣；3—阀杆；4—薄膜；
5—弹簧；6—调紧器；7—调节杆

图，如图9-3（e）所示。

热用户系统回水泵加压的连接方式，主要用在管网提供热用户或热力站的资用压头，小于热用户或热力站所需求的压力损失 ΔH_j 的场合。实践中，应慎重考虑和正确选择回水加压泵的流量和扬程，防止造成管网的水力失调，影响其他热用户的水力工况。

4. 热用户系统4

它是一个高温水供暖的热用户。管网提供给热用户的资用压头（$\Delta H_4=10mH_2O$）如大于热用户所需压头（假设 $\Delta H_j=5mH_2O$），则只要在热用户4入口的供水管上节流，使进入热用户的供水管测压管水头标高降到 $35+5=40m$ 处，就可满足对水压图的一切要求，达到正常运行。热用户系统与管网的连接方式及水压图如图9-3（f）所示。

9.3 热水管网的定压和水泵选择

9.3.1 热水管网的定压方式

热水供热系统定压方式，应根据系统的规模、供水温度和使用条件等具体情况经技术经济比较确定。通常 $t<100℃$ 的低温热水供热系统可采用高位开式膨胀水箱定压或补给水泵定压；$t≥100℃$ 的高温热水供热系统可采用氮气定压装置或补给水泵装置定压。

1. 高位开式膨胀水箱定压

高位开式膨胀水箱定压是依靠安装在系统最高处的开式膨胀水箱形成的水柱高度来维持管网定压点压力稳定。由于开式膨胀水箱与管网相通，水箱水位的高度与系统的静水压线高度是一致的。这种定压方式的优点是设备简单，工作安全可靠，管理方便；缺点是用于高温水供热系统时，为防止系统汽化和倒空，水箱往往需要安装得很高，有时难以敷设。

用高位开式膨胀水箱定压时，应符合下列要求：

（1）高位开式膨胀水箱与热水系统连接的位置，宜设置在循环水泵入口的总管上；

（2）高位开式膨胀水箱的最低水位，应高于热水系统最高点1m以上，并保证循环水泵停止运转时系统不汽化；

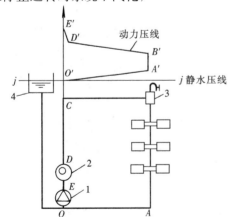

图9-5 机械循环热水供暖系统

1—循环水泵；2—热水锅炉；

3—排气装置；4—膨胀水箱

（3）设置在露天的高位开式膨胀水箱及其管道应有防冻措施。高位开式膨胀水箱设置的循环水管，应接至热水系统回水总管上，并接在膨胀管的前面，与膨胀管接点相距2m以上；

（4）高位开式膨胀水箱与热水系统的连接管（膨胀管）上，不应装设阀门。

高位开式膨胀水箱定压如图9-5所示。

2. 补给水泵定压

（1）采用补给水泵定压应符合下列要求：

1）定压补给水泵宜采用调频变速泵，连续补水；当采用一般水泵间断补水时，在补水泵停止运转期间，热水系统的压力降低，不得导致系统汽化或系统最高点缺水；

2）热水系统应设置超压泄压装置，泄压水宜接至补给水箱；

3）热水系统宜配置闭式膨胀水罐。

（2）补给水泵的定压形式

1）补给水泵的连续补水定压

如图9-6所示，定压点设在热水管网循环水泵吸入口处的O点。系统工作时，补给水泵连续向系统内补水，补水量与系统的漏水量相平衡，通过补给水调节阀控制补给水量，保持补水点的压力稳定，当系统内水压力过高时，由安全阀9泄水降压。

在突然停电时，补给水泵停止运转，可能不能保证系统所需压力，会出现由于供水压力降低而产生的汽化现象。为避免锅炉和供热管网内的高温水汽化，停电时应及时关闭供水管上的阀门3，使热源与管网断开，上水在自身压力的作用下，将止回阀8、13顶开向系统充水，同时还应打开集气罐2上的放气阀排气。考虑到突然停电时可能产生水击现象，在循环水泵吸水管路和压水管路之间，可连接一根带止回阀的旁通管用来泄压。

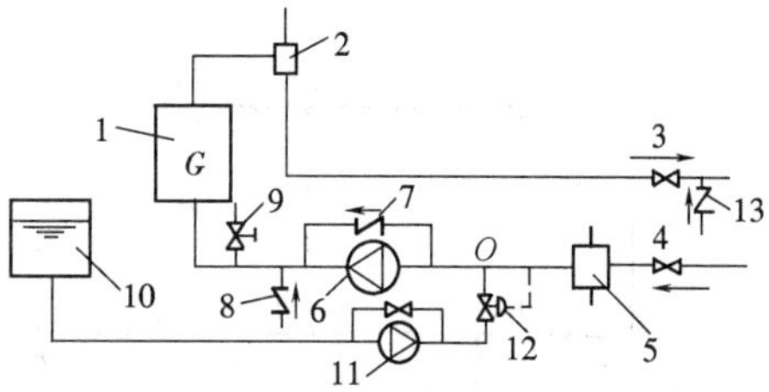

这种定压方式补水装置简单，压力调节方便，水力工况稳定。适用于补水量波动不大的大型供热系统。

2）补给水泵的间歇补水定压

如图9-7所示，补给水泵的启动和停止运行，是由电接点式压力表表盘上的触点开关控制的。压力表指针到达系统定压点的上限压力时，补给水泵停止运转；当管网循环水泵吸入端压力下降到系统定压点的下限压力时，补给水泵启动向系统补水，保持管网循环水泵吸入口处压力在上限值和下限值范围内波动。通常波动范围为$5mH_2O$左右，不宜过小，否则触点开关动作过于频繁易于损坏。

图9-6　补给水泵连续补水定压方式

1—热水锅炉；2—集气罐；3、4—供、回水管阀门；5—除污器；6—循环水泵；7—止回阀；8—给水止回阀；9—安全阀；10—补给水箱；11—补水泵；12—压力调节器；13—给水止回阀

间歇补水定压方式的电能耗用少，设备简单，但其动水压曲线上下波动，压力不如连续补水定压方式稳定。适用于系统规模不大，供水温度不高，系统漏水量较小的供热系统。

3）补给水泵补水定压点设在旁通管处的定压方式

利用水压图分析可知，在管网运行时，供、回水干管的动水压曲线都在静水压线之上，因此，管网和热用户系统各点均承受较大的压力。对大型的热水供热系统，为了适当地降低管网的运行压力和便于调节管网的压力工况，可采用将

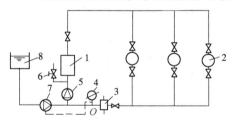

图9-7　补给水泵间歇补水定压方式

1—热水锅炉；2—热用户；3—除污器；4—压力控制开关；5—循环水泵；6—安全阀；7—补给水泵；8—补给水箱

定压点设在旁通管处的连续补水定压方式，如图9-8所示。

这种定压方式是在热源供、回水干管之间连接一根旁通管，利用补给水泵使旁通管上

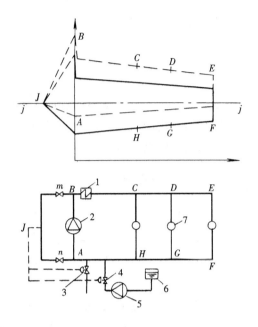

图 9-8　定压点设在旁通管处的定压方式

1—加热装置（锅炉或换热器）；2—管网循环水泵；

3—泄水调节阀；4—压力调节阀；5—补给水泵；

6—补给水箱；7—热用户

J 点压力符合静水压力要求。在管网循环水泵运行时，如果定压点 J 的压力低于控制值，压力调节阀 4 的阀孔开大，补水量增加；如果定压点 J 的压力高于控制值，压力调节阀 4 关小，补水量减少。如果由于某种原因（如水温升高），即使压力调节阀完全关闭，压力还不断升高，则泄水调节阀 3 开启，泄放管网水，一直到定压点的压力恢复到正常为止。当管网循环水泵停止运行时，整个管网压力先达到运行时平均值然后下降，通过补给水泵的补水作用，使整个系统压力维持在定压点 J 的静水压力上。

这种定压方式可以适当地降低管网运行时的动水压曲线，管网循环水泵吸入端 A 点的压力低于定压点 J 的压力。调节旁通管上的两个阀门 m 和 n 的开启度，可控制管网的动水压曲线升高或降低，如果将旁通管上阀门 m 关小，旁通管段 BJ 的压降增大，J 点压力降低传递到压力调节阀 4 上，调节阀的阀孔开大，作用在 A 点上的压力升高，整个管网的动水压曲线将升高到如图 9-8 中虚线位置。如果将阀门 m 完全关闭，则 J 点压力与 A 点压力相等，管网的整个动水压曲线位置都高于静水压线。反之，如果将旁通管上的阀门 n 关小，管网的动水压曲线可以降低。此外，如欲改变所要求的静水压线的高度，可通过调整压力调节阀内的弹簧弹性力或重锤平衡力来实现。

利用定压点设在旁通管上的连续补水定压方式，对调节系统的运行压力，具有较大的灵活性。但旁通管不断通过管网的循环水，在计算循环水泵流量时应计入这部分流量。循环水泵流量的增加将会使耗电量增加。

3. 氮气定压

热水供热系统采用氮气定压装置时，应符合下列要求：

（1）氮气系统应配置可靠的调压设施；

（2）定压点一般设在循环水泵入

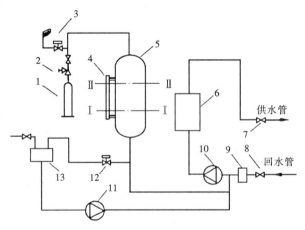

图 9-9　氮气定压的原理图

1—氮气瓶；2—减压阀；3—排气阀；4—水位控制器；

5—氮气罐；6—热水锅炉；7、8—供、回水管总阀门；

9—除污器；10—管网循环水泵；11—补给水泵；

12—排水电磁阀；13—补给水箱

口处，并保证循环水泵运转或停止运转时，系统不汽化；

（3）热水系统宜配置闭式膨胀水箱。

热水供热系统采用的变压式氮气定压的原理图，如图9-9所示。氮气定压的水压图如图9-10所示。

管网的回水经除污器9除去水中杂质后，通过循环水泵10加压进入热水锅炉6，被加热后进入管网供水管。系统的压力状况靠连接在循环水泵入口侧的氮气罐5内的氮气压力来控制。氮气从氮气瓶1经减压后进入氮气罐内，并充满氮气罐最低水位Ⅰ-Ⅰ以上的空间，保持Ⅰ-Ⅰ水位时的压力 p_1 一定。当热水供热系统内水受热膨胀，氮气罐内水位升高，气体空间减小，气压升高；当水位升高到正常高水位Ⅱ-Ⅱ时，罐内压力达到 p_2。p_1 和 p_2 由管网水压图分析确定。同时，也用来确定氮气罐的容积。如果氮气罐的容积不够，p_2 有可能超过规定值。所以，在氮气罐顶部设置安全阀，用以在出现超压时向外泄压。

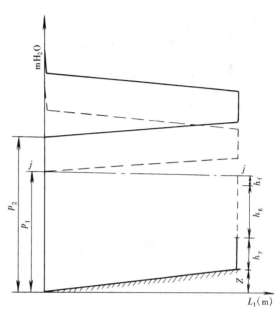

图9-10　氮气定压的热水供热系统水压图

在氮气罐上装有水位控制器4自动控制补给水泵的启闭。当系统漏水或冷却时，氮气罐水位降低到Ⅰ-Ⅰ，补给水泵启动补水，罐内水位升高，当达到Ⅱ-Ⅱ水位时，补给水泵停止工作。罐内氮气如果溶解或漏失时，当水位下降到Ⅰ-Ⅰ附近时，罐内氮气压力将低于规定值 p_1，氮气瓶向罐内补气，保持 p_1 压力。

氮气加压罐既起定压作用，又起容纳系统膨胀水量，补充系统循环水的作用，相当于一个闭式的膨胀水箱。

图9-10所示的氮气定压的水压图。其中虚线代表热水供热系统的最低动水压曲线（Ⅰ-Ⅰ水位时），实线代表热水供热系统的最高动水压曲线（Ⅱ-Ⅱ水位时），j-j 线表示最低的静水压线。氮气罐内的压力在 p_1～p_2 之间波动，因而称为变压式的氮气定压方式。

采用氮气定压方式，系统运行安全可靠，由于罐内压力随系统水温升高而增加，罐内气体可起到缓冲压力传播的作用，能较好地防止系统出现汽化和水击现象。但这种定压方式需要消耗氮气，设备较复杂，罐体体积较大。因此，目前主要用于高温水供热系统的定压。

4. 蒸汽定压

蒸汽定压主要有蒸汽锅筒定压和外置蒸汽罐定压两种方式。

（1）蒸汽锅筒定压

热水供热系统的热水锅炉通常是满水运行的，如果采用蒸汽锅筒定压，则要求锅炉是非满水运行，或采用蒸汽-热水两用锅炉。其定压的原理如图9-11所示。

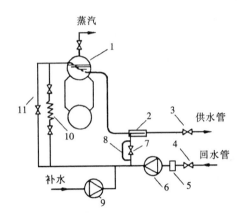

图 9-11 蒸汽锅筒定压方式
1—汽水两用锅炉；2—混水器；3、4—供、回水管总阀；5—除污器；6—循环水泵；7—混水阀；8—混水旁通管；9—补给水泵；10—锅炉省煤器；11—省煤器旁通管

热水供热系统的管网回水经管网循环水泵加压后送入锅炉上锅筒，在锅炉内被加热到饱和温度后，从上锅筒水面之下引出，为防止饱和水因压力降低而汽化，锅炉供水立即引入混水器中，在混水器中饱和水与部分管网回水混合，使其水温下降到管网要求的供水温度。系统漏水由锅炉补给水泵补水，以控制上锅筒的正常水位。

蒸汽锅筒定压方式是采用锅炉加热过程中伴生的蒸汽定压的，经济简单。因突然停电产生的系统定压和补水问题，比较容易解决，锅炉内部即使出现汽化，也不会出现炉内局部的汽水冲击现象，在供热水的同时，还可以供蒸汽。但该系统锅炉燃烧状况不好时，会影响系统的压力状况，锅炉如果出现低水位，蒸汽易窜入管网，引起严重的汽水冲击现象。

（2）外置蒸汽罐定压

当区域供热锅炉房内只设置高温热水锅炉时，可采用外置蒸汽罐的蒸汽定压方式，如图 9-12 所示。

由充满水的热水锅炉引出高温水，经阀门适当减压后送入置于高处的蒸汽罐内，在其中因减压而产生少量蒸汽，用以维持罐内蒸汽空间的气压，达到定压的目的。管网所需热水从蒸汽罐内的水空间抽出，通过混水器混合管网回水适当降温后，经供水管输送到各热用户。

这种定压方式所用蒸汽罐内的蒸汽压力不随蒸汽空间的大小而改变，只取决于罐内高温水层的水温。适用于大型而又连续热水供热系统的定压。

9.3.2 循环水泵和补给水泵的选择

1. 循环水泵的选择

（1）循环水泵的总流量

循环水泵的总流量不应小于热水管网的总设计流量。按下式计算：

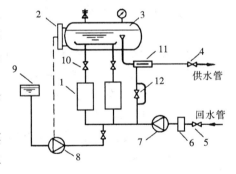

图 9-12 外置蒸汽罐定压方式
1—热水锅炉；2—水位控制器；3—蒸汽罐；4、5—供、回水总阀门；6—除污器；7—循环水泵；8—补给水泵；9—补给水箱；10—锅炉出水管总阀门；11—混水器；12—混水阀

$$G = K_1 \frac{3.6 \times Q}{c(t_1 - t_2)} \times 10^3 + G_0 \qquad (9-3)$$

式中　G——循环水泵总流量，t/h；

　　　K_1——考虑管网热损失的系数，取 $K_1 = 1.05 \sim 1.10$；

　　　Q——供热系统总热负荷，W；

　　　c——热水的平均比热，kJ/（kg·℃）；

t_1、t_2——供热系统供、回水温度，℃；

　G_o——锅炉出口母管和循环水泵进口管之间旁通管的循环流量，t/h；不设旁通时，取 $G_o=0$。

（2）循环水泵的扬程

循环水泵的扬程不应小于设计流量条件下热源、管网、最不利热用户环路压力损失（包括室外管网的阻力和热用户内部阻力）之和，即

$$H = K(H_1 + H_2 + H_3) \tag{9-4}$$

式中　H——循环水泵扬程，mH_2O；

　H_1——热源内部的压力损失，mH_2O；它包括热源内加热设备和管路系统两部分压力损失；

　H_2——室外管网供、回水管道系统的压力损失，mH_2O；

　H_3——最不利的热用户内部循环水系统的压力损失，mH_2O；

　K——裕量系数，一般取 $K=1.05\sim1.10$。

循环水泵的扬程仅取决于循环管网中总的压力损失，与建筑高度和地形无关。

循环水泵的选择除满足上述流量和扬程的要求外，还应符合下列要求：

1）应减少并联循环水泵的台数；设置三台或三台以下循环水泵并联运行时，应设备用泵；当四台或四台以上泵并联运行时，可不设备用泵；

采用分阶段改变流量调节的系统时，循环水泵可按各阶段的流量、扬程要求配置，其台数不宜少于 3 台。

2）并联运行的循环水泵，应选用型号相同、流量——扬程特性曲线平缓且相同的水泵；

3）循环水泵的承压、耐温能力应与热力网设计参数相适应；

4）多热源联网运行或采用中央质-量调节的单热源供热系统，热源的循环水泵应采用调速泵。

5）供热管网循环水泵可采用两级串联设置，第一级水泵应安装在管网加热器前，第二级水泵应安装在管网加热器后。水泵扬程确定应符合有关规定。

进行水泵选择时，要选用在相同（或接近）流量和扬程的前提下，配用的电机功率较低的高效节能泵型；同时，水泵要安装变频调速器，这样可实现系统变流量的调节，也就是供热系统量调节技术，采用此项技术后可以节约电能。如果与气象补偿等技术配合使用，还可以节约热能。

2. 补给水泵的选择

（1）补给水泵的流量

闭式热力网补水泵的流量，不应小于供热系统循环流量的 2%；事故补水量不应小于供热系统循环流量的 4%。

开式热力网补水泵的流量，不应小于生活热水最大设计流量和供热系统泄漏量之和。

（2）补给水泵的扬程

$$H_b = 1.15(H_{bs} + \Delta H_x + \Delta H_c - h) \tag{9-5}$$

式中　H_b——补给水泵的扬程，mH_2O；

　H_{bs}——补水点的管道压力值，mH_2O；

ΔH_x——补给水泵吸水管的压力损失，mH_2O；

ΔH_c——补给水泵出水管的压力损失，mH_2O；

h——补给水箱最低水位比补水点高出的距离，m；

1.15——安全裕量系数。

按上述计算的补给水泵的扬程，补水泵的压力不应小于补水点管道压力加 $30\sim50kPa$（$3\sim5mH_2O$），当补水泵同时用于维持管网静态压力时，其压力应满足静态压力的要求。

闭式热水供热系统，补水泵不应少于二台，可不设备用泵。事故补水时，两台全开。开式热水供热系统，补水泵不宜少于三台，其中一台备用。

补水点的位置一般宜设在循环水泵吸入侧的回水总管上。

3. 补给水箱

补给水箱的设计应考虑以下要求：

（1）补给水箱的有效容量，应根据热水系统的补水量和锅炉房软化设备的具体情况确定，可按 $15\sim30min$ 的补水能力考虑。

（2）常年供热的锅炉房，补给水箱宜采用带中间隔板可分拆清洗的隔板水箱。

（3）补给水箱应配备进、出水管和排污管，溢流装置、人孔、水位计等附件。具体可参考有关图集。

4. 水泵选择例题

【例题 9-1】 某单位采用热水作为集中供热系统的热媒，热源为单位小区内设置有汽水换热器的热交换站，蒸汽由城市蒸汽热力网接入。根据项目设计计算，已知热水管网的循环水泵总流量为 346t/h；循环水泵的扬程为 $39.5mH_2O$；补水泵的扬程为 $40mH_2O$。试依据上述条件根据产品样本选择循环水泵和补水泵的型号和台数。

【解】 1. 循环水泵的选择

R 型热水泵产品样本技术参数（部分水泵参数） 表 9-2

型 号	流量 Q		扬程 H	转速 n	轴功率 Pa	配带电动机		效率 η	必须汽蚀余量	叶轮名义直径	泵口径		泵重
						功率	型号				进	出	
	m^3/s	L/s	m	r/min	kW	kW	型号	%	m	mm	mm	mm	kg
100R-37	100.8	28	36.5	2980	12.9	18.5	Y160L-2	78	6	180	100	80	240
100R-37A	91.8	25.5	29	2980	9.5	15	Y160M$_2$-2	76	6	167	10	80	240
100R-57	100.8	28	57	2980	21.7	30	Y200M$_1$-2	72	6	225	100	80	250
100R-57A	94.3	26.2	52	2980	19	22	Y180M-2	70	6	215	100	80	250
100R-57B	88.6	24.6	43.5	2980	15.4	22	Y180M-2	68	6	197	100	80	250
150R-35	190.8	53	34.7	1480	23.1	30	Y200L-4	78	4	345	150	125	550
150R-35A	173.5	48.2	32	1480	17.4	22	Y180L-4	76	4	310	150	125	550
150R-56	190.8	53	55.5	1480	42.4	55	Y250M-4	68	4	425	150	100	627
150R-56A	178.2	49.5	48	1480	35.3	45	Y225M-4	66	4	397	150	100	627
150R-56B	167.8	46.6	42.5	1480	30.8	37	Y225S-4	63	4	374	150	100	627
200R-29	280	77.8	28.5	1480	27.9	45	Y225M-4	78	6	336	200	150	750
200R-29A	250	69.4	22.5	1480	20.2	30	Y200L-4	76	6	299	200	150	750

（1）选择循环水泵类型。本产品样本的 R 型热水泵适用输送 250℃或 230℃以下不含颗粒的高温热水。因热水集中供热管网系统中热水温度高，故需选用耐温的 R 型热水泵。

（2）选择循环水泵台数。按水泵选择的要求，本例题拟初步选用 3 台泵，其中，2 台正常运行，1 台备用。初步确定水泵台数时，要同时考虑样本中每台的大约流量，不合适时可进行调整。

（3）计算每台循环水泵的流量。

$$Q = 循环水泵总流量/台数 = 346 / 2 = 173t/h$$

（4）据产品样本选择循环水泵的具体型号。据循环水泵流量 173t/h，扬程 $39.5mH_2O$，对照产品样本表 9-2，可选择 150R-56A 型号的水泵。这样循环水泵实际的流量 178.2t/h；扬程 $48 mH_2O$，满足本项目的要求。

2. 补水泵的选择

IRG 型热水泵产品样本技术参数（部分水泵参数）　　　　表 9-3

型　号	流　量		扬程（m）	效率（%）	超速（r/min）	电机功率（kW）	汽蚀余量（m）	重量（kg）
	m^3/h	L/s						
40-160	4.4 6.3 8.3	1.22 1.75 2.31	33 32 30	35 40 40	2900	2.2	2.3	47
40-160A	4.1 5.9 7.8	1.14 1.64 2.17	29 28 26.3	34 39 39	2900	1.5	2.3	43
40-160B	3.8 5.5 7.2	1.06 1.53 2.0	25.5 24 22.5	34 38 37	2900	1.1	2.3	38
40-200	4.4 6.3 8.3	1.22 1.75 2.31	51 50 48	26 33 32	2900	4.0	2.3	74
40-200A	4.1 5.9 7.8	1.14 1.64 2.17	45 44 42	26 31 30	2900	3.0	2.3	62
40-200B	3.7 5.3 7.0	1.03 1.47 1.94	38 36 34.5	29	2900	2.2	2.3	52
40-200（I）	8.8 12.5 16.3	2.44 3.47 4.53	51.2 50 48	38 46 46	2900	5.5	2.3	85
40-200（I）A	8.3 11.7 15.3	2.31 3.25 4.25	45.0 44 42	37 45 45	2900	4.0	2.3	75
40-200（I）B	7.5 10.6 13.8	2.08 2.94 3.83	37 36 34	44	2900	3	2.3	63

（1）选择补水泵类型。

本产品样本 IRG 型热水泵适用输送 250℃或 230℃以下不含颗粒的高温热水。本项目的热源为单位小区内设置有汽水换热器的热交换站，蒸汽由城市蒸汽热力网接入，供热系统补水会充分利用凝结水，补水温度高，故需选用耐温的 IRG 型热水泵。

（2）选择补水泵台数。按补水泵选择的要求，本例题宜选用 2 台泵，不设备用泵。

（3）计算每台补水泵的流量。

按技术要求，补水泵每台流量为供热系统循环流量的 2%，正常情况下一台运行，事故补水是二台运行。（注：在此系统循环流量取用循环水泵总流量，实际会小于循环水泵总流量）

故：Q＝系统循环流量×2%＝ 346×2%＝ 6.92t/h

（4）据产品样本选择补水泵的具体型号。据补水泵流量 6.92t/h；扬程 40mH$_2$O，对照产品样本表 9 3，可选择 40-200A 型号的水泵。这样循环水泵实际的最高流量为 7.8t/h；扬程为 42mH$_2$O，满足本项目的要求。技术上在供热系统运行时，要求补水量一般应控制在系统循环流量的 1%左右，否则就要加强管道维修，以减少补水量。

当然根据工程的实际情况会有多种不同的选择结果，台数不同、产品样本不同，选择水泵的结果都将发生变化。

9.4　热水管网的水力工况

9.4.1　水力失调的基本概念

在热水供热系统运行过程中，由于设计、施工、运行管理等方面的各种原因使管网的流量分配不符合各热用户设计要求，从而造成各热用户的供热量不能满足要求。热水供热系统中各热用户在运行中的实际流量与规定流量之间的不一致现象称为该热用户的水力失调。它的水力失调程度可用实际流量与规定流量的比值来衡量，即水力失调度。

$$X = \frac{G_s}{G_g} \tag{9-6}$$

式中　X——水力失调度；

　　　G_s——热用户的实际流量，m^3/h；

　　　G_g——该热用户的规定流量，m^3/h。

对于整个管网系统而言，各热用户的水力失调状况是多种多样的，可分为：

（1）一致失调：管网中各热用户的水力失调度 X 都大于 1（或都小于 1）的水力失调状况称为一致失调。一致失调又可分为：

1）等比失调：指所有热用户的水力失调度 X 值都相等的水力失调状况。

2）不等比失调：指各热用户的水力失调 X 值不相等的水力失调状况。

（2）不一致失调。管网中各热用户的水力失调度有的大于 1，有的小于 1 的水力失调状况称为不一致失调。

热水供热系统是由许多串、并联管路和各个热用户组成的一个复杂的相互联通的管路系统。因此，引起热水供热系统水力失调的原因是多方面的。如在设计计算时，不可能在设计流量下达到阻力的完全平衡，结果是在系统运行时，管网会在新的流量下达到阻力平衡；在管网刚运行时没有进行初调节或初调节没有达到设计要求；在运行中，一个或几个热用户的流量变化（阀门关闭或停止使用），引起管网与其他热用户流量的重新分配等等，而这些情况又是难以避免的。

分析和掌握热水供热系统水力工况变化的规律及对系统水力失调的影响，找到改善系统水力失调状况的方法，对热水供热系统设计和运行管理都很有指导作用。如在设计中应考虑哪些因素可使系统的水力失调程度较小（或使系统的水力稳定性高）和易于进行系统的初调节；在运行中如何掌握系统水力工况变化，分析热水管网上各热用户的流量及其压力、压差的变化规律；热用户引入口自动调节装置（流量调节器、压力调节器等）的工作参数和波动范围的确定等问题，都必须分析系统的水力工况。

9.4.2 热水管网水力失调状况分析

任何热水管网都是由若干个串联管段和并联管段组成。串联管段和并联管段总阻力数的确定方法，在本书第五章已阐述。如要定性地分析管网正常水力工况改变后的流量分配情况，可根据前面叙述的基本原理和水压图进行分析。

现以几种常见的水力工况变化情况为例，定性地分析水力失调的规律性。

如图 9-13 所示为一个带有五个热用户的热水管网。各热用户均无自动流量调节器，管网循环水泵的扬程不变。

1. 当阀门 A 节流（阀门关小）时的水力工况

当阀门 A 节流时，管网总阻力数将增大，总流量将减小。由于没有对各热用户进行调节，各热用户分支管段及其他干管的阻力数均未改变，各热用户的流量分配比例也没有变化，各热用户流量将按同一比例减少，各热用户的作用压差也将按同一比例减少，管网产生了等比的一致失调。

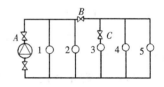

图 9-13 热水管网
系统示意图

图 9-14 （a）所示为阀门 A 节流时管网的水压图，实线表示正常工况下的水压曲线，虚线为阀门 A 节流后的水压曲线，由于各管段流量减小，压降也减小，因此，干管的水压曲线（虚线）将变得平缓些。

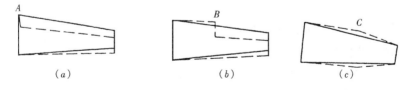

$（a）$ $（b）$ $（c）$

图 9-14 热水管网的水力工况变化示意图

2. 当阀门 B 节流（阀门关小）时的水力工况

当阀门 B 节流时，管网总阻力数增加，总流量将减小，如图 9-14 （b）所示。供、回水干管的水压线将变得平缓一些，供水管水压线在 B 点将出现一个急剧下降。阀门 B 之后的热用户 3、4、5 本身阻力数虽然未变，但由于总的作用压差减小了，热用户 3、4、5 的流量和作用压差将按相同比例减小，热用户 3、4、5 出现了等比的一致失调。

阀门 B 之前的热用户 1、2 虽然本身阻力数并未改变，但由于其后面管路的阻力数改变了，管网总阻力数也会随之改变，总流量在各管段中的分配比例也相应地发生改变，热用户 1、2

的作用压差和流量也是按不同的比例增加的，热用户 1、2 将出现不等比的一致失调。

对于供热管网的全部热用户来说，有的热用户流量增加，有的热用户流量减小，整个管网将产生不一致失调。

3. 当阀门 C 关闭，热用户 3 停止运行时的水力工况

关闭阀门 C，热用户 3 停止运行后，管网总阻力数将增加，总流量将减少，如图 9-14（c）所示。热源到热用户 3 之间的供、回水管的水压线将变平缓，热用户 3 处供、回水管之间的作用压差将增加。热用户 3 之前的热用户流量和作用压差均增加，但比例不同，是不等比的一致失调。由于热用户 3 之后供、回水干管水压线坡度变陡，热用户 3 之后的热用户 4、5 的作用压差将增加，流量也将按相同比例增加，是等比的一致失调。

对于整个管网而言，除热用户 3 外，所有热用户的作用压差和流量都会增加，是一致失调。

就热用户而言，其水力失调必将导致热力失调，即热用户散热设备的实际散热量与规定散热量之间的不一致现象，从而造成室内空气温度超过设计温度或低于设计温度。

热用户热力失调除与热水供热管网的水力工况有关外，还与室内系统自身因素有关，如选用的室内供暖系统形式，水力计算的平衡程度，系统运行前阀门的初调节情况等。

热用户热力失调可分为垂直热力失调和水平热力失调。

热用户垂直热力失调是指同一热用户内上下不同楼层散热设备之间的热力失调。

热用户水平热力失调是指同一热用户内水平方向不同立管及其所连接的散热设备之间的热力失调。

9.4.3 热水管网的水力稳定性分析

热水管网的水力稳定性是指管网中各热用户在其他热用户流量改变时，保持本身流量不变的能力。通常用热用户的水力稳定性系数 y 来衡量管网的水力稳定性。

水力稳定性系数是指热用户的规定流量 G_g 与工况改变后可能达到的最大流量 G_{max} 的比值，即

$$y = \frac{G_g}{G_{max}} = \frac{1}{X_{max}} \tag{9-7}$$

式中　y——热用户的水力稳定性系数；

　　G_g——热用户的规定流量，m^3/h；

　　G_{max}——热用户可能出现的最大流量，m^3/h；

　　X_{max}——工况改变后热用户可能出现的最大水力失调度，按式（9-6）计算。即

$$X_{max} = \frac{G_{max}}{G_g}$$

热用户的规定流量按下式计算：

$$G_g = \sqrt{\frac{\Delta p_y}{S_y}} \tag{9-8}$$

式中　Δp_y——热用户在正常工况下的作用压差，Pa；

　　S_y——热用户系统及热用户支管的总阻力数，$Pa/(m^3/h)^2$。

一个热用户可能的最大流量出现在其他热用户全部关断时。这时，管网干管中的流量很小，阻力损失接近于零。所以热源出口的作用压差可认为是全部作用在这个热用户上

的。因此，该热用户可能的最大流量按下式计算：

$$G_{\max} = \sqrt{\frac{\Delta p_{\mathrm{r}}}{S_{\mathrm{y}}}} \tag{9-9}$$

式中 Δp_{r}——热源出口的作用压差，Pa。

Δp_{r} 可以近似地认为等于管网正常工况下的管网干管的压力损失 Δp_{w} 和这个热用户在正常工况下的压力损失 Δp_{y} 之和，即

$$\Delta p_{\mathrm{r}} = \Delta p_{\mathrm{w}} + \Delta p_{\mathrm{y}}$$

因此，这个热用户可能的最大流量计算式可改写为：

$$G_{\max} = \sqrt{\frac{\Delta p_{\mathrm{w}} + \Delta p_{\mathrm{y}}}{S_{\mathrm{y}}}} \tag{9-10}$$

于是，它的水力稳定性系数为：

$$y = \frac{G_{\mathrm{g}}}{G_{\max}} = \sqrt{\frac{\Delta p_{\mathrm{y}}}{\Delta p_{\mathrm{w}} + \Delta p_{\mathrm{y}}}} = \sqrt{\frac{1}{1 + \dfrac{\Delta p_{\mathrm{w}}}{\Delta p_{\mathrm{y}}}}} \tag{9-11}$$

由式（9-11）可以看出：

（1）水力稳定性系数 y 的极限值是 1 和 0。

（2）在 $\Delta p_{\mathrm{w}}=0$（理论上，管网干管直径为无限大）时，$y=1$。此时，这个热用户的水力失调度 $X_{\max}=1$，也就是说无论工况如何变化，它都不会发生水力失调，因而它的水力稳定性最好。这个结论对管网上每个热用户都成立，这种情况下任何热用户的流量变化，都不会引起其他热用户流量的变化。

（3）当 $\Delta p_{\mathrm{y}}=0$ 或 $\Delta p_{\mathrm{w}}=\infty$（理论上，热用户系统管径无限大或管网干管管径无限小）时，$y=0$。此时，热用户的最大水力失调度 $X_{\max}=\infty$，水力稳定性最差，任何其他热用户流量的改变将全部转移到这个热用户中去。

实际上热水管网的管径不可能为无限小或无限大，热水管网的水力稳定性系数 y 总在 0 到 1 之间。因此，当水力工况变化时，任何热用户流量均改变，其中的一部分流量将转移到其他热用户中去。

提高热水管网水力稳定性的主要方法是：

（1）适当地减小管网干管的压降，增大管网干管的管径，即在进行管网水力计算时，选用较小的平均比摩阻 R_{pj} 值。适当地增大靠近热源的管网干管的直径，对提高管网的水力稳定性效果更为明显。

（2）适当地增大热用户系统的压降，可以在热用户系统内安装调压板、水喷射器、安装高阻力小管径的阀门等。

（3）在系统运行时，合理地进行初调节和运行调节，尽可能将管网干管上的所有阀门开大，把剩余的作用压差消耗在热用户系统上。

初调节是为保证供热系统的工况符合设计要求，在投入运行初期对系统进行的调节。主要是通过调节阀门的开度，来调节热媒的压力和流量。

运行调节是供热系统在运行中根据室外气象条件的变化或热用户热负荷变化而进行的调节。根据供热调节地点不同，供热调节可分为集中调节、局部调节和个体调节三种调节方式。集中调节在热源处进行调节，局部调节在热力站或热用户热力入口处进行调节，个

体调节直接在散热设备（如散热器、暖风机、换热器等）处进行调节。

集中供热运行调节的方法主要有质调节、量调节、分阶段改变流量的质调节和间歇调节。

质调节是保持管网流量不变，改变供、回水温度的运行调节。

量调节是保持供水温度不变，改变管网流量的运行调节。

分阶段改变流量的质调节是按室外温度高低把供暖期分成几个阶段，在气温较低阶段采用较大流量，在气温较高阶段改变为较小流量，在每一个阶段内保持流量不变而改变供、回水温度的运行调节。

间歇调节是在室外温度较高时，保持管网的流量和供水温度不变而改变每天供暖时数的运行调节。

供热（暖）调节的目的是使供暖热用户的散热设备的散热量与热用户热负荷的变化规律相适应，以防止供暖热用户室温过高或过低现象。

（4）对于供热质量要求高的热用户，可在各热用户引入口处安装自动调节装置（如流量调节器）等，以保证各热用户的流量恒定，不受其他热用户的影响。

提高热水管网的水力稳定性，可使供热系统正常运行，减少热能和电能的消耗，便于系统的初调节和运行调节。在热水供热系统设计中，必须充分考虑提高系统水力稳定性问题。

思 考 题 与 习 题

1. 什么是水压图？水压图的作用是什么？其由几部分组成？

2. 绘制水压图应满足哪些要求？

3. 绘制水压图的方法和步骤。

4. 什么叫系统定压？其作用是什么？

5. 热水管网常用定压方式有哪几种？各适用于何种场合？

6. 怎样选择循环水泵和补给水泵？

7. 什么叫水力失调？产生水力失调会带来什么后果？

8. 什么叫水力稳定性？怎样提高热水管网的水力稳定性？

9. 集中供热运行调节的方法有哪几种？

教学单元 10   集中供热系统的热力站及主要设备

10.1   集中供热系统的热力站

供热工程中的热力站，按其所在的场所和使用功能分，通常有两种。

（1）换热站（热交换站）又称换热系统。当热源供热的热媒性质与参数和热用户所需不一致时，则可通过换热系统获得。

（2）城市集中供热系统的热力站，它是供热管网与热用户的连接场所。它的作用是根据管网工况和不同的条件，采用不同的连接方式，将管网输送的热媒加以调节、转换，向热用户系统分配热量，以满足热用户要求；并根据需要，进行集中计量、检测供热热媒的参数和数量。故城市集中供热系统的热力站中有的是换热站。

在工矿企业中，生产工艺需要用蒸汽，供暖有时需要热水，生活需要热水供应等，这就需要设置工业热力站。

10.1.1   用户热力站

又叫热用户引入口。设置在单幢民用建筑及公共建筑的地沟入口或该热用户的地下室或底层处。通过它向该热用户或相邻几个热用户提供热水。图 10-1 是热用户引入口示意图。在热用户供回水总管上均应设置截断阀门、压力表和温度计。为了能对热用户进行供热调节，应在热用户供水管上设置手动调节阀或流量调节器。在热用户供水管上应安装除污器，可避免室外管网中的杂质进入室内系统。

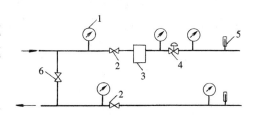

图 10-1   热用户引入口示意图
1—压力表；2—供回水总管阀门；3—除污器；
4—手动调节阀；5—温度计；6—旁通管阀门

如果热用户引入口前的分支管线较长，应在热用户供、回水总管的阀门前设置旁通管，当热用户停止供暖或检修时，可将热用户引入口总阀关闭，将旁通管阀门打开，使水在分支管线内循环，避免管网的支管冻坏。

对于适合热计量的可调节的室内系统，由于热用户温控阀的自动调节，使管网水力工况变化很大，所以为了适应室内供暖系统达到可调的目的，室外管网应采取相应的措施，以适应变工况下热用户作用压头的变化，满足供暖的要求。室外供热系统在控制时应采用以自力式装置为主，并配以简单控制设备的形式，以保证其基本功能和减少设备的投资。

10.1.2   热水管网热力站

热水管网与热力站的连接方式取决于一级热水管网热媒的压力、温度，以及二级热水管网和热用户对热媒压力、温度的要求。

1. 间接连接热力站（图 10-2）

一级管网的高温水通过热交换器加热二级管网的低温水，一级管网水与二级管网水互相隔绝。热力站内设置二级管网的补水定压装置，补水源可用经过简单软化处理的生活水，也可从一级管网回水管上接管作为二级管网的补水备用水源。

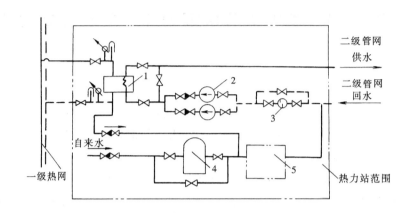

图 10-2　用水-水式热交换器间接连接的热力站
1—热交换器；2—二级管网循环水泵；3—除污器；
4—简易水处理装置；5—补水定压装置

采用这种间接连接的方式，一级管网的水不进入热用户，失水量很小。而二级管网供水温度低，对补水水质要求低，不必除氧处理。因此，这是以热电厂为热源的大中型供热系统中经常采用的一种连接方式。

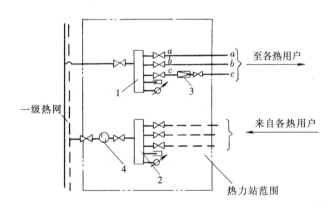

图 10-3　采用分、集水器
直接连接的热力站

1—分水器；2—集水器；3—减压装置；4—除污器

2. 直接连接热力站（图 10-3）

在这个供热系统中，一级管网的热水直接进入热力站并经过分水器进入各个热用户，回水流经热力站的集水器并回到一级管网回水干管。

在分水器的 a、b、c 三个分支管上接有对压力要求不同的三个分支网路，a、b 分支管上安装调节阀门，且 a、b 分支网路上的压力工况与一级管网相符；c 分支管上装有减压装置（减压阀或节流孔板），因为 c 分支网路上所需的压力工况需要对一级管网供水减压。

这种连接方式中，一级管网的水直接进入热用户，失水量较大，因此适于热源供水温度不高的中小型供热系统。

10.1.3　蒸汽管网热力站

蒸汽管网与热力站的连接方式取决于一级蒸汽管网的压力、二级蒸汽管网的压力、热力站的功能等因素。

1. 通过分汽缸直接连接（图 10-4）

由一级蒸汽管网引入热力站的蒸汽经分汽缸再由各分支管（二级蒸汽管网）送入各热用户，分汽缸上各个分支环路上均加流量调节阀，图中假定 d 环路上的二级蒸汽管网上的连接热用户所需压力比一级蒸汽管网供汽压力低，故在 d 环路供汽分支管上设置减压阀。

由各个蒸汽热用户返回的凝结水经二级蒸汽管网回到热力站的凝结水箱内，再用加压凝结水泵经一级蒸汽管网打回到热源，这类热力站大多为工业用热力站。

2. 用汽-水换热器间接连接（图 10-5）

一级蒸汽管网供汽作为加热供暖水和生活热水的热介质，蒸汽加热后的凝结水

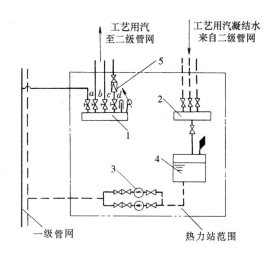

图 10-4 通过分汽缸与一级蒸汽管网连接的热力站

1—分汽缸；2—凝结水联箱；3—凝结水泵；
4—凝结水箱；5—减压装置

返回热源，也可以作为二级管网的补水。这类热力站的功能较全，可向二级管网供工艺用汽、供暖、生活用热水，是一种工业、民用混合型的多用途热力站。

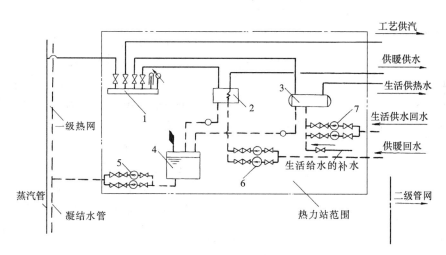

图 10-5 多用途的热力站

1—分汽缸；2—汽-水换热器；3—容积式换热器；4—凝结水箱；5—凝结水泵；
6—二级管网供暖循环泵；7—生活热水循环泵

10.2　集中供热系统的主要设备

热力站的主要设备为换热器，其他为水泵、水箱、分汽缸、分水器、过滤器等。个别的要设置二次水的软化设备。

10.2.1　换热器

换热器是用来把温度较高流体的热能传递给温度较低流体的一种热交换设备。换热器

可集中设在热电站或锅炉房内，也可以根据需要设在热力站或热用户引入口处。

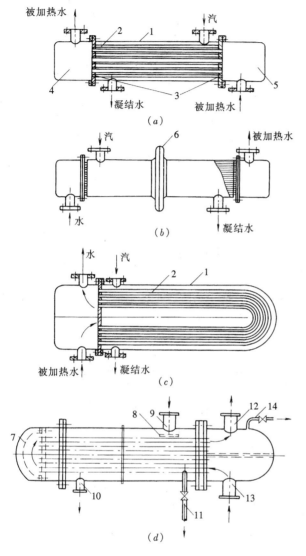

图 10-6　壳管式汽-水换热器
(a)固定管板式汽-水换热器；(b)带膨胀节的壳管式汽-水换热器；
(c)U形壳管式汽-水换热器；(d)浮头式汽-水换热器
1—外壳；2—管束；3—固定管栅板；4—前水室；5—后水室；
6—膨胀节；7—浮头；8—挡板；9—蒸汽入口；10—凝水出口；
11—汽侧排气管；12—被加热水出口；13—被加热水入口；14—
水侧排气管

1. 换热器分类

根据热媒种类的不同，换热器可分为汽-水换热器（以蒸汽为热媒），水-水换热器（以高温热水为热媒）。根据换热方式的不同，换热器可分为表面式换热器（被加热热水与热媒不接触，通过金属表面进行换热），混合式换热器（被加热热水与热媒直接接触，如淋水式换热器，喷管式换热器等）。

2. 常用换热器形式及构造

（1）壳管式换热器

1）壳管式汽-水换热器

① 固定管板式汽-水换热器，如图 10-6 (a) 所示。

它主要由带有蒸汽进出口连接短管的圆形外壳、小直径管子组成的管束、固定管束的管栅板、带热水进出口连接短管的前水室及后水室组成。蒸汽在管束外表面流过，被加热水在管束的小管内流过，通过管束的壁面进行热交换。管束通常采用铜管、黄铜管或锅炉碳素钢钢管，少数采用不锈钢管。钢管承压能力高，但易腐蚀，铜管、黄铜管导热性能好，耐腐蚀，但造价高。一般超过 140℃ 的高温热水加热器最好采用钢管。

通常在前后水室中间加隔板，使水由单流程变成多流程，以有利于强化传热，流程通常取偶数。采用最多的是二行程和四行程形式。

固定管板式汽-水换热器结构简单，造价低。但蒸汽和被加热水之间温差较大时，由于壳、管膨胀性不同，热应力大，会引起管子弯曲或造成管束与管板，管板与管壳之间开裂，造成泄漏。此外管间污垢较难清理。

这种形式的汽-水换热器只适用小温差，压力低，结垢不严重的场合。当壳程较长时，常需在壳体中部加波形膨胀节，以达到热补偿的目的，如图 10-6 (b) 是带膨胀节的壳管式汽-水换热器。

② U形壳管式汽-水换热器，如图10-6（c）所示。

它是将管子弯成U形，再将两端固定在同一管板上。由于每根管均可自由伸缩，解决了因热膨胀而可能出现开裂漏气的问题。缺点是管内污垢无法机械清洗，管板上布置的管子数目受限，使单位容量和单位重量的传热量较少。一般适用于温差大，水质较好的场合。

③ 浮头式汽-水换热器，如图10-6（d）所示。

其特点是浮头侧的管栅板不与外壳相连，该侧管栅板通常可封闭在壳体内，可以自由伸缩。浮头式汽-水换热器除热补偿好外，还可以将管束从壳体中整个拔出，便于清洗。

2）分段式水-水换热器（图10-7）。

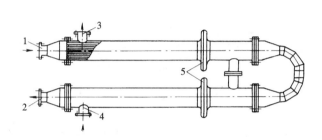

图10-7 分段式水-水换热器

1—被加热水入口；2—被加热水出口；3—加热水出口；

4—加热水入口；5—膨胀节

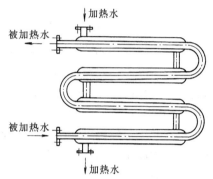

图10-8 套管式水-水换热器

分段式水-水换热器是由若干段带有管壳的整个管束组成，各段之间用法兰连接。每段采用固定管板，外壳上带有波形膨胀节，以补偿管子的热膨胀。分段后既能使流速提高，又能使冷、热水成逆流方式，提高了传热效率。此外换热面积的大小还可以采用不同的分段数来调节。

3）套管式水-水换热器（图10-8）

套管式是最简单的一种壳管式，它是由钢管组成管套管的形式。套管之间用焊接连接。套管式换热器的组合换热面积小。

（2）板式换热器（图10-9）

它是由许多传热板片叠加而成，板片之间用密封垫片密封，冷、热水在板片之间流动，两端用盖板加螺栓固定。

板片的结构形式很多，图10-10为人字形换热板片。在安装时应注意水流方向要和人字纹路的方向一致，板片两侧的冷、热水应逆向流动。

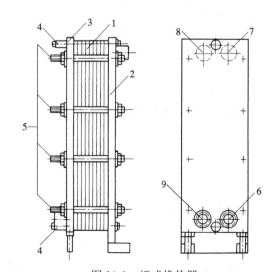

图10-9 板式换热器

1—加热板片；2—固定盖板；3—活动盖板；4—定位螺栓；

5—压紧螺栓；6—被加热水进口；7—被加热水出口；

8—加热水进口；9—加热水出口

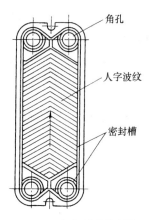

图 10-10　人字形换热板片

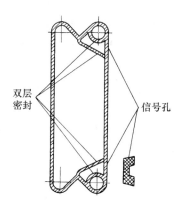

图 10-11　密封垫片

密封垫片形式如图 10-11 所示，密封垫片的作用是不仅把流体密封在换热器内，而且使冷热流体分隔开，不互相混合。通过改变垫片的左右位置，使冷热流体在换热器中交替通过人字形板面。信号孔可检查内部是否密封，如果密封不好而有渗漏时，信号孔就会有流体流出。

板式换热器传热系数高，结构紧凑，适应性好、拆洗方便、节省材料。但板片间流通截面窄，水质不好形成水垢或沉积物时容易堵塞，密封垫片耐温性能差时，容易渗漏和影响使用寿命。

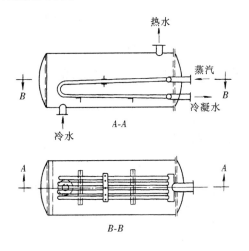

图 10-12　容积式汽-水换热器

（3）容积式换热器

容积式换热器分为容积式汽-水换热器（如图 10-12）和容积式水-水换热器。这种换热器兼起储水箱的作用，外壳大小可根据储水的容量确定。换热器中 U 形弯管管束并联在一起，蒸汽或加热水自管内流过。

容积式换热器易于清除水垢，主要用于热水供应系统，但其传热系数比壳管式换热器低。

（4）混合式换热器

1）淋水式汽-水换热器，如图 10-13 所示。它主要由壳体和淋水板组成。蒸汽和被加热水从上部进入，为了增加水和蒸汽的接触面积，在加热器内装了若干级淋水盘，水通过淋水盘上的细孔分散地落下和蒸汽进行热交换，加热器的下部用于蓄水并起膨胀容积的作用。淋水式汽-水换热器可以代替热水供暖系统中的膨胀水箱，同时还可以利用壳体内的蒸汽压力对系统进行定压。

淋水式换热器换热效率高，在同样设计热负荷时换热面积小，设备紧凑。由于是混合式换热，没有凝结水回收，需增加集中供热系统热源处水处理设备的容量。

2）喷射式汽-水换热器，如图 10-14 所示。

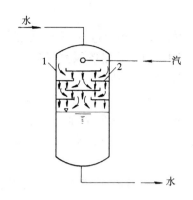

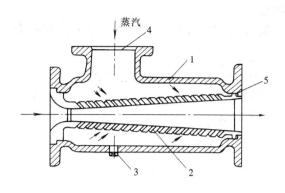

图 10-13　淋水式汽-水换热器　　　　　图 10-14　喷射式汽-水换热器
1—壳体；2—淋水板　　　　　　　1—外壳；2—喷嘴；3—泄水栓；4—网盖；5—填料

喷射式汽-水换热器由外壳、喷嘴、泄水栓、网盖、填料等组成。蒸汽通过喷管壁上的倾斜小孔射出，形成许多蒸汽细流，同时引射水流，使汽和水迅速混合，而将水加热。蒸汽与水正常混合时，要求蒸汽压力至少应比换热器入口水压高出 0.1MPa 以上。

喷射式汽-水换热器体积小，制造简单，安装方便，调节灵敏，加热温差大，运行平稳。但换热量不大，一般只用于热水供应和小型热水供暖系统上。

3. 换热器的选择

热力站换热器的选择应符合下列规定：

（1）间接连接系统应选用工作可靠、传热性能良好的换热器，生活热水系统还应根据水质情况选用易于清除水垢的换热设备；

（2）壳管式、板式换热器计算时应考虑换热表面污垢的影响，传热系数计算时应考虑污垢修正系数；

（3）计算容积式换热器传热系数时按考虑水垢热阻的方法进行；

（4）换热器可不设备用。换热器台数的选择和单台能力的确定应适应热负荷的分期增长，并考虑供热可靠性的需要；

（5）热水供应系统换热器换热面积的选择应符合下列规定：

1）当热用户有足够容积的储水箱时，按生活热水日平均热负荷选择；

2）当热用户没有储水箱或储水容积不足，但有串联缓冲水箱（沉淀箱，储水容积不足的容积式换热器）时，可按最大小时热负荷选择；

3）当热用户无储水箱，且无串联缓冲水箱（水垢沉淀箱）时，应按最大秒流量选择。

换热器的选择一般应按下列程序进行：

（1）调查和了解使用单位的性质，对供热介质种类、参数和热负荷的要求；

（2）调查和了解一级供热管网的介质种类、参数；

（3）搜集和整理换热器及与工程有关的原始资料；

（4）确定换热器的形式和台数。

在确定换热器形式时，需考虑热负荷、冷热流体参数、单位性质、供水水质等情况。在确定换热器台数时，要考虑热负荷的变化，应能灵活地调节和调整换热器运行台数及工作容量，以适应热用户昼夜、季节热负荷的变化。同时，要考虑基建投资、运行费用、设备性质等情况。

目前选择换热器时，一般依据厂方提供的换热器产品样本，按上述程序进行选用。

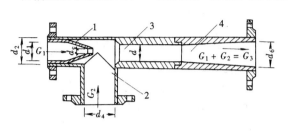

图 10-15　水喷射器

1—喷嘴；2—引水室；3—混合室；4—扩压管

10.2.2　喷射器及除污器

1. 水喷射器

（1）水喷射器的构造与工作原理

水喷射器也称混水器。它是由喷嘴、引水室、混合室和扩压管所组成。如图 10-15 所示。

水喷射器的工作流体与被引射流体均为水。从管网供水管进入混水器的高温水在其压力作用下，由喷嘴高速喷射出来，在喷嘴出口处形成低于热用户系统的回水的压力，将热用户系统的一部分回水吸入并一起进入混合室。在混合室内两者进行热能与动能交换，使混合后的水温达到热用户要求，再进入扩压管。在渐扩型的扩压管内，热水的流速逐渐降低而压力逐渐升高，当压力升至足以克服热用户系统阻力时被送入热用户。

（2）混水器的工作压差

$$\Delta p = 1.4(1+q^2)p_h \tag{10-1}$$

式中　Δp——混水器的工作压差，kPa；

　　　q——混合系数；

　　　p_h——热用户系统的压力损失，kPa。

（3）混水器的选择计算

混合系数　　　　　　　$q = 1.15\dfrac{t_1 - t_2}{t_2 - t_3}$ 　　　　　　　　(10-2)

热水量（高温水）　　　$G_1 = \dfrac{Q}{1163(t_1 - t_2)}$ 　　　　　　(10-3)

混合后水量　　　　　　$G_3 = \dfrac{Q}{1163(t_2 - t_3)}$ 　　　　　　(10-4)

或　　　　　　　　　　$G_3 = G_1 + G_2$ 　　　　　　　　　(10-5)

混合水的相当消耗量　　$G_4 = 3.16\dfrac{G_3}{\sqrt{P_h}}$ 　　　　　　(10-6)

式中　G_1、G_3、G_4——上述的各种水量，t/h；

　　　G_2——被吸入的回水量，t/h；

　　　Q——供暖系统的热负荷，W；

　　　t_1——室外管网供水温度，℃；

　　　t_2、t_3——供暖系统的供、回水温度，℃。

根据上述计算参数，查阅有关图表选择水喷射器型号，具体选择可参考有关资料或产品样本。

2. 蒸汽喷射器

（1）蒸汽喷射器的构造与工作原理

蒸汽喷射器的构造及工作原理与水喷射器类似。也是由喷嘴、引水室、混合室、扩压管等部件组成，如图 10-16 所示。蒸汽喷射器的喷嘴多为缩扩型。混合室有圆锥形与圆柱形两种。

蒸汽喷射器是使用蒸汽作为工作流体和动力，加热并推动供暖系统的循环水在系统内工作。

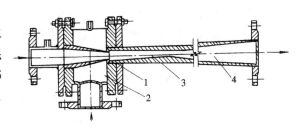

图 10-16　蒸汽喷射器构造图
1—喷嘴；2—引水室；3—混合室；4—扩压管

（2）蒸汽喷射器的选择

蒸汽喷射器的选择是根据热源提供的蒸汽压力、供暖系统的热负荷、供回水温度、系统的压力损失及膨胀水箱的安装高度等，查阅有关图表选择喷射器型号，再根据标准图给出的各部件的具体几何尺寸进行加工制作。具体选择可参考有关资料或产品样本。

3. 除污器

（1）除污器作用及构造

除污器可用来截留、过滤管路中的杂质和污物，保证系统内水质洁净，减少阻力，防止堵塞调压板及管路。除污器一般应设置于供暖系统入口调压装置前、分户计量热量表前、锅炉房循环水泵的吸入口前和热交换设备入口前。另外在一些小孔口的阀前（如自动排气阀）宜设置除污器或过滤器。

除污器常用的型式有立式直通，卧式直通和卧式角通三种。构造如图 10-17 所示。

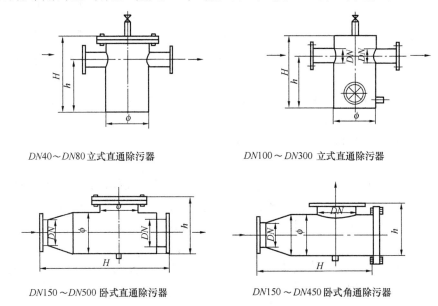

DN40～DN80 立式直通除污器　　　　　DN100～DN300 立式直通除污器

DN150～DN500 卧式直通除污器　　　　DN150～DN450 卧式角通除污器

图 10-17　常用的除污器构造示意图

除污器的具体构造图可参考国家标准图集和生产厂家产品样本。

（2）除污器选择

选择除污器一般要考虑下列因素：

1）除污器接管直径可与干管直径相同；

2）除污器的工作压力和最高允许介质温度应与管网条件相符；

3）除污器横截面水流速宜取 0.05m/s；

4）安装在需经常检修处的除污器，宜选择连续排污型的除污器，否则应设旁通管；

5）除污器旁应有检修位置，对于较大的除污器，应设起吊设施。

除污器前后应装设阀门，并设旁通管供定期排污和检修使用，除污器不允许装反。

立、卧式直通（角通）除污器选用表，见表 10-1

立、卧式直通（角通）除污器选用表 表 10-1

立式直通除污器				卧式直通除污器				卧式角通除污器			
DN	ϕ	H	h	DN	ϕ	H	h	DN	ϕ	H	h
45	159	350	220	150	273	920	396	150	273	700	452
50	159	350	220	200	357	1140	506	200	325	800	506
65	219	400	250	250	407	1250	573	250	408	970	601
80	273	500	350	300	457	1340	628	300	457	1060	649
100	310	500	390	350	507	1430	688	350	508	1200	709
125	362	540	400	400	607	1700	793	400	610	1350	831
150	414	610	470	450	709	2000	944	450	708	1600	951
200	516	770	590	500	820	2180	1050				
250	620	1100	840								
300	674	1200	880								

除污器的型号可根据接管直径进行选择。

例如：供热系统回水总管管径为 $DN200$，若选用立式直通除污器，则从表 10-1 中可知，宜选用直径 $\phi516$mm、H 为 770mm、h 为 590mm 的除污器。

10. 2. 3　调节控制设备

1. 常用阀门

阀门是用来开闭管路和调节输送介质流量的设备，其主要作用是：接通或截断介质；防止介质倒流；调节介质压力、流量等参数；分离、混合或分配介质；防止介质压力超过规定数值，以保证管路或容器、设备的安全。常用的有：

（1）截止阀

截止阀按介质流向可分为直通式、直角式和直流式（斜杆式）三种。按阀杆螺纹的位置可分为明杆和暗杆两种结构形式。

图 10-18 是常用的直通式截止阀结构示意图。

截止阀关闭时严密性较好，但阀体长，介质流动阻力大，产品公称直径不大于 200mm。

（2）闸阀

闸阀按结构形式分为明杆和暗杆两种；按闸板的形状分有楔式与平行式；按闸板的数

180

目分有单板和双板。

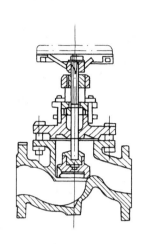
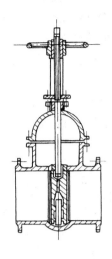

图 10-18　直通式截止阀　　　　　图 10-19　明杆平行式双板闸阀

图 10-19 是明杆平行式双板闸阀，图 10-20 是暗杆楔式单板闸阀。闸阀关闭时严密性不如截止阀好，但阀体短，介质流动阻力小。

截止阀和闸阀主要起开闭管路的作用，由于其调节性能不好，不适于用来调节流量。

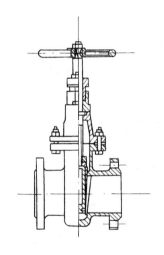
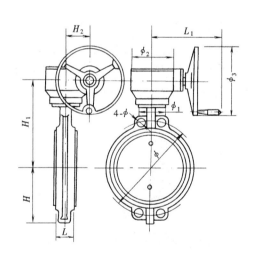

图 10-20　暗杆楔式单板闸阀　　　　　图 10-21　蝶阀结构示意图

（3）蝶阀

蝶阀是阀板沿垂直管道轴线的立轴旋转，当阀板与管道轴线垂直时，阀门全闭；阀板与管道轴线平行时，阀门全开。图 10-21 是蜗轮传动型蝶阀。

蝶阀阀体长度小，流动阻力小，调节性能稍优于截止阀和闸阀，但造价高。

截止阀、闸阀和蝶阀可用法兰、螺纹或焊接连接方式。传动方式有手动传动（小口径）、齿轮、电动、液动和气动等等。公称直径大于或等于 500mm 的阀门，应采用电动驱动装置。

（4）止回阀

止回阀用来防止管道或设备中的介质倒流的一种阀门，它利用流体在阀前阀后的压力差而自动启闭。在供热系统中，止回阀常设在水泵的出口，疏水器的出口管道以及其他不允许流体逆向流动的场合。

常用的止回阀有旋启式和升降式两种。图 10-22 是旋启式止回阀，图 10-23 是升降式止回阀。

升降式止回阀密封性能较好，但只能安装在水平管道上，一般用于公称直径小于200mm 的水平管道上。旋启式止回阀密封性稍差些，一般多用在垂直向上流动或大直径的管道上。

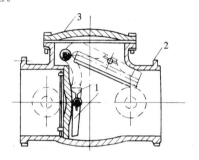

图 10-22　旋启式止回阀

1—阀瓣；2—主体；3—阀盖

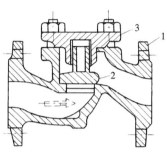

图 10-23　升降式止回阀

1—阀体；2—阀瓣；3—阀盖

（5）手动调节阀

当需要调节供热介质流量时，在管道上可设置手动调节阀。手动调节阀阀瓣呈锥形，通过转动手轮调节阀瓣的位置可以改变阀瓣下边与阀体通径之间所形成的缝隙面积，从而调节介质流量，如图 10-24 所示。

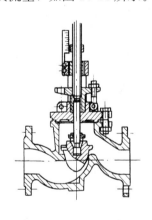

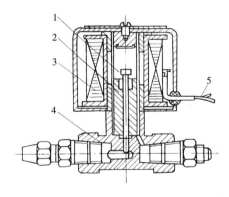

图 10-25　直接启闭式电磁阀

1—阀针；2—衔铁；3—线圈；4—阀体；5—电源线

图 10-24　手动调节阀

（6）电磁阀

电磁阀是自动控制系统中常用的执行机构。它依靠电流通过电磁铁后产生的电磁吸力来操纵阀门的启闭，电流可由各种信号控制。常用的电磁阀有直接启闭式和间接启闭式两类。

图 10-25 为直接启闭式电磁阀，它由电磁头和阀体两部分组成。电磁头中的线圈 3 通

电时，线圈 3 和衔铁 2 产生的电磁力使衔铁 2 带动阀针 1 上移，阀孔被打开。电流切断时，电磁力消失，衔铁 2 靠自重及弹簧力下落，阀针 1 将阀孔关闭。

直接启闭式电磁阀结构简单，动作可靠，但不宜控制较大直径的阀孔，通常阀孔直径在 3mm 以下。

图 10-26 为间接启闭式电磁阀，大阀孔常采用间接启闭式电磁阀。阀的开启过程分为两步：当电磁头中的线圈 1 通电后，衔铁 2 和阀针 3 上移，先打开孔径较小的操纵孔，此时浮阀 4 上部的流体从操纵孔流向阀出口，其上部压力迅速降低，浮阀 4 在上下压力差的作用下上升，于是阀门全开。当线圈 1 断电后，阀针 3 下落，先关闭操纵孔，流体通过平衡孔进入上部空间，使浮阀 4 上下压力平衡，而后在自重和弹簧力的作用下，再将阀孔关闭。

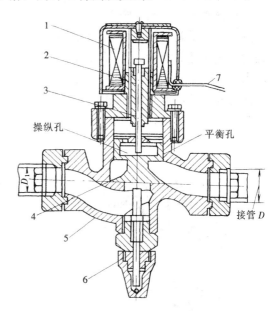

图 10-26　间接启闭式电磁阀
1—线圈；2—衔铁；3—阀针；4—浮阀；5—阀体；
6—调节杆；7—电源线

2. 平衡阀

平衡阀属于调节阀范畴，它的工作原理是通过改变阀芯与阀座的间隙（开度），来改变流经阀门的流动阻力，以达到调节流量的目的。

图 10-27　平衡阀及其智能仪表

国内开发的平衡阀与平衡阀专用智能仪表已经投入市场应用了多年，如图 10-27 所示。可以有效地保证管网水力及热力平衡。实践证明，凡应用平衡阀并经调试水力平衡后，可以很好的达到节能目的。

平衡阀与普通阀门的不同之处在于有开度指示、开度锁定装置及阀体上有两个测压小阀。在管网平衡调试时，用软管将被调试的平衡阀测压小阀与专用智能仪表连接，仪表能显示出流经阀门的流量值（及压降值），经与仪表人机对话向仪表输入该平衡阀处要求的流量值后，仪表经计算、分析，可显示出管路系统达到水力平衡时该阀门的开度值。

平衡阀可安装在供水管上，也可安装在回水管上，每个环路中只需安装一处。对于一次环路来说，为了使平衡调试较为安全起见，建议将平衡阀安装在回水管路上，总管平衡阀宜安装在供水总管水泵后。

3. 自力式调节阀

自力式调节阀就是一种无需外来能源，依靠被调介质自身的压力、温度、流量变化自动调节的节能仪表，具有测量、执行、控制的综合功能。广泛适用于城市供热、供暖系统及其他工业部门的自控系统。采用该控制产品，节能功能十分明显。

（1）自力式流量调节阀

自力式流量调节阀又称作定流量阀或最大流量限制器。在一定的压差范围内，它可以有效地控制通过的流量。当阀门前后的压差增大时，阀门自动关小，保持流量不变；反之，当压差减小时，阀门自动开大，流量仍然恒定；但是当压差小于阀门正常工作范围时，阀门就全开，但流量则比定流量低。

图 10-28 为三个不同构造的进口定流量阀。这种形式的定流量阀的感应压力部分为膜

图 10-28　三种进口定流量阀

盒膜片，节流部分则为阀芯。导流管将阀前后的压力连通到膜室上下，前后压力分别在膜片上产生作用力与弹簧反作用力相平衡，从而确定了阀芯与阀座的相对位置，确定了流经阀的流量。这种定流量阀可以通过改变弹簧预紧力来改变设定流量值，在一定流量范围内均有效。

图 10-29 为一种国产双座阀形式的定流量阀，结构上可以分作两部分，通过手动调节段来设定流量，通过自动调节段来控制流量，这种阀门有较宽的流量设定范围，具有很好的稳定流量的效果。

（2）自力式压差调节阀（图 10-30）

该阀门通过不同的连接方式做三种不同的控制调节：阀后压力调节、阀前压力调节和压差调节。

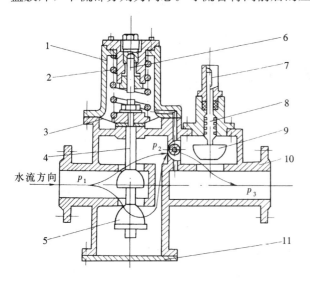

图 10-29　国产定流量阀

1—弹簧罩；2—弹簧；3—膜片；4—自动阀杆；5—自动阀瓣；6—顶杆；7—流量刻度尺；8—手动阀杆；9—手动阀瓣；10—阀体；11—下盖

1）阀后压力调节的工作原理

工艺介质的阀前压力 p_1 经过阀芯、阀座的节流后，变为阀后压力 p_2，p_2 经过控制管线输入执行器的下膜室内作用在膜片上，产生的作用力与弹簧的反作用力相平衡，决定了阀芯、阀座的相对位置，控制阀后的压力。当阀后压力 p_2 增加时，p_2 作用在膜片上的作用力也随之增加，此作用力大于弹簧的反作用力，使阀芯关向阀座的位置，直到作用力与反作用力相平衡为止。这时，阀芯与阀座之间的流通面积减少，

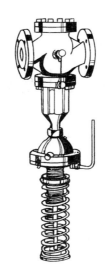

图 10-30　自力式压差调节阀

流通阻力变大，使 p_2 降低为设定值。同理，当阀后压力 p_2 降低时，作用方向与上述相反，达到控制阀后压力的作用。当需要改变阀后压力 p_2 的设定值时，可调整调节螺母改变弹簧预设定值。

2）阀前压力调节的工作原理

工艺介质的阀前压力 p_1 经过阀芯、阀座的节流后，变为阀后压力 p_2，p_1 经过控制管线输入执行器的上膜室内作用在膜片上，产生的作用力与弹簧的反作用力相平衡，决定了阀芯、阀座的相对位置，控制阀前的压力。当阀前压力 p_1 增加或降低时，调节过程同 p_2 调节方法。

3）压差调节的工作原理

工艺介质通过阀芯、阀座的节流后，进入被控设备，而被控设备的压差，分别引入阀的上下膜室，在上下膜室内产生推动力，与弹簧的反作用力相平衡，从而决定了阀芯与阀座的相对位置，而阀芯与阀座的相对位置确定了压差值 Δp 的大小。当被控压差变化时，力的平衡被破坏，从而带动阀芯运动，改变阀的阻力系数，达到控制压差设定值的作用。当需要改变压差 Δp 的调定值时，可调整调节螺母改变弹簧预设定值。

思 考 题 与 习 题

1. 热用户引入口的作用有哪些？其布置有什么要求？

2. 集中热力站设置条件和布置要求有哪些？

3. 常用的换热器有哪些？各有什么特点？如何选择？

4. 水喷射器与蒸汽喷射器的构造、工作原理是什么？

5. 试述常用的阀门有哪些？各用在什么场合？

6. 平衡阀有什么作用？

7. 自力式流量调节阀和自力式压差调节阀的工作原理是什么？

教学单元 11 供热管网的布置与敷设

11.1 供热管网的布置原则

集中供热系统的供热管网把热源与热用户连接起来。供热管网布置形式以及供热管道在平面位置的确定（即定线），是供热管网布置的两个主要内容。供热管网布置形式已在第七章叙述。

供热管网的平面布置应从城市规划的角度考虑远近期结合，以近期为主。根据城市或厂区的总平面图和地形图，根据热用户热负荷的分布，热源位置，其他管线及构筑物、园林绿地、水文、地质条件等因素，经技术经济比较确定。

（1）技术上可靠。供热管道应尽量布置在地势平坦、土质好、地下水位低、无地震断裂带的地区；应考虑如果出现故障能迅速消除。对暂无城市或区域锅炉集中供热的区域，临时热源的选址及供热管网的布置，应考虑长远规划集中热源引入及替代的可行性。

供热管网管道与建筑物、构筑物或其他管线的最小距离应符合《城市热力网设计规范》的规定。

（2）经济上合理。供热管网力求短直，主干线尽可能通过供热负荷中心和接引支管较多的区域，尽可能缩短管网的总长度和最不利环路的长度，尽可能按不同用热性质划分环路。要合理布置管道上的阀门（分段阀、分支管阀、排水阀、放气阀等）和附件（补偿器、疏水器等）。阀门和附件通常应设在检查室内（地下敷设）或检查平台上（地上敷设），并应尽可能减少检查室和检查平台的数量。

城镇道路上的供热管道应平行于道路中心线，并宜敷设在车行道以外，同一条管道应只沿街道的一侧敷设，通过非建筑区的供热管道应沿公路敷设。

（3）注意与周围环境的协调性。供热管道不应妨碍市政设施的功能及维护管理，不影响周围环境的美观。

11.2 供热管道的敷设

供热管道的敷设是指将供热管道及其部件按设计条件组成整体并使之就位的工作。应根据当地气象、水文、地质、地形、交通线的密集程度及绿化、总平面布置（包括其他各种管道的布置）、维修方便等因素确定。

供热管道的敷设可分为地上敷设（架空）和地下敷设（地沟或直埋）两大类。

11.2.1 地上敷设

地上敷设又称架空敷设，是管道敷设在地面上的或附墙的支架上的敷设方式。

地上敷设按支架的高度不同可分为低支架敷设、中支架敷设和高支架敷设。

1. 低支架敷设（图 11-1）

低支架敷设的管道保温结构下表面距地面的净高应不小于0.3m，以防雨雪的侵蚀。

低支架敷设一般用于不妨碍交通，不影响厂区、街区扩建的地方。通常是沿工厂围墙或平行于公路、铁路布置。

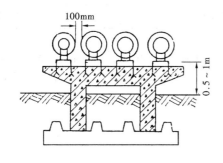

图11-1 低支架示意图

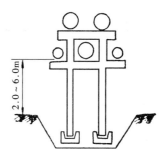

图11-2 中、高支架示意图

2. 中支架敷设（图11-2）

中支架敷设的管道保温结构下表面距地面的净高为2.0～4.0m。中支架敷设一般用于穿越行人过往频繁、需要通行车辆的地方。

3. 高支架敷设（图11-2）

高支架敷设的管道保温结构下表面距地面的净高为4.0～6.0m。高支架敷设一般用于管道跨越公路或铁路的地方。

地上敷设所用支架通常采用砖砌、毛石砌、钢筋混凝土结构、钢结构。

地上敷设的管道不受地下水的侵蚀，使用寿命长，管道的坡度易于保证，管道所需的排水、放气设备少，能充分使用工作可靠、构造简单的方形补偿器，维护管理方便，但占地面积多，不够美观。

地上敷设适用于地下水位高，年降雨量大，地下土质为湿陷性黄土或腐蚀性土壤，沿管线地下设施密度大以及采用地下敷设时土方工程量太大的地区。城镇街道上和居住区内的供热管道只有当地下敷设有困难时，才可采用地上敷设，但设计时应注意美观。工厂区的供热管道，宜采用地上敷设。

采用地上敷设时应尽量利用建筑物外墙、屋顶，并考虑建筑物或构筑物对管道荷载的支承能力。管道保温的外保护层的选择应考虑日晒、雨淋的影响，防止保温层受潮而破坏。架空管道固定支架需进行推力核算，做法及布置应与土建结构专业密切配合。

11.2.2 地沟敷设

地沟敷设是将管道敷设在管沟内的敷设方式，如设于混凝土或砖（石）砌筑的管沟内。地沟敷设按人在沟内通行情况分为通行地沟、半通行地沟和不通行地沟。各管沟敷设尺寸要求见表11-1。热力网管沟的外表面，直埋敷设热水管道或地上敷设管道的保温结构表面与建筑物、构筑物、道路、铁路、电缆，架空电线和其他管线要有最小水平净距、垂直净距的要求。具体可查《城镇供热管网设计规范》。

1. 通行地沟（图11-3）

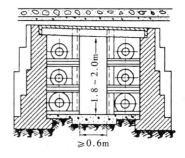

图11-3 通行地沟

通行地沟是指工作人员可直立通行及在内部完成检修用的管沟。其土方量大，建设投资高，仅在穿越不允许开挖检修的地段。如管道穿越建筑物、铁路、交通要道等场合。沟内可两侧安装管道。

管沟敷设有关尺寸 表 11-1

管 沟 类 型	有关尺寸名称					
	管沟净高（m）	人行通道宽（m）	管道保温表面与沟墙净距（m）	管道保温表面与沟顶净距（m）	管道保温表面与沟底净距（m）	管道保温表面间的净距（m）
通行管沟	≥1.8	≥0.6	≥0.2	≥0.2	≥0.2	≥0.2
半通行管沟	≥1.2	≥0.5	≥0.2	≥0.2	≥0.2	≥0.2
不通行管沟			≥0.1	≥0.05	≥0.15	≥0.2

注：当必须在沟内更换钢管时，人行通道宽度还不应小于管子外径加 0.1m。

工作人员经常进入的通行地沟应有照明设备和良好的通风。人员在地沟内工作时，管沟内空气温度不得超过 40℃。

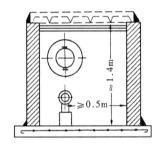

图 11-4 半通行地沟

通行地沟应设事故人孔。设有蒸汽管道的通行地沟，事故人孔间距不应大于 100m；热水管道的通行地沟，事故人孔间距不应大于 400m。

整体混凝土结构的通行管沟，每隔 200m 宜设一个安装孔。安装孔宽度不应小于 0.6m 且应大于管沟内最大一根管道的外径加 0.1m，其长度应保证 6m 长的管子进入管沟。当需要考虑设备进出时，安装孔宽度还应满足设备进出的需要。

2. 半通行地沟（图 11-4）

半通行地沟是指工作人员可弯腰通行及在内部完成一般检修用的管沟。半通行地沟，每隔 60m 应设置一个检修出口。

当采用通行管沟困难时，可采用半通行管沟敷设，以利于管道维修，缩小大修时的开挖范围。

3. 不通行地沟（图 11-5）

不通行地沟是净空尺寸仅能满足敷设管道的基本要求，人不能进入的管沟。管道的中心距离，应根据管道上阀门或附件的法兰盘外缘之间的最小操作净距离的要求确定。

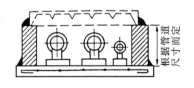

图 11-5 不通行地沟

不通行地沟造价较低，占地较小，是城镇供热管道经常采用的敷设方式。一般用于管道间距离较短、数量较少、管子规格比较小、不需要经常检修维护的管道上。热水或蒸汽管道采用管沟敷设时，应首选不通行管沟敷设。

城镇街道上和居民区内的供热管道宜采用地下敷设。热水或蒸汽管道采用管沟敷设时，宜采用不通行地沟敷设，穿越不允许开挖检修的地段时，应采用通行管沟敷设。当采用通行地沟困难时，可采用半通行管沟敷设。地下敷设供热管沟盖板或检查室盖板的覆土深度不应小于0.2m。

11.2.3 直埋敷设 （图11-6）

直埋敷设又称无沟敷设，是将供热管道直接埋设在土壤中的敷设方式。管道保温结构外表面与土壤直接接触。

直埋敷设分为有补偿直埋敷设和无补偿直埋敷设。有补偿直埋敷设是指供热管道设补偿器的直埋敷设，又分为有固定点和无固定点两种方式。无补偿直埋敷设是指供热管道不专设补偿器的直埋敷设。

热水供热管道地下敷设时，宜采用直埋敷设；当蒸汽管道采用直埋敷设时，应采用保温性能良好、防水性能可靠、保护管耐腐蚀的预制保温管直埋敷设，其设计寿命不应低于25年。

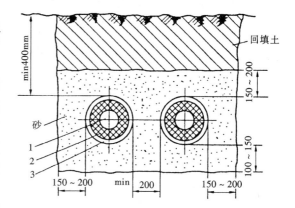

图11-6 预制保温管直埋敷设
1—钢管；2—聚氨酯硬质泡沫塑料保温层；
3—高密度聚乙烯硬质塑料或玻璃钢保护层

直埋敷设热水管道应采用钢管、保温层、保护外壳结合成一体的预制保温管道，其性能应符合相关规范的有关规定。

直埋敷设管道应采用由专业工厂预制的直埋保温管（也称为"管内管"），其保温层一般为聚氨酯硬质泡沫塑料，保护层一般采用高密度聚乙烯硬质塑料或玻璃钢，也有采用钢管（钢套管）做保护层的。直埋预制管内管应采用无缝钢管。

供热管道跨越水面、峡谷地段，同河流、铁路、公路等交叉，以及遇给水排水管道、燃气管道、电缆等情况时，管道敷设要求应符合相关管理部门和相关规范的规定。

地下敷设供热管道和管沟坡度不应小于0.002。进入建筑物的管道宜坡向干管，地上敷设的管道可不设坡度。

11.3 管道热膨胀及其补偿器

11.3.1 管道的热膨胀

供热管道的安装是在环境状态下进行的，而管道系统的运行是在热介质的工作温度状态下，由于热介质的温度与周围环境温度差别较大，这必然会使管道产生热变形。

为了防止供热管道升温时，由于热伸长或温度应力的作用而引起管道变形或破坏，则需要在供热管道上设置补偿器，以补偿管道的热伸长。从而减小管道壁的应力和作用在阀件或支架结构上的作用力。

管道的热伸长量可按下式计算

$$\Delta L = \alpha (t_1 - t_2) \cdot L \tag{11-1}$$

式中 ΔL——管道的热伸长量，m；

α——管道的线膨胀系数，对钢管一般取$\alpha = 0.012$mm/（m·℃）；

t_1——管壁最高温度，可取热媒的最高温度，℃；

t_2——管道安装时的环境温度，一般可取当地最冷月平均温度，℃；

L——计算管段的长度，m。

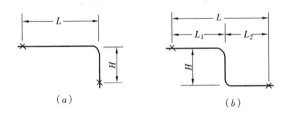

图 11-7　自然补偿器

（a）L 形自然补偿器；（b）Z 形自然补偿器

11.3.2　补偿器

1. 自然补偿器

自然补偿器是利用管道自身的转角管段来补偿管段热伸长的。常用的有 L 形和 Z 形两种自然补偿器，如图 11-7 所示。

L 形自然补偿器是一个 L 形的转角管段，转角距两个固定点的长度多数情况下是不相等的，因而有长臂和短臂之分。

由于长臂的热变形量大于短臂，所以最大弯曲应力发生在短臂一端的固定点处，短臂 H 越短，弯曲应力越人。因此选用 L 形自然补偿器的关键是确定或校核短臂的长度 H 值。

Z 形自然补偿器是一个 Z 形的转角管段，可将它看作是两个 L 形转角管段的组合体，其中间臂长度 H（即两转角间的管道长度）越短，弯曲应力越大。因此选用 Z 形自然补偿器的关键是确定或校核中间臂长度 H 值。

根据 L 形和 Z 形自然补偿器的热伸长量，用自然补偿器线算图（图 11-8 和图 11-9）来确定 L 形补偿器的短臂长度和 Z 形补偿器的中间臂长度。

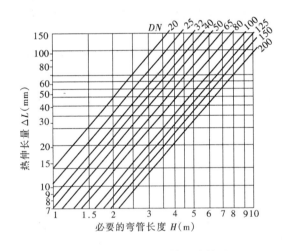

图 11-8　L 形自然补偿器线算图

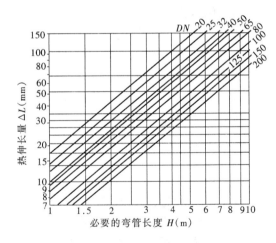

图 11-9　Z 形自然补偿器线算图

需要注意的是无论是 L 形还是 Z 形自然补偿器的转角都不宜小于 90°或大于 120°，其臂长不宜大于 20～25m。

自然补偿是一种最简单、最经济的补偿方式，应充分加以利用。

2. 方形补偿器

方形补偿器是由四个 90°弯头构成的"Π"形弯管补偿器。它依靠弯管的变形来补偿管道的热伸长。

方形补偿器宜布置在两个固定支架的中点，偏离安装时不得大于固定支架跨距的 0.6

倍；为提高其补偿能力，方形补偿器安装时应进行预先拉伸，预拉伸值为管道热伸长量的 50%。

方形补偿器有四种类型，如图 11-10 所示。

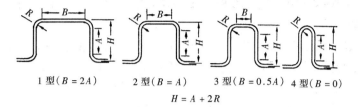

$$H = A + 2R$$

图 11-10　方形补偿器的类型

方形补偿器可根据热伸长量大小和方形补偿器类型按表 11-2 选用。

方形补偿器的补偿能力　表 11-2

补偿能力 ΔL (mm)	型号	公　称　直　径　(mm)											
		20	25	32	40	50	65	80	100	125	150	200	250
		臂　长　H (mm)											
30	1	450	520	570	—	—	—	—	—	—	—	—	—
	2	530	580	630	670	—	—	—	—	—	—	—	—
	3	600	760	820	850	—	—	—	—	—	—	—	—
	4	—	760	820	850	—	—	—	—	—	—	—	—
50	1	570	650	720	760	790	860	930	1000	—	—	—	—
	2	690	750	830	870	880	910	930	1000	—	—	—	—
	3	790	850	930	970	970	980	980	—	—	—	—	—
	4	—	1060	1120	1140	1050	1240	1240	—	—	—	—	—
75	1	680	790	860	920	960	1050	1100	1220	1380	1530	1800	—
	2	830	930	1020	1070	1080	1150	1200	1300	1380	1530	1800	—
	3	980	1060	1150	1220	1180	1220	1250	1350	1450	1600	—	—
	4	—	1350	1410	1430	1450	1450	1350	1450	1530	1650	—	—
100	1	780	910	980	1050	1100	1200	1270	1400	1590	1730	2050	—
	2	970	1070	1070	1240	1250	1330	1400	1530	1670	1830	2100	2300
	3	1140	1250	1360	1430	1450	1470	1500	1600	1750	1830	2100	—
	4	—	1600	1700	1780	1700	1710	1720	1730	1840	1980	2190	—
150	1	—	1100	1260	1270	1310	1400	1570	1730	1920	2120	2500	—
	2	—	1330	1450	1540	1550	1660	1760	1920	2100	2280	2630	2800
	3	—	1560	1700	1800	1830	1870	1900	2050	2230	2400	2700	2900
	4	—	—	2070	2170	2200	2200	2260	2400	2570	2800	3100	
200	1	—	1240	1370	1450	1510	1700	1830	2000	2240	2470	2840	—
	2	—	1540	1700	1800	1810	2000	2070	2250	2500	2700	3080	3200
	3	—	—	2000	2100	2100	2220	2300	2450	2670	2850	3200	3400
	4	—	—	—	2720	2750	2770	2780	2950	3130	3400	3700	
250	1	—	—	1630	1620	1700	1950	2050	2230	2520	2780	3160	—
	2	—	—	1900	2010	2040	2260	2340	2560	2800	3050	3500	3800
	3	—	—	—	2370	2500	2600	2800	3050	3300	3700	3800	
	4	—	—	—	—	3000	3100	3230	3450	3640	4000	4200	

注：表中的补偿能力是按安装时冷拉 $\frac{1}{2}\Delta L$ 计算的。

【例题 11-1】 北京某单位热水供热系统采用地沟敷设方式，在进行供热系统设计时，在管径为 DN200 的直管段上设置了二固定支架，二固定架间的距离为 75m，供回水温度为 85℃/60℃，现准备设置方形补偿器，试进行方形补偿器选型。

【解】 计算管段的热伸长量。根据已知条件，t_1 取 85℃，t_2 按北京最冷月平均温度为 -4.5℃，则伸长量为：$\Delta L = \alpha(t_1 - t_2) \cdot L = 0.012 \times [85 - (-4.5)] \times 75 = 80.55 \text{mm}$

根据方形补偿器补偿能力表 11-2，对于管径为 DN200 的管子，可选择补偿能力为 100mm 的方型补偿器，针对不同型号其臂长可从表中查得。具体选用四种型号中的哪个型号的方形补偿器，可依据方形补偿器安装位置的地形及平面尺寸的情况决定。

方形补偿器制作安装方便，不需经常维修，补偿能力大，作用在固定点上的推力较小，可在各种压力和温度下使用。其缺点是外形尺寸大，占地面积大。

3. 波纹管补偿器

波纹管补偿器又称波纹管膨胀节，由一个或几个波纹管及结构件组成，用来吸收由于热胀冷缩等原因引起的管道或设备尺寸变化的装置。波纹管补偿器具有结构紧凑、承压能力高、工作性能好、配管简单、耐腐蚀、维修方便等优点。

(1) 波纹管材料。波纹管补偿器是采用疲劳极限较高的不锈钢板或耐蚀合金板制成的，不锈钢板厚度为 0.2~10mm，它适用于工作温度在 550℃ 以下、公称压力 PN 为 0.25~25MPa、公称直径为 DN25~DN1200 的弱腐蚀性介质的管路上。采用波纹管补偿器时，设计应考虑安装时的冷紧，冷紧系数可取 0.5。

(2) 波纹管补偿器类型

1) 单式轴向型波纹管补偿器。单式轴向型波纹管补偿器如图 11-11 所示，它由一个波纹管及构件组成，主要用于吸收轴向位移而不能承受波纹管压力推力。

2) 单式铰链型波纹管补偿器。单式铰链型波纹管补偿器如图 11-12 所示，它由一个波纹管及销轴、铰链板和立板等结构件组成，只能吸收一个平面内的角位移，并能承受波纹管压力推力。

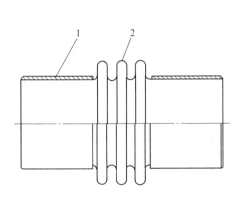

图 11-11　单式轴向型波纹管补偿器
1—端管；2—波纹管

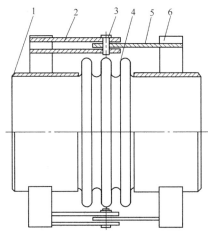

图 11-12　单式铰链型波纹管补偿器
1—端管；2—副铰链板；3—销轴；
4—波纹管；5—主铰链板；6—立板

3）单式万向铰链型波纹管补偿器。单式万向铰链型波纹管补偿器如图 11-13 所示，它由一个波纹管及销轴、铰链板、万向环和立板等结构组成，能吸收任意平面内的角位移，并能承受波纹管压力推力。

4）复式自由型波纹管补偿器。复式自由型波纹管补偿器如图 11-14 所示，它由中间管所连接的两个波纹管及结构件组成，主要用于吸收轴向与横向组合位移，不能承受波纹管压力推力。

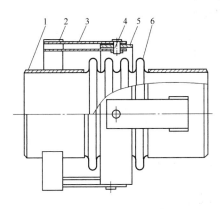

图11-13　单式万向铰链型波纹管补偿器

1—端管；2—立板；3—铰链板；

4—销轴；5—万向环；6—波纹管

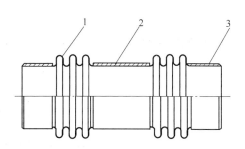

图 11-14　复式自由型波纹管补偿器

1—波纹管；2—中间管；3—端管

5）复式拉杆型波纹管补偿器。复式拉杆型波纹管补偿器如图 11-15 所示，它由中间管所连接的两个波纹管及拉杆、端板和球面与锥面垫圈等结构件组成，能吸收任一平面内的横向位移，并能承受波纹管压力推力。

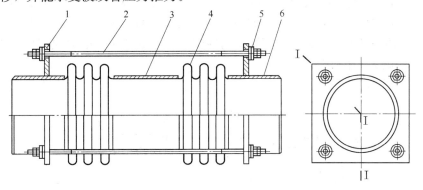

图 11-15　复式拉杆型波纹管补偿器

1—端板；2—拉杆；3—中间管；4—波纹管；5—球面垫圈；6—端管

6）复式铰链型波纹管补偿器。复式铰链型波纹管补偿器如图 11-16 所示，它由中间管所连接的两个波纹管及十字销轴、铰链板和立板等结构件组成，只能吸收一个平面内的横向位移，并能承受波纹管压力推力。

7）复式万向铰链型波纹管补偿器。复式万向铰链型波纹管补偿器如图 11-17 所示，它由中间管所连接的两个波纹管及十字销轴、铰链板和立板等结构件组成，能吸收任一平

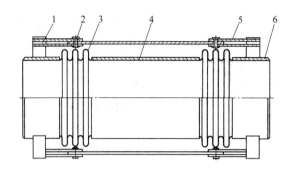

图 11-16 复式铰链型波纹管补偿器

1—立板；2—销轴；3—波纹管；4—中间管；5—铰链板；6—端管

面内的横向位移，并能承受波纹管压力推力。

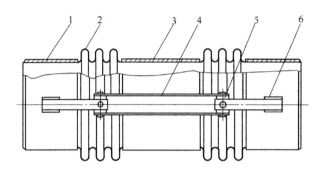

图 11-17 复式万向铰链型波纹管补偿器

1—端管；2—波纹管；3—中间管；4—铰链板；5—十字销轴；6—立板

8）弯管压力平衡型波纹管补偿器。弯管压力平衡型波纹管补偿器如图 11-18 所示，它由一个工作波纹管或中间管所连接的两个工作波纹管和一个平衡波纹管及弯头或三通、封头、拉杆、端板和球面与锥面垫圈等结构件组成，主要用于吸收轴向与横向组合位移，并能组合平衡波纹管压力推力。

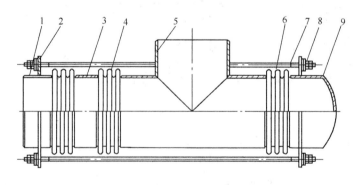

图 11-18 弯管压力平衡型波纹管补偿器

1—端管；2—端板；3—中间管；4—工作波纹管；5—三通；6—平衡波纹管；7—拉杆；8—球面垫圈；9—封头

9）直管压力平衡型波纹管补偿器。直管压力平衡型波纹管补偿器如图 11-19 所示，它由位于两端的两个工作波纹管和位于中间的一个平衡波纹管及拉杆等结构件组成，主要用于吸收轴向位移，并能平衡波纹管压力推力。

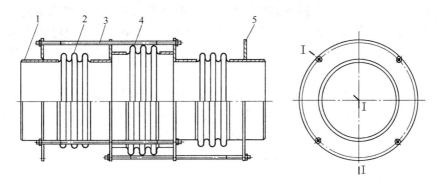

图 11-19　直管压力平衡型波纹管补偿器
1—直管；2—波纹管；3—拉杆；4—平衡波纹管；5—立板

10）外压单式轴向波纹管补偿器。外压单式轴向波纹管补偿器如图 11-20 所示，它由承受外压的波纹管及外管和端环等结构组成，只用于吸收轴向位移，而不能承受波纹管压力推力。

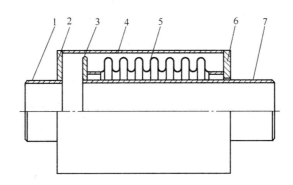

图 11-20　外压单式轴向波纹管补偿器
1—进口端管；2—进口端环；3—限位环；4—外管；5—波纹管；6—出口端环；7—出口端管

4. 套筒补偿器

套筒补偿器是由填料密封的芯管和外套管组成的，两者同心套装并可轴向伸缩运动的补偿器。有单向和双向两种形式。单向套筒补偿器如图 11-21 所示。

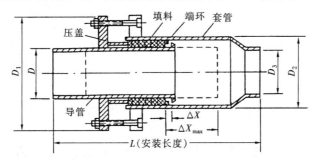

图 11-21　单向套筒补偿器

套筒补偿器的套管与外壳体之间用填料圈密封,填料被紧压在端环和压盖之间,以保证封口紧密。填料采用石棉夹铜丝盘根。更换填料时需要松开压盖,维修不便。

套筒补偿器的补偿能力大,一般可达250~400mm,占地小,介质流动阻力小,造价低。适用于工作压力小于等于1.6MPa,工作温度低于300℃的管路中。补偿器与管道采用焊接连接。

套筒补偿器因轴向推力大,易发生介质渗漏,而且其压紧、补充和更换填料的维修工作量大。管道在地下敷设时,需增设检查室。如果管道变形有横向位移时,易造成填料圈卡住,它只能用在直线管段上,当其使用在阀门或弯管处时,其轴向产生的盲板推力(由内压引起的不平衡水力推力)也较大,需要设置加强用的固定支座。

5. 球形补偿器

球形补偿器是利用成对安装的球形管接头球体相对壳体折屈角的改变进行热补偿的补偿器。

球形补偿器具有良好的耐压和耐温性能,可以适用于压力为4×10^5Pa和温度为230℃以内的管道上。使用寿命长,运行可靠,占地小,基本无需维修,补偿能力大。工作时变形应力小,减少了对支座的要求。

球形补偿器一般安装在垂直管段的热力管道上。也可以水平安装,但必须安装两个球形补偿器组成一组,一般组合成"∏"形或"T"形管线。

可根据具体情况将2~4个球形补偿器连成一组使用,如图11-22~图11-25所示。

波纹管补偿器、套筒补偿器、球形补偿器均可根据热伸长量的大小,利用产品样本进行选用。

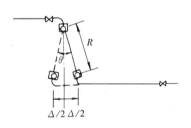

图11-22 二球式的球形补偿器

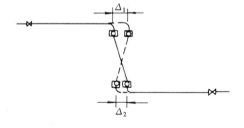

图11-23 二球式的球形补偿器

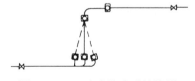

图11-24 三球式的球形补偿器

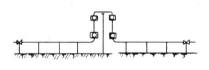

图11-25 四球式的球形补偿器

11.4 管道支座(架)

供热管道的支座(架)是直接支撑管道并承受管道作用力的管路附件,它的作用是支撑管道和限制管道位移。支座承受管道重力和由内压、外载和温度变化引起的作用力,并将这些荷载传递到建筑结构或地面的管道构件上。根据支座（架）对管道位移的限制情况，分为活动支座和固定支座。

11.4.1 管道活动支座（架）

活动支座（架）是允许管道和支承结构有相对位移的管道支座（架）。

活动支座（架）按其构造和功能分为滑动、滚动、悬吊、弹簧和导向等支座（架）形式。

1. 滑动支座

滑动支座是由安装（采用卡固或焊接方式）在管子上的钢制管托与下面的支承结构构成。它承受管道的垂直荷载，允许管道在水平方向滑动位移。根据管托横断面的形式，有曲面槽式（图11-26）、丁字托式（图11-27）和弧形板式（图11-28）。

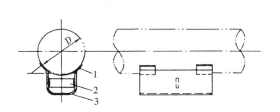

图 11-26　曲面槽滑动支座

1—弧形板；2—肋板；3—曲面槽

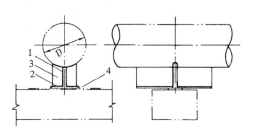

图 11-27　丁字托滑动支座

1—顶板；2—底板；3—侧板；4—支承板

曲面槽式和丁字托式滑动支座，由支座托住管道，滑动面低于保温层，保温层不会受到破坏。弧形板式滑动支座的滑动面直接附在管道壁上，安装支座时需要去掉保温层，但管道安装位置可以低些。

2. 滚动支座

滚动支座是由安装（卡固或焊接）在管子上的钢制管托与设置在支承结构上的辊轴、滚柱或滚珠盘等构件构成。

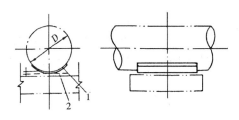

图 11-28　弧形板滑动支座

1—弧形板；2—支承板

辊轴式支座如图11-29所示，滚柱式支座如图11-30所示。当管道发生轴向位移时，其管托与滚动部件间有滚动摩擦，但管道横向移动时仍为滑动摩擦。对滚珠盘式支座，管道水平各向移动均为滚动摩擦。

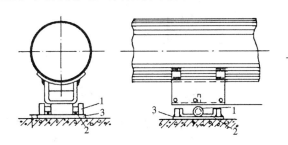

图 11-29　辊轴式滚动支座

1—辊轴；2—导向板；3—支承板

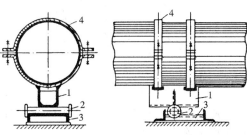

图 11-30　滚柱式滚动支座

1—槽板；2—滚柱；3—槽钢支承座；4—管箍

滚动支座需进行必要的维护,使滚动部件保持正常状态,一般只用在架空敷设的管道上。

3. 悬吊支架

悬吊支架是将管道悬吊在支架下,允许管道有水平方向位移的活动支架。常见的悬吊支架如图 11-31 所示。

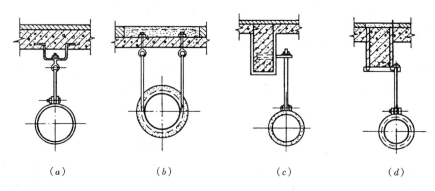

图 11-31 悬吊支架

（a）可在纵向及横向移动；（b）只能在纵向移动；（c）焊接在钢筋混凝土
构件里埋置的预埋件上；（d）箍在钢筋混凝土梁上

悬吊支架构造简单,管道伸缩阻力小,但管道位移时吊杆发生摆动。常用在室内供热管道上。

4. 弹簧支（吊）架

弹簧支（吊）架是装有弹簧,除允许管道有水平方向的轴向位移和侧向位移外,还能补偿适量的垂直位移的管道悬支（吊）架,如图 11-32 所示。

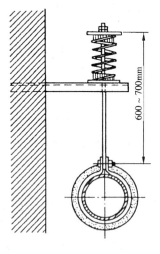

图 11-32 弹簧支（吊）架

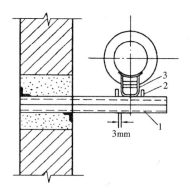

图 11-33 导向支架

1—支架；2—导向板；3—支座

弹簧支（吊）架常用于管道有较大的垂直位移处,可防止管道脱离支架,致使相邻支座和相应管段受力过大。

5. 导向支座

导向支座是只允许管道轴向位移的活动支架,如图 11-33 所示。其构造通常是在滑动支座或滚动支座沿管道轴向的管托两侧设置导向挡板。导向支座的主要作用是防止管道纵向失稳，保证补偿器的正常工作。

6. 管道活动支座（架）的间距确定

管道活动支座（架）间距的大小决定着整个供热管网支架的数量，影响到管网的投资。因此，在确保安全运行的前提下，应尽可能地增大活动支座（架）的间距，减少支座（架）的数量，降低管网投资。

活动支座（架）的最大间距是由管道的允许跨距来决定的，而管道的允许跨距又是按强度条件和刚度条件两个方面来计算确定的。通常选取其中较小值作为管道支座（架）的最大间距。

在工程设计或施工时，若无特殊要求，可按表 11-3 直接确定活动支座（架）的间距。

活动支座（架）间距　　　　　　　　　　　　　　　表 11-3

公称直径 DN（mm）			40	50	65	80	100	125	150	200	250	300	350	400	450
支座最大间距（m）	保温	架空敷设	3.5	4.0	5.0	5.0	6.5	7.5	7.5	10.0	12.0	12.0	12.0	13.0	14.0
		地沟敷设	2.5	3.0	3.5	4.0	4.5	5.5	5.5	7.0	8.0	8.5	8.5	9.0	9.0
	不保温	架空敷设	6.0	6.5	8.5	8.5	11.0	12.0	12.0	14.0	16.0	16.0	16.0	17.0	17.0
		地沟敷设	5.5	6.0	6.5	7.0	7.5	8.0	8.0	10.0	11.0	11.0	11.0	11.5	12.0

11.4.2　管道固定支座（架）

固定支座是不允许管道和支承结构有相对位移的管道支座（架）。它主要用于将管道划分成若干补偿管段分别进行热补偿，从而保证补偿器正常工作。

1. 固定支座的形式

最常见的金属结构的固定支座，有卡环式支座、焊接角钢固定支座、曲面槽固定支座，如图 11-34 所示。还有挡板式固定支座，如图 11-35 所示。

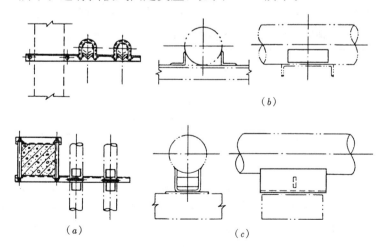

图 11-34　金属结构固定支座
（a）卡环式固定支座；（b）焊接角钢式固定支座；（c）曲面槽式固定支座

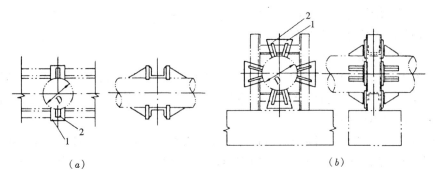

图 11-35 挡板式固定支座

(a) 双面挡板式固定支座；(b) 四面挡板式固定支座

1—挡板；2—肋板

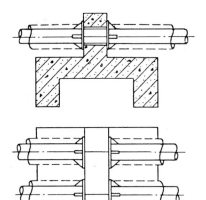

图 11-36 直埋敷设固定墩

卡环式、焊接角钢式和曲面槽式固定支座承受的轴向推力较小，通常不超过 50kN。固定支座承受的轴向推力超过 50kN 时，多采用挡板式固定支座。

在无沟敷设或不通行地沟中，固定支座也有做成钢筋混凝土固定墩的形式。

直埋敷设所采用的固定墩，如图 11-36 所示。管道从固定墩上部的立板穿过，在管子上焊有卡板进行固定。

2. 固定支座设置要求

为节省投资，设置固定支座时也应加大其间距，减少其数量，但固定支座的间距应满足下列要求：

(1) 管道的热伸长量不得超过补偿器所允许的补偿量；

(2) 管道因膨胀及其他作用而产生的推力，不得超过固定支架所承受的允许推力；

(3) 不应使管道产生纵向弯曲。

地沟敷设与架空敷设的直线管段固定支座最大允许间距见表 11-4。

地沟与架空敷设的直线管段固定支座（架）最大间距　　　　　表 11-4

管道公称直径 DN	方 形 补 偿 器				套 筒 补 偿 器	
	热 介 质					
	热 水		蒸 汽		热 水	蒸 汽
	敷 设 方 式					
mm	架 空	地 沟	架 空	地 沟	架空或地沟	
≤32	50	50	50	50		
≤50	60	50	60	60		
≤100	80	60	80	70	90	50
125	90	65	90	80	90	50
150	100	75	100	90	90	50
200	120	80	120	100	100	60
250	120	85	120	100	100	60

200

管道公称直径 DN	方 形 补 偿 器				套 筒 补 偿 器	
	热 介 质					
	热 水		蒸 汽		热 水	蒸 汽
	敷 设 方 式					
mm	架 空	地 沟	架 空	地 沟	架 空 或 地 沟	
≤350	140	95	120	100	120	70
≤450	160	100	130	110	140	80
500	180	100	140	120	140	80
≥600	200	120	140	120	140	80

11.5 供热管道及排气放水

1. 供热管道材料及连接

供热管道是用于输送热媒的管网系统。城镇供热管网管道应采用无缝钢管、电弧焊或高频焊焊接钢管。管道及钢材的规格及质量应符合国家现行相关标准的规定，具体见表11-5。

供热管道钢材钢号及适用范围　　　　　　　　　　表 11-5

钢 号	设计参数	钢板厚度
Q235AF	$P \leqslant 1.0\text{MPa}$；$t \leqslant 95℃$	≤8mm
Q235A	$P \leqslant 1.6\text{MPa}$；$t \leqslant 150℃$	≤16mm
Q235B	$P \leqslant 2.5\text{MPa}$；$t \leqslant 300℃$	≤20mm
10、20、低合金钢	可用于本规范适用范围的全部参数	不限

热力网管道干线、支干线、支线的起点应安装关断阀门。热水热力网干线应装设分段阀门，蒸汽热力网可不安装分段阀门。热力网的关断阀和分段阀均应采用双向密封阀门。

热力网管道的连接应采用焊接，管道与设备、阀门等连接宜采用焊接；当设备、阀门等需要拆卸时，应采用法兰连接；直埋敷设管道及管路附件等连接应采用焊接；公称直径小于或等于25mm的放气阀，可采用螺纹连接，但连接放气阀的管道应采用厚壁管。

合理选择管网的管径大小、合理设置阀门等附件，可有效减小管路总阻力，有利减少水泵的运行电耗量。

2. 供热管道的排气和放水

为便于热水管道和蒸汽凝结水管道顺利排气和在运行或检修时放净管道中的存水，以及从蒸汽管道中排出沿途凝水，供热管道必须设置相应的坡度，同时，应配置相应的排气、放水及疏水装置。其措施如下：

管道敷设时应有一定的坡度，对于热水管、汽水同向流动的蒸汽管和凝结水管，坡度宜采用0.003，不得小于0.002；对于汽水逆向流动的蒸汽管，坡度不得小于0.005。

热水管道、凝结水管道在管道改变坡度时其最高点处应装设排气阀（手动或自动）。排气管管径不小于 DN15。

蒸汽、热水、凝结水管道在改变坡度时，其最低点处应装设放水阀（蒸汽管的低点需设疏水器装置）。放水管的大小由被排水的管段直径和长度来确定，应保证管段内的水能在 1h 内排完。放水管内的平均流速按 1m/s 计算。

蒸汽管道的直线管段在顺坡时每隔 400m 和逆坡时每隔 200m 均应设疏水装置。在蒸汽管道低点处及垂直升高前应设启动疏水和经常疏水装置。疏水器后的凝结水应尽量排入凝结水管道内，以减少热量和水量的损失。

凡装疏水器处，必须装设检查疏水器用的检查阀或检查疏水器工作的附件。疏水器前宜装有过滤器。

热力管道最低处泄水管不应直接接入下水道或雨水管道内。需先进入集水坑再由手摇泵或电泵排出或临时通过软管泄水。

热水和凝水管道排气和放水装置位置的示意图，如图 11-37 所示。蒸汽管道的疏水装置，如图 11-38 所示。

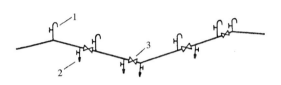

图 11-37 热水和凝水管道排气和
放水装置位置示意图
1—排气阀；2—放水阀；3—阀门

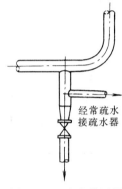

图 11-38 疏水装置图

管道疏水、排气及放水管直径见表 11-6。

管道疏水、排气及放水管直径（mm）   表 11-6

管 道 类 别		DN			
		25~80	100~150	200~250	300~400
蒸 汽 管 道	启动疏水管	25	25	50	50
	经常疏水管	15	20	20	25
	疏水器旁通管	15	20	20	25
凝结水管及热水管道	排气管	15	20	25	32
	放水管	25	50	80	100

11.6 供热管道的检查室及检查平台

检查室的结构尺寸，既要考虑维护操作方便，又要尽可能紧凑。其净空尺寸应根据管道的根数、管径、阀门及附件的数量和规格大小确定。

地下敷设管道安装套筒补偿器、波纹管补偿器、阀门、放水和除污装置等设备附件时，应设检查室。检查室应符合下列规定：

（1）净空高度不应小于 1.8m；

（2）人行通道宽度不应小于 0.6m；

（3）干管保温结构表面与检查室地面距离不应小于 0.6m；

（4）检查室的人孔直径不应小于 0.7m，人孔数量不应少于两个，并应对角布置，人孔应避开检查室内的设备，当检查室净空面积小于 4m² 时，可只设一个人孔；

（5）检查室内至少应设一个积水坑，并应置于人孔下方；

（6）检查室地面低于管沟内底应不小于 0.3m；

（7）检查室内爬梯高度大于 4m 时应设护栏或在爬梯中间设平台。

当检查室内需更换的设备、附件不能从人孔进出时，应在检查室顶板上设安装孔。安装孔的尺寸和位置应保证需更换设备的出入和便于安装。

当检查室内装有电动阀门时，应采取措施，保证安装地点的空气温度、湿度满足电气装置的技术要求。

当地下敷设管道只需安装放气阀门且埋深很小时，可不设检查室，只在地面设检查井口，放气阀门的安装位置应便于工作人员在地面进行操作；当埋深较大时，在保证安全的条件下，也可只设检查人孔。

检查室内如设有放水阀，其地面应设有 0.01 的坡度，并坡向积水坑。积水坑至少设 1 个，尺寸不小于 0.4m×0.4m×0.5m（长×宽×深）。管沟盖板和检查室盖板上的覆土深度不应小于 0.2m。

检查室的布置举例如图 11-39 所示。

中、高支架敷设的管道，安装阀门、放水、放气、除污装置的地方应设操作平台。在跨越河流、峡谷等地段，必要时应沿架空管道设检修便桥。

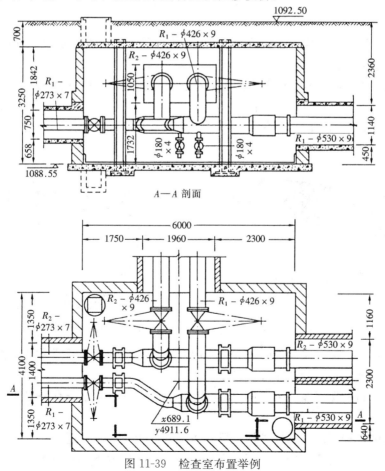

图 11-39　检查室布置举例

中、高支架操作平台的尺寸应保证维修人员操作方便。检修便桥宽度不应小于 0.6m。平台或便桥周围应设防护栏杆。

检查室或检查平台的位置及数量应在管道平面定线和设计时一起考虑。在保证安全运行和检修方便的前提下，应尽量减少其数量，以节约投资费用。

11.7 管道和设备的保温与防腐

11.7.1 保温的目的

管道和设备的保温是节约能源的有效措施之一。在供热管道（设备）及附件表面敷设保温层，其主要目的在于减少热媒在输送过程中的无效热损失，并使热媒维持一定的参数以满足热用户需要。此外，管道（设备）保温后其外表面温度不致过高，从而保护运行检验人员，避免烫伤，这也是技术安全所必要的。

设置保温的原则是：供热介质设计温度高于 50℃ 的热力管道、设备、阀门应保温。

在不通行地沟敷设或直埋敷设条件下，热水热力网的回水管道、与蒸汽管道并行的凝结水管道以及其他温度较低的热水管道，在技术经济合理的情况下可不保温。

11.7.2 保温层结构

供热管道的保温层结构是由保温层和保护层两部分组成。

1. 保温层

保温层是管道保温结构的主体部分，根据工艺介质需要、介质温度、材料供应、经济性和施工条件来选择。

供热管道常用保温结构的施工方法有涂抹法、预制块法、缠绕法、填充法、灌注法和喷涂法等。具体做法可参考有关资料。

预制块法保温结构示例，如图 11-40 所示。缠绕法保温结构示例，如图 11-41 所示。

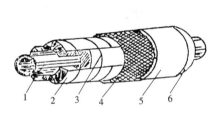

图 11-40 弧形预制保温瓦保温结构

1—管道；2—保温层；3—镀锌钢丝；
4—镀锌钢丝网；5—保护层；6—油漆

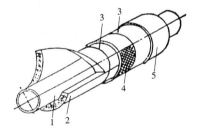

图 11-41 缠绕法保温结构

1—管道；2—保温毡或布；3—镀锌钢丝；
4—镀锌钢丝网；5—保护层

保温厚度计算原则应按《设备和管道保温设计导则》（GB 8175）的规定执行。

在工程设计中，保温层设计时应优先采用经济保温厚度。当经济保温厚度不能满足技术要求时，应按技术条件确定保温层厚度。

不同保温材料的保温厚度可根据介质种类、温度、管径大小查有关图集和手册确定。

2. 保护层

供热管道的保护层应具有保护保温层和防水的性能，有时它还兼起美化保温结构外观的作用。因此，应具有质量轻，耐压强度高，一般耐压强度不小于 0.8MPa，化学稳定性好，可燃性有机物含量不大于15％，并不易开裂，外形美观的特性。

常用的保护层有：

（1）金属保护层。常用镀锌铁皮、铝合金板、不锈钢板等轻型材料制作，适用于室外架空敷设的保温管道。

（2）包扎式复合保护层。常用玻璃布、改性沥青油毡、玻璃布铝箔或阻燃牛皮纸夹筋铝箔、沥青玻璃布油毡、玻璃钢、玻璃钢薄板、玻璃布乳化沥青涂层、玻璃布CPU涂层、玻璃布CPU卷材等制作，也属轻型结构，适用于室内外及地沟内的保温管道。

（3）涂抹式保护层。常用沥青胶泥和石棉水泥等材料制作，仅适用于室内及地沟内的保温管道。

11.7.3 常用保温材料

良好的保温材料应质量轻，导热系数小，在使用温度下不变形或不变质，具有一定的机械强度，不腐蚀金属，可燃成分小，吸水率低，易于施工成型，且成本低廉。

保温材料及其制品，应具有以下的主要技术性能：

（1）保温材料在平均温度下的导热系数值不得大于0.12W/（m・℃）；

（2）保温材料的密度不应大于350kg/m³；

（3）除软质、散状材料外，硬质预制成型制品的抗压强度不应小于0.3MPa；半硬质的保温材料压缩10％时的抗压强度不应小于0.2MPa。

目前常用的管道保温材料有石棉、膨胀珍珠岩、岩棉、矿渣棉、玻璃纤维及玻璃棉、微孔硅酸钙、泡沫混凝土、聚氨酯硬质泡沫塑料等。

合理选择保温材料，利用先进的管道保温技术可减少热媒在输送过程中的热量损耗。

各种保温材料及其制品的技术性能可从生产厂家或一些设计手册中得到。在选用保温材料时，要考虑因地制宜，就地取材，力求节约。

11.7.4 管道和设备的防腐

1. 防腐的作用

由于供热管道、设备及附件经常与水和空气接触而受到腐蚀。为防止或减缓金属管材的腐蚀，保护和延长其使用寿命，应在保温前做防腐处理。常用防腐处理措施是在管道、设备及附件表面涂覆各种耐腐蚀的涂料。

2. 常用涂料

一般涂料按其所起的作用，可分为底漆和面漆，先用底漆打底，再用面漆罩面。防锈漆和底漆都能防锈，都可用于打底。它们的区别是：底漆的颜料成分高，可以打磨，漆料着重在对物面的附着力；而防锈漆料偏重在满足耐水、碱等性能的要求。

常用涂料有各种防锈漆、各种调和漆、各式醇酸瓷漆、铁红醇酸底漆、环氧红丹漆、磷化底漆、厚漆(铅油)、铝粉漆、生漆(大漆)、耐温铝粉漆、过氯乙烯漆、耐碱漆、沥青漆等。

各种涂料的性能和适用范围可参考有关资料。

11.8 供热管网施工图

11.8.1 供热管网设计原始资料

1. 供热区域的平面图

（1）区域内地形地貌、等高线、定位坐标等；

（2）区域内道路、绿化地带，原有管线的名称、位置、走向、管径、埋深等；

（3）已建或拟建建筑物的位置、名称、层数、建筑面积等。

2．气象资料

（1）供热地区的风向、风速、供暖室外计算温度；

（2）最大冻土深度。

3．土质情况、地下水位及水源水质等情况

4．供热介质的种类及参数

5．热源位置、城市供热管网的走向及位置状况等

11.8.2 供热管网施工图组成

供热管网施工图是指从热源至用热建筑物热媒入口的管道的施工图，它包括管道平面布置图、管道纵断面图、管道横断面图及详图等。

1．管道平面布置图主要内容

管道平面布置图是室外供热管道的主要图纸，用来表示管道的具体位置和走向。其主要内容包括：

（1）建筑总平面的地形、地貌、标高、道路、建筑物的位置等。

（2）管道的名称、用途、平面位置、标高、管径和连接方式。

（3）管道的支架形式、位置、数量，管道地沟的形式、平面尺寸。

（4）管道阀门的型号、位置，放气装置及疏排水装置。

（5）管道辅助设备及管路附件的设置情况，如补偿器的形式、位置及安装方式、阀门井、阀门操作平台等的位置、平面尺寸等。

2．管道纵断面图和横断面图主要内容

室外供热管道的纵、横断面图，主要反映管道及构筑物（地沟、管架）在纵、横立面上的布置情况，并将平面布置图上无法表示的立面情况予以表示清楚，所以是平面布置图的辅助性图纸。管道纵、横断面图表达的主要内容包括：

（1）管道在纵断面或横断面上的布置、管道之间的间距尺寸，管底或管中心标高，管道坡度。

（2）管架的布置、标高，地沟断面尺寸坡度，地面标高。

（3）管道附件设置情况，如补偿器、疏排水装置的位置、标高。

11.8.3 供热管网施工图实例

1．地沟敷设室外管网施工图示例

（1）供热管网管线平面图画法示例，如图 11-42 所示。

（2）供热管网管道系统图画法示例，如图 11-43 所示。如将供热管网管道系统图的内容并入管网管线平面图时，可不另绘制管网管道系统图。

（3）供热管网管线纵剖面图画法示例，如图 11-44 所示。

（4）供热管网管线横剖面图画法示例，如图 11-45 所示。

（5）供热管网检查室图画法示例，如图 11-46 所示。

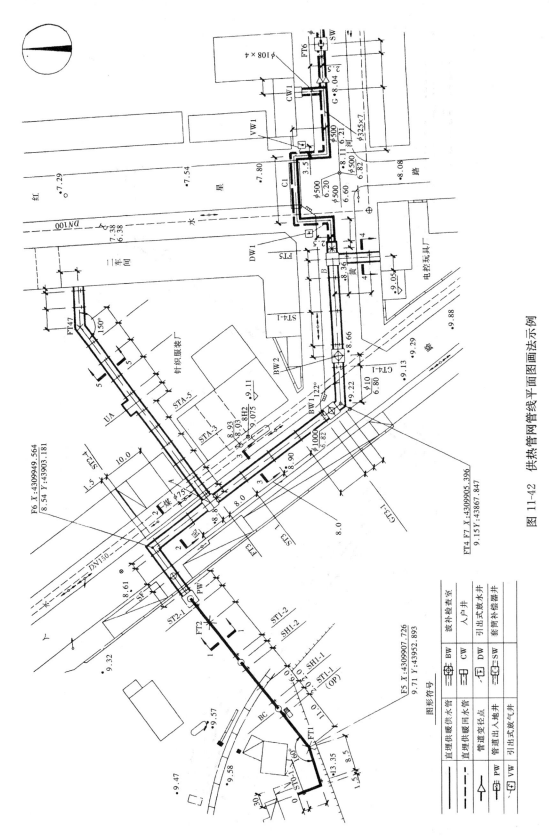

图 11-42 供热管网管线平面图画法示例

图形符号

———	直埋供暖供水管		
– – –	直埋供暖回水管		
—▷—	管道变径点	⊞ BW	波补检查室
— PW	管道出入地井	⊞ CW	入户井
⊡ VW	引出式放气井	— DW	引出式放水井
		⊞ SW	套筒补偿器井

207

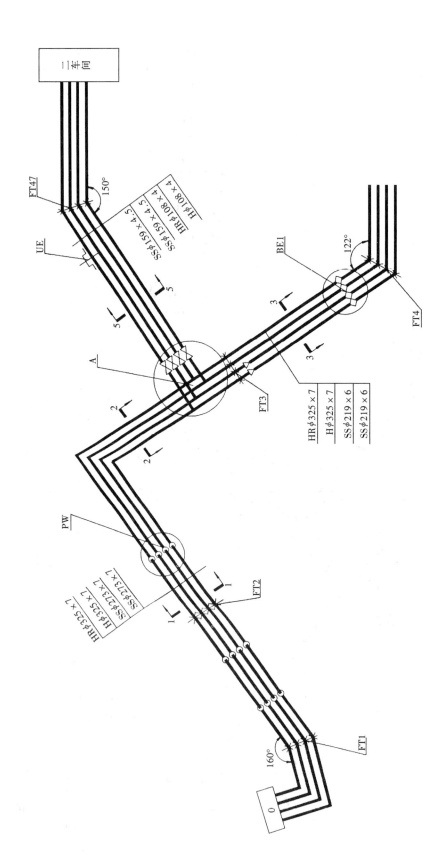

图 11-43　供热管网管道系统图画法示例

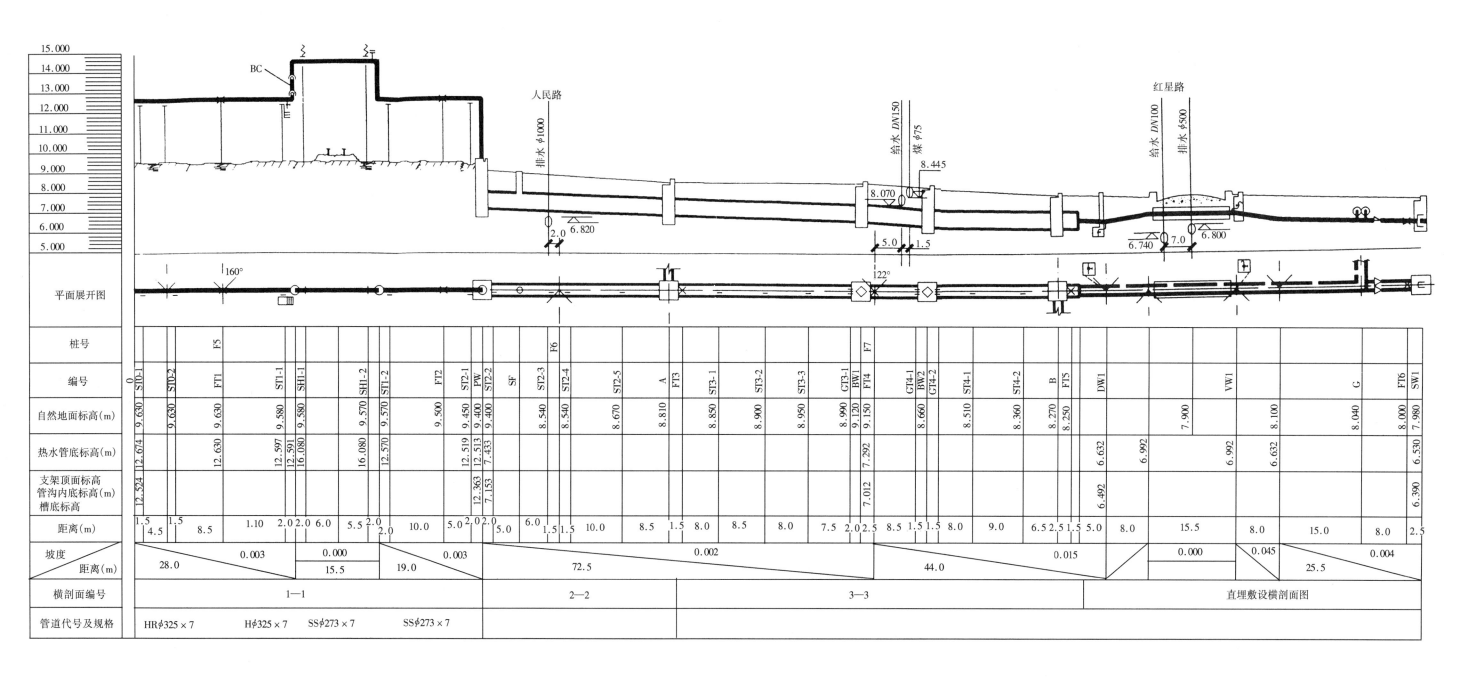

图 11-44　供热管网管线纵剖面图画法示例

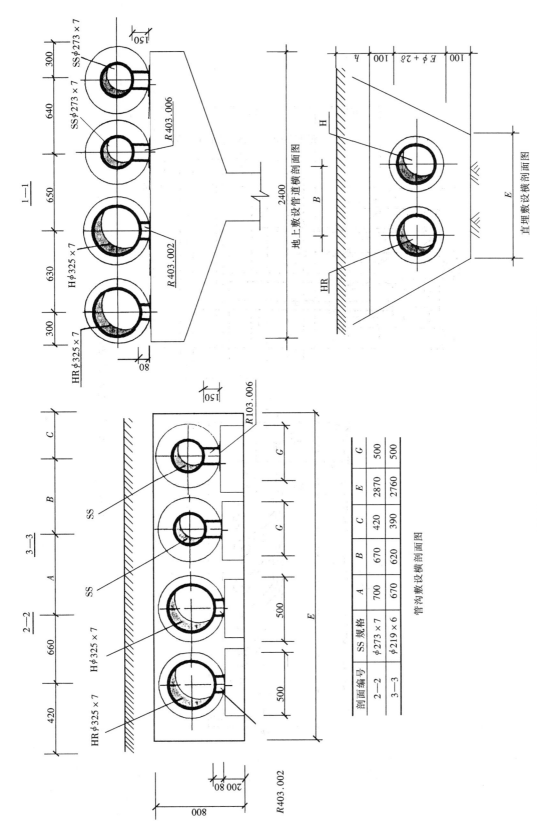

图 11-45　供热管网管线横剖面图图画法示例

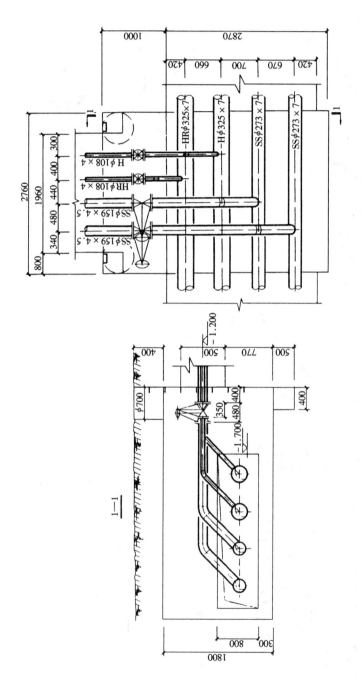

图 11-46　供热管网检查室图画法示例

2. 某厂空调和生活用蒸汽室外供热管网施工图

图 11-47 为某厂空调和生活用蒸汽室外供热管道平面布置图，图 11-48 是该供热管道的纵断面图，图 11-49 是供热管道 I—I 横断面图。

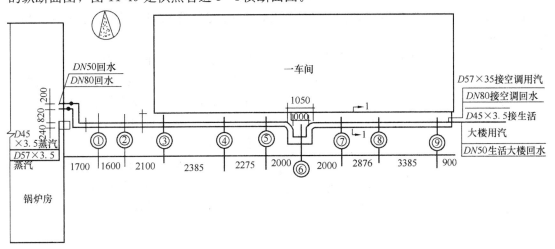

图 11-47 室外供热管道平面布置图

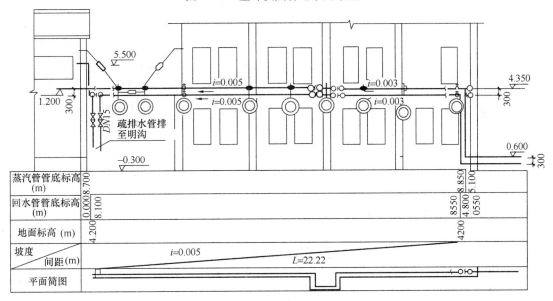

说明：相对标高±0.000 相对于绝对标高 4.500。

图 11-48 室外供热管道纵断面图

（1）了解总平面图上建筑物布置情况，通过对室外供热管道平面布置图的识读，可以看出锅炉房在西面，它的东面是一车间。

（2）查明管道的布置。本例有四根管道，其中两根为蒸汽管道，自锅炉房相对标高 4.20m（绝对标高 8.70m）出墙，经过走道空间沿一车间外墙并列敷设，至一车间尽头，空调供热管道转弯进入一车间，该管道的管径为 $D57×3.5$mm；另一根生活用汽管道，管径为 $D45×3.5$mm，则从相对标高 4.35m 返下至标高 0.60m，沿地面敷设送往生活大楼。回水管道也有两根，一根从一车间自相对标高 4.05m 处接出；另一根从生活大楼送

211

来至一车间墙边，由相对标高 0.30m 登高至相对标高 4.05m，然后两根回水管沿一车间外墙并列敷设，到锅炉房外墙转弯，再登高至相对标高 5.50m 处进入锅炉房。管道排列的位置、尺寸通过 I—I 断面图就表示得非常清楚了，两根蒸汽管在横钢支架上面，回水管在下面，两根水平管道中心间距为 240mm，蒸汽管道和回水管道上下中心高差为 300mm。

（3）了解管道支架设置、形式及数量。本例管道支架共有 9 付，其中 3 号和 10 号支架为固定支架，其余支架均为滑动支架，从 I—I 断面图上可以看出支架是用槽钢制成的。采用抱柱形式与柱子固定，蒸汽管道设置在管托上，回水管吊在槽钢支架的下面。

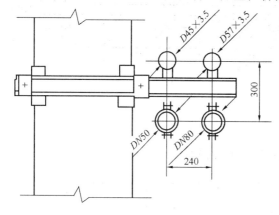

图 11-49　I-I 横断面图

（4）管道疏排水装置及补偿器的设置。本例回水管道在锅炉房外墙向上登高处，设有带双阀门的 DN15 的疏排水管，引至明沟。在 5、6、7 号管道支架处，设有方形补偿器。补偿器的尺寸为 1080mm × 504mm 和 1000mm × 500mm 各一组，用钢管煨制。

11.8.4　图纸会审

工程中标收到施工图纸后，首先技术管理部门（技术部）或有关负责技术的领导（总工）要组织技术人员和有关管理人员（工长）看图审查图纸，在看图审查图纸时要仔细认真，将图纸中出现的错、漏、碰的问题及需要设计方明确的问题提出并经核实整理后提交建设单位或监理，由建设单位组织设计、监理、施工几方共同进行图纸会审。在图纸会审中设计方对工程及图纸进行交底，并对施工、监理等方提出的问题给予解答。图纸会审中提出问题的修改或变更将以图纸会审记录的形式下发。图纸会审记录将和图纸一样作为施工的依据。

图纸会审记录表的形式见表 11-7。

图纸会审记录　　　　　　　　　　　　　　　　　　　　　　　表 11-7

图纸会审记录		编　号	
工程名称		日　期	
地　点		专业名称	
序号	图号	图纸问题	图纸问题交底
签字栏	建设单位　　　　监理单位　　　　　设计单位　　　　　施工单位		

1. 由施工单位整理、汇总，建设单位、监理单位、施工单位、城建档案馆各保存一份。

2. 图纸会审记录应根据专业（建筑、结构、给水排水及供暖、电气、通风空调、智能系统等）汇总、整理。

3. 设计单位应由专业设计负责人签字，其他相关单位应由项目技术负责人或相关专业负责人签认。

思 考 题 与 习 题

1. 供热管网的布置原则是什么？

2. 供热管道的敷设方式有几种？各适用于哪种场合？

3. 整体式预制保温管直埋敷设有哪些优点？

4. 供热管道为什么要设置补偿器？

5. 常用补偿器有哪几种？各有什么特点？

6. 什么是活动支座（架），其作用是什么？有哪几种形式？

7. 什么是固定支座（架），其作用是什么？有哪几种形式？

8. 供热管道为什么要考虑排气和放水？

9. 管道及设备保温的目的是什么？保温层的结构是怎样的？常用保温材料有哪些？

10. 管道及设备防腐的作用是什么？

11. 供热管网施工图由哪些部分组成？

12. 某热力管道（钢管）安装时室温为 15℃，使用时管道温度为 130℃，管段长度为 30m，试计算该管段的热伸长量。

13. 已知某热力管道的热伸长量为 70mm，管径为 150mm，试确定方形补偿器（Ⅱ型）的结构尺寸。

14. 试将某厂空调和生活用蒸汽室外供热管网施工图（图 11-47～图 11-49）分小组进行图纸会审，并将存在的问题填写在图纸会审记录中。

附　录

水在各种温度下的密度 ρ（kg/m³）（压力 100kPa 时）　　　附录 1-1

温度 （℃）	密度 （kg/m³）	温度 （℃）	密度 （kg/m³）	温度 （℃）	密度 （kg/m³）	温度 （℃）	密度 （kg/m³）
0	999.8	58	984.25	76	974.29	94	962.61
10	999.73	60	983.24	78	973.07	95	961.92
20	998.23	62	982.20	80	971.83	97	960.51
30	995.67	64	981.13	82	970.57	100	958.38
40	992.24	66	980.05	84	969.30		
50	988.07	68	978.94	86	968.00		
52	987.15	70	977.81	88	966.68		
54	986.21	72	976.66	90	965.34		
56	985.25	74	975.48	92	963.99		

在自然循环上供下回双管热水供暖系统中，由于水在
管路内冷却而产生的附加压力（Pa）　　　附录 1-2

系统的水平距离 （m）	锅炉到散热器 的高度（m）	自总立管至计算立管之间的水平距离（m）					
		<10	10~20	20~30	30~50	50~75	75~100
1	2	3	4	5	6	7	8

未保温的明装立管

（1）1 层或 2 层的房屋

25 以下	7 以下	100	100	150	—	—	—
25~50	7 以下	100	100	150	200	—	—
50~75	7 以下	100	100	150	150	200	—
75~100	7 以下	100	100	150	150	200	250

（2）3 层或 4 层的房屋

25 以下	15 以下	250	250	250	—	—	—
25~50	15 以下	250	250	300	350	—	—
50~75	15 以下	250	250	250	300	350	—
75~100	15 以下	250	250	250	300	350	400

系统的水平距离（m）	锅炉到散热器的高度（m）	自总立管至计算立管之间的水平距离（m）					
		<10	10～20	20～30	30～50	50～75	75～100
1	2	3	4	5	6	7	8
（3）高于 4 层的房屋							
25 以下	7 以下	450	500	550	—	—	—
25 以下	大于 7	300	350	450	—	—	—
25～50	7 以下	550	600	650	750	—	—
25～50	大于 7	400	450	500	550	—	—
50～75	7 以下	550	550	600	650	750	—
50～75	大于 7	400	400	450	500	550	—
75～100	7 以下	550	550	550	600	650	700
75～100	大于 7	400	400	400	450	500	650
未保温的暗装立管							
（1）1 层或 2 层的房屋							
25 以下	7 以下	80	100	130	—	—	—
25～50	7 以下	80	80	130	150	—	—
50～75	7 以下	80	80	100	130	180	—
75～100	7 以下	80	80	80	130	180	230
（2）3 层或 4 层的房屋							
25 以下	15 以下	180	200	280	—	—	—
25～50	15 以下	180	200	250	300	—	—
50～75	15 以下	150	180	200	250	300	—
75～100	15 以下	150	150	180	230	280	330
（3）高于 4 层的房屋							
25 以下	7 以下	300	350	380	—	—	—
25 以下	大于 7	200	250	300	—	—	—
25～50	7 以下	350	400	430	530	—	—
25～50	大于 7	250	300	330	380	—	—
50～75	7 以下	350	350	400	430	530	—
50～75	大于 7	250	250	300	330	380	—
75～100	7 以下	350	350	380	400	480	530
75～100	大于 7	250	260	280	300	350	450

注：1. 在下供下回式系统中，不计算水在管路中冷却而产生的附加作用压力值。

2. 在单管式系统中，附加值采用本附录所示的相应值的 50%。

附录 2-1

室外气象参数

地名	供暖室外计算温度(℃)	供暖期天数 日平均温度≤+5℃(+8℃)的天数	极端最低温度(℃)	极端最高温度(℃)	起止日期 日平均温度≤+5℃(≤+8℃)的起止日期(月,日)	冬季室外大气压力(hPa)	室外风速(m/s) 冬季最多风向平均	室外风速(m/s) 冬季平均	最多风向及频率 冬季 最多风	最多风向及频率 冬季 最多向	频率(%)	频率(%)	冬季日照率(%)	最大冻土深度(cm)
北京	-7.6	123 (144)	-18.3	41.9	11.12~03.14 (11.04~03.27)	1021.7	4.7	2.6	C	N	19	12	64	66
天津	-7	121 (142)	-17.8	40.5	11.13~03.13 (11.06~03.27)	1027.1	4.8	2.4	C	N	20	11	58	58
张家口	-13.6	146 (168)	-24.6	39.2	11.03~03.28 (10.20~04.05)	939.5	3.5	2.8		N		35	65	136
石家庄	-6.2	111 (140)	-19.3	41.5	11.15~03.05 (11.07~03.26)	1017.2	2	1.8	C	NNE	25	12	56	56
大同	-16.3	163 (183)	-27.2	37.2	10.24~04.04 (10.14~04.14)	899.9	3.3	2.8	C	N		19	61	186
太原	-10.1	141 (160)	-22.7	37.4	11.06~03.26 (10.23~03.31)	933.5	2.6	2.0	C	N	30	13	57	72
呼和浩特	-17	167 (184)	-30.5	38.5	10.20~04.04 (10.12~04.13)	901.2	4.2	1.5	C	NNW	59	9	63	156
抚顺	-20	161 (182)	-35.9	37.7	10.26~04.04 (10.14~04.13)	1011.0	2.1	2.3	C	NE	14	14	61	143
沈阳	-16.9	152 (172)	-29.4	36.1	10.30~03.30 (10.20~04.09)	1020.8	3.6	2.6	C	NNE	13	10	56	148
大连	-9.8	132 (152)	-18.8	35.3	11.16~03.27 (11.06~04.06)	1013.9	7.0	5.2	NNE		24		65	90
吉林	-24	172 (191)	-40.3	35.7	10.18~04.07 (10.11~04.19)	1001.9	4.0	2.6	C	WSW	31	18	52	182
长春	-21.1	169 (188)	-33	35.7	10.20~04.06 (10.12~04.17)	994.4	4.7	3.7	WSW		20		64	169
齐齐哈尔	-23.8	181 (198)	-36.4	40.1	10.15~04.13 (10.06~04.21)	1005.0	3.1	2.6	NNW		13		68	209
佳木斯	-24	180 (198)	-39.5	38.1	10.16~04.13 (10.06~04.21)	1011.3	4.1	3.1	C	W	21	19	57	220
哈尔滨	-24.2	176 (195)	-37.7	36.7	10.17~04.10 (10.08~04.20)	1004.2	3.7	3.2	SW		14		56	205
牡丹江	-22.4	177 (194)	-35.1	38.4	10.17~04.11 (10.09~04.20)	992.2	2.3	2.2	C	WSW	27	13	56	191

地名	供暖室外计算温度(℃)	日平均温度≤+5℃(+8℃)的天数	极端最低温度(℃)	极端最高温度(℃)	日平均温度≤+5℃(≤+8℃)的起止日期(月,日)	冬季室外大气压力(hPa)	室外风速(m/s) 冬季最多风向平均	室外风速(m/s) 冬季平均	最多风向及频率 冬季最多风向	最多风向及频率 冬季频率(%)	冬季日照率(%)	最大冻土深度(cm)
上海	-0.3	42 (93)	-10.1	39.4	01.01~02.11 (12.05~03.07)	1025.4	3	2.6	NW	14	40	8
南京	-1.8	77 (109)	-13.1	39.7	12.08~02.13 (11.24~03.12)	1025.5	3.5	2.4	C ENE	28 10	43	9
杭州	0.0	40 (90)	-8.6	39.9	01.02~02.10 (12.06~03.05)	1021.1	3.3	2.3	C N	20 15	36	—
蚌埠	-2.6	83 (111)	-13	40.3	12.07~02.27 (11.23~03.13)	1024.0	3.1	2.3	C E	18 11	44	11
南昌	0.7	26 (66)	-9.7	40.1	01.11~02.05 (12.10~02.13)	1019.5	3.6	2.6	NE	26	33	—
济南	-5.3	99 (122)	-14.9	40.5	11.22~03.03 (11.13~03.14)	1019.1	3.7	2.9	E	16	56	35
郑州	-3.8	97 (125)	-17.9	42.3	11.26~03.02 (11.12~03.16)	1013.3	4.9	2.7	C NW	22 12	47	27
武汉	-0.3	50 (98)	-18.1	39.3	12.22~02.09 (11.27~03.04)	1023.5	3.0	1.8	C NE	28 13	37	9
长沙	0.3	48 (88)	-11.3	39.7	12.26~02.11 —	1019.6	3.0	2.3	NNW	32	26	—
桂林	3	— (28)	-3.6	38.5	— (01.10~02.06)	1003.0	4.4	3.2	NE	48	24	—
拉萨	-5.2	132 (179)	-16.5	29.9	11.01~03.12 (10.19~04.15)	650.6	2.3	2.0	C ESE	27 15	77	19
兰州	-9	130 (160)	-19.7	39.8	11.05~03.14 (10.20~03.28)	851.5	1.7	0.5	C N	74 5	53	98
西宁	-11.4	165 (190)	-24.9	36.5	10.20~04.02 (10.10~04.17)	774.4	3.2	1.3	C SSE	49 18	68	123
乌鲁木齐	-19.7	158 (180)	-32.8	42.1	10.24~03.30 (10.14~04.11)	924.6	2.0	1.6	C SSW	29 10	39	139
哈密	-15.6	141 (162)	-28.6	43.2	10.31~03.20 (10.18~03.28)	939.6	2.1	1.5	C ENE	37 16	72	127
银川	-13.1	145 (169)	-27.7	38.7	11.03~03.27 (10.19~04.05)	896.1	2.2	1.8	C NNE	26 11	68	88

材　料　名　称	密　度 ρ (kg/m³)	导热系数 λ [W/ (m·℃)]	蓄热系数 S (24h) [W/ (m²·℃)]	比　热 c [J/ (kg·℃)]
混凝土				
钢筋混凝土	2500	1.74	17.20	920
碎石、卵石混凝土	2300	1.51	15.36	920
加气泡沫混凝土	700	0.22	3.56	1050
砂浆和砌体				
水泥砂浆	1800	0.93	11.26	1050
石灰、水泥、砂、砂浆	1700	0.87	10.79	1050
石灰、砂、砂浆	1600	0.81	10.12	1050
重砂浆黏土砖砌体	1800	0.81	10.53	1050
轻砂浆黏土砖砌体	1700	0.76	9.86	1050
热绝缘材料				
矿棉、岩棉、玻璃棉板	＜150	0.064	0.93	1218
	150～300	0.07～0.093	0.98～1.60	1218
水泥膨胀珍珠岩	800	0.26	4.16	1176
	600	0.21	3.26	1176
木材、建筑板材				
橡木、枫木（横木纹）	700	0.23	5.43	2500
橡木、枫木（顺木纹）	700	0.41	7.18	2500
松枞木、云杉（横木纹）	500	0.17	3.98	2500
松枞木、云杉（顺木纹）	500	0.35	5.63	2500
胶合板	600	0.17	4.36	2500
软木板	300	0.093	1.95	1890
纤维板	1000	0.34	7.83	2500
石棉水泥隔热板	500	0.16	2.48	1050
石棉水泥板	1800	0.52	8.52	1050
木屑板	200	0.065	1.41	2100
松散材料				
锅炉渣	1000	0.29	4.40	920
膨胀珍珠岩	120	0.07	0.84	1176
木屑	250	0.093	1.84	2000
卷材、沥青材料				
沥青油毡、油毡纸	600	0.17	3.33	1471

类　　型	K	类　　型	K
A　门		金属框　　单层	6.40
实体木制外门　单层	4.65	双层	3.26
双层	2.33	单框二层玻璃窗	3.49
带玻璃的阳台外门　单层（木框）	5.82	商店橱窗	4.65
双层（木框）	2.68		
单层（金属框）	6.40	C　外墙	
双层（金属框）	3.26	内表面抹灰砖墙　24 砖墙	2.08
单层内门	2.91	37 砖墙	1.57
B　外窗及天窗		49 砖墙	1.27
木框　　单层	5.82	D　内墙（双面抹灰）12 砖墙	2.31
双层	2.68	24 砖墙	1.72

按各主要城市区分的朝向修正率（％）

序号	地　名	朝　　　　向				计算条件
		南	西南，东南	西，东	北，西北，东北	
1	哈尔滨	−17	−9	+5	+12	供暖房间的外围护物是双层木窗、两砖墙
2	沈　阳	−19	−10	+5	+13	
3	长　春	−25	−16	−1	+8	
4	乌鲁木齐	−20	−12	+2	+8	
5	呼和浩特	−27	−18	−2	+8	
6	佳木斯	−19	−10	+3	+10	
7	银　川	−27	−16	+2	+13	单层木窗，一砖墙
8	格尔木	−26	−16	+1	+13	
9	西　宁	−28	−18	−1	+10	
10	太　原	−26	−15	+1	+11	
11	喀　什	−18	−11	+1	+6	
12	兰　州	−17	−10	0	+6	
13	和　田	−22	−11	+2	+9	
14	北　京	−30	−17	+2	+12	
15	天　津	−27	−16	+1	+11	
16	济　南	−27	−14	+5	+16	
17	西　安	−17	−10	0	+5	
18	郑　州	−23	−13	+2	+10	
19	敦　煌	−26	−14	+4	+15	
20	哈　密	−24	−13	+4	+14	

注：1. 此表用于不具有分朝向调节能力的供暖系统；

2. 若所有条件与表列计算条件不符，可用下式修正：

对序号 1～6：$\sigma' = 1.491 \dfrac{\sigma}{f'_c K'_c + f'_q K'_q}$；

对序号 7～20：$\sigma' = 2.849 \dfrac{\sigma}{f'_c K'_c + f'_q K'_q}$；

式中 f'_c、f'_q——单位围护面积下的窗、墙所占百分比；

$\quad\quad K'_c$、K'_q——所用条件下的窗、墙传热系数。

渗透空气量的朝向修正系数 n 值

地　点	北	东　北	东	东　南	南	西　南	西	西　北
哈尔滨	0.30	0.15	0.20	0.70	1.00	0.85	0.70	0.60
沈　阳	1.00	0.70	0.30	0.30	0.40	0.35	0.30	0.70
北　京	1.00	0.50	0.15	0.10	0.15	0.15	0.40	1.00
天　津	1.00	0.40	0.20	0.10	0.15	0.20	0.40	1.00
西　安	0.70	1.00	0.70	0.25	0.40	0.50	0.35	0.25
太　原	0.90	0.40	0.15	0.20	0.30	0.40	0.70	1.00
兰　州	1.00	1.00	1.00	0.70	0.50	0.20	0.15	0.50
乌鲁木齐	0.35	0.35	0.55	0.75	1.00	0.70	0.25	0.35

注：本表摘自《暖通规范》（部分城市）。

散热器组装片数修正系数 β_1 附录 3-1

每组片数	<6	6～10	11～20	>20
β_1	0.95	1.00	1.05	1.10

注：上表仅适用于各种柱型散热器。长翼型和圆翼型不修正。其他散热器需要修正时，见产品说明。

散热器连接形式修正系数 β_2 附录 3-2

连接形式	同侧 上进下出	异侧 上进下出	异侧 下进下出	异侧 下进上出	同侧 下进上出
四柱 813 型	1.0	1.004	1.239	1.422	1.426
M-132 型	1.0	1.009	1.251	1.386	1.396
长翼型（大 60）	1.0	1.009	1.225	1.331	1.369

注：1. 本表数值由原哈尔滨建筑工程学院供热研究室提供。该值是在标准状态下测定的。

2. 其他散热器可近似套用上表数据。

散热器安装形式修正系数 β_3 附录 3-3

装 置 示 意	装 置 说 明	系 数 β_3
	散热器安装在墙面上加盖板	当 $A=40mm$，$\beta_3=1.05$ $A=80mm$，$\beta_3=1.03$ $A=100mm$，$\beta_3=1.02$
	散热器装在墙龛内	当 $A=40mm$，$\beta_3=1.11$ $A=80mm$，$\beta_3=1.07$ $A=100mm$，$\beta_3=1.06$
	散热器安装在墙面，外面有罩，罩子上面及前面之下端有空气流通孔	当 $A=260mm$，$\beta_3=1.12$ $A=220mm$，$\beta_3=1.13$ $A=180mm$，$\beta_3=1.19$ $A=150mm$，$\beta_3=1.25$

装 置 示 意	装 置 说 明	系 数 β_3
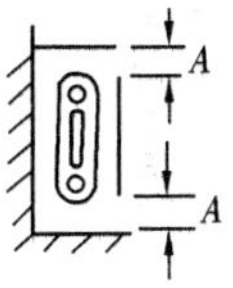	散热器安装形式同前，但空气流通孔开在罩子前面上下两端	当 $A=130mm$， 孔口敞开：$\beta_3=1.2$ 孔口有格栅式网状物盖着： $\beta_3=1.4$
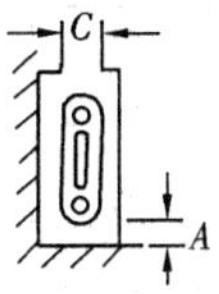	安装形式同前，但罩子上面空气流通孔宽度 C 不小于散热器的宽度，罩子前面下端的孔口高度不小于 $100mm$，其他部分为格栅	当 $A=100mm$，$\beta_3=1.15$
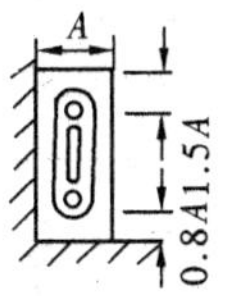	安装形式同前，空气流通口开在罩子前面上下两端，其宽度如图	$\beta_3=1.0$
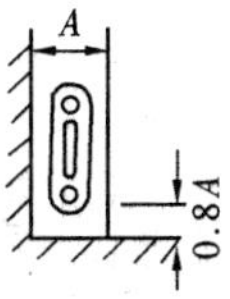	散热器用挡板挡住，挡板下端留有空气流通口，其高度为 $0.8A$	$\beta_3=0.9$

注：散热器明装，敞开布置，$\beta_3=1.0$。

附录 3-4

一些铸铁散热器规格及其传热系数 K 值

型　号	散热面积 (m²/片)	水容量 (L/片)	重量 (kg/片)	工作压力 (MPa)	传热系数计算公式 K [W/(m²·℃)]	热水热媒当 Δt=64.5℃时的 K 值 [W/(m²·℃)]	不同蒸汽表压力 (MPa) 下的 K 值 [W/(m²·℃)] 0.03	0.07	≥0.1
TG0.28/5-4, 长翼型 (大 60)	1.16	8	28	0.4	$K=1.743\Delta t^{0.23}$	5.59	6.12	6.27	6.36
TZ2-5-5, (M-132 型)	0.24	1.32	7	0.5	$K=2.426\Delta t^{0.286}$	7.99	8.75	8.97	9.10
TZ4-6-5 (四柱 760 型)	0.235	1.16	6.6	0.5	$K=2.503\Delta t^{0.293}$	8.49	9.31	9.55	9.69
TZ4-5-5 (四柱 640 型)	0.20	1.03	5.7	0.5	$K=3.663\Delta t^{0.16}$	7.13	7.51	7.61	7.67
TZ2-5-5 (二柱 700 型, 带腿)	0.24	1.35	6	0.5	$K=2.02\Delta t^{0.271}$	6.25	6.81	6.97	7.07
四柱 813 型 (带腿)	0.28	1.4	8	0.5	$K=2.237\Delta t^{0.302}$	7.87	8.66	8.89	9.03
圆翼型	1.8	4.42	38.2						
单排						5.81	6.97	6.97	7.79
双排						5.08	5.81	5.81	6.51
三排						4.65	5.23	5.23	5.81

注: 1. 本表前四项由哈尔滨建筑工程学院 ISO 散热器试验台测试, 其余柱型由清华大学 ISO 散热器试验台测试;
2. 散热器表面喷银粉漆, 明装, 同侧连接上进下出;
3. 圆翼型散热器因无实验公式, 暂按以前一些手册数据采用;
4. 此为密闭实验台测试数据, 在实际情况下, 散热器的 K 和 Q 值, 约比中数值增大 10% 左右。

附录 3-5

一些钢制散热器规格及其传热系数 K 值

型　号	散热面积 (m²/片)	水容量 (L/片)	重量 (kg/片)	工作压力 (MPa)	传热系数计算公式 K [W/(m²·℃)]	热水热媒当 Δt=64.5℃的 K 值 [W/(m²·℃)]	备注
钢制柱式散热器 600×120	0.15	1	2.2	0.8	$K=2.489\Delta t^{0.3069}$	8.94	钢板厚 1.5mm, 表面涂调合漆
钢制板式散热器 600×1000	2.75	4.6	18.4	0.8	$K=2.5\Delta t^{0.239}$	6.76	钢板厚 1.5mm, 表面涂调合漆
钢制扁管散热器 单板 520×1000	1.151	4.71	15.1	0.6	$K=3.53\Delta t^{0.235}$	9.4	钢板厚 1.5mm, 表面涂调合漆
单板带对流片 624×1000	5.55	5.49	27.4	0.6	$K=1.23\Delta t^{0.246}$	3.4	钢板厚 1.5mm, 表面涂调合漆
	m²/m	L/m	kg/m				
闭式钢串片散热器 150×80	3.15	1.05	10.5	1.0	$K=2.07\Delta t^{0.14}$	3.71	相应流量 G=50kg/h 时的工况
240×100	5.72	1.47	17.4	1.0	$K=1.30\Delta t^{0.18}$	2.75	相应流量 G=150kg/h 时的工况
500×90	7.44	2.50	30.5	1.0	$K=1.88\Delta t^{0.11}$	2.97	相应流量 G=250kg/h 时的工况

公称直径 (mm)	15		20		25		32		40		50		70	
内 径 (mm)	15.75		21.25		27.00		35.75		41.00		53.00		68.00	
G	R	v	R	v	R	v	R	v	R	v	R	v	R	v
30	2.64	0.04												
34	2.99	0.05												
40	3.52	0.06												
42	6.78	0.06												
48	8.60	0.07												
50	9.25	0.07	1.33	0.04										
52	9.92	0.08	1.38	0.04										
54	10.62	0.08	1.43	0.04										
56	11.34	0.08	1.49	0.04										
60	12.84	0.09	2.93	0.05										
70	16.99	0.10	3.85	0.06										
80	21.68	0.12	4.88	0.06										
82	22.69	0.12	5.10	0.07										
84	23.71	0.12	5.33	0.07										
90	26.93	0.13	6.03	0.07										
100	32.72	0.15	7.29	0.08	2.24	0.05								
105	35.82	0.15	7.96	0.08	2.45	0.05								
110	39.05	0.16	8.66	0.09	2.66	0.05								
120	45.93	0.17	10.15	0.10	3.10	0.06								
125	49.57	0.18	10.93	0.10	3.34	0.06								
130	53.35	0.19	11.74	0.10	3.58	0.06								
135	57.27	0.20	12.58	0.11	3.83	0.07								
140	61.32	0.20	13.45	0.11	4.09	0.07	1.04	0.04						
160	78.87	0.23	17.19	0.13	5.20	0.08	1.31	0.05						
180	98.59	0.26	21.38	0.14	6.44	0.09	1.61	0.05						
200	120.48	0.29	26.01	0.16	7.80	0.10	1.95	0.06						
220	144.52	0.32	31.08	0.18	9.29	0.11	2.31	0.06						
240	170.73	0.35	36.58	0.19	10.90	0.12	2.70	0.07						
260	199.09	0.38	42.52	0.21	12.64	0.13	3.12	0.07						
270	214.08	0.39	45.66	0.22	13.55	0.13	3.34	0.08						
280	229.61	0.41	48.91	0.22	14.50	0.14	3.57	0.08	1.82	0.06				
300	262.29	0.44	55.72	0.24	16.48	0.15	4.05	0.08	2.06	0.06				
400	458.07	0.58	96.37	0.32	28.23	0.20	6.85	0.11	3.46	0.09				
500			147.91	0.40	43.03	0.25	10.35	0.14	5.21	0.11				
520			159.53	0.41	46.36	0.26	11.13	0.15	5.60	0.11	1.57	0.07		
560			184.07	0.45	53.38	0.28	12.78	0.16	6.42	0.12	1.79	0.07		
600			210.35	0.48	60.89	0.30	14.54	0.17	7.29	0.13	2.03	0.08		
700			283.67	0.56	81.79	0.35	19.43	0.20	9.71	0.15	2.69	0.09		
760			332.89	0.61	95.79	0.38	22.69	0.21	11.33	0.16	3.13	0.10		
780			350.17	0.62	100.71	0.38	23.83	0.22	11.89	0.17	3.28	0.10		

公称直径 (mm)	15		20		25		32		40		50		70	
内径 (mm)	15.75		21.25		27.00		35.75		41.00		53.00		68.00	
G	R	v	R	v	R	v	R	v	R	v	R	v	R	v
800			367.88	0.64	105.74	0.39	25.00	0.23	12.47	0.17	3.44	0.10		
900			462.97	0.72	132.72	0.44	31.25	0.25	15.56	0.19	4.27	0.12	1.24	0.07
1000			568.94	0.80	162.75	0.49	38.20	0.28	18.98	0.21	5.19	0.13	1.50	0.08
1050			626.01	0.84	178.90	0.52	41.93	0.30	20.81	0.22	5.69	0.13	1.64	0.08
1100			685.79	0.88	195.81	0.54	45.83	0.31	22.73	0.24	6.20	0.14	1.79	0.09
1200			813.52	0.96	231.92	0.59	54.14	0.34	26.81	0.26	7.29	0.15	2.10	0.09
1250			881.47	1.00	251.11	0.62	58.55	0.35	28.98	0.27	7.87	0.16	2.26	0.10
1300					271.06	0.64	63.14	0.37	31.23	0.28	8.47	0.17	2.43	0.10
1400					313.24	0.69	72.82	0.39	35.98	0.30	9.74	0.18	2.79	0.11
1600					406.71	0.79	94.24	0.45	46.47	0.34	12.52	0.20	3.57	0.12
1800					512.34	0.89	118.39	0.51	58.28	0.39	15.65	0.23	4.44	0.14
2000					630.11	0.99	145.28	0.56	71.42	0.43	19.12	0.26	5.41	0.16
2200							174.91	0.62	85.88	0.47	22.92	0.28	6.47	0.17
2400							207.26	0.68	101.66	0.51	27.07	0.31	7.62	0.19
2500							224.47	0.70	110.04	0.53	29.28	0.32	8.23	0.19
2600							242.35	0.73	118.76	0.56	31.56	0.33	8.86	0.20
2800							280.18	0.79	137.19	0.60	36.39	0.36	10.20	0.22

注：1. 本表按供暖季平均水温 $t \approx 60℃$，相应的密度 $\rho = 983.248 kg/m^3$ 条件编制；

2. 摩擦阻力系数 λ 值按下述原则确定：层流区中，按式 $\lambda = \dfrac{64}{Re}$ 计算；紊流区中，按式 $\dfrac{1}{\sqrt{\lambda}} = -2lg\left(\dfrac{2.51}{Re\sqrt{\lambda}} + \dfrac{K/d}{3.72}\right)$ 计算；

3. 表中符号：G—管段热水流量，kg/h；R—比摩阻，Pa/m；v—水流速，m/s。

热水及蒸汽供暖系统局部阻力系数 ξ 值 附录 4-2

局部阻力名称	ξ	说　明	局部阻力系数	在下列管径(DN)(mm)时的 ξ 值					
				15	20	25	32	40	≥50
双柱散热器	2.0	以热媒在导管中的流速计算局部阻力	截止阀	16.0	10.0	9.0	9.0	8.0	7.0
铸铁锅炉	2.5		旋　塞	4.0	2.0	2.0	2.0		
钢制锅炉	2.0		斜杆截止阀	3.0	3.0	3.0	2.5	2.5	2.0
突然扩大	1.0	以其中较大的流速计算局部阻力	闸　阀	1.5	0.5	0.5	0.5	0.5	0.5
突然缩小	0.5		弯　头	2.0	2.0	1.5	1.5	1.0	1.0
直流三通(图①)	1.0		90°煨弯及乙字管	1.5	1.5	1.0	1.0	0.5	0.5
旁流三通(图②)	1.5		括弯(图⑥)	3.0	2.0	2.0	2.0	2.0	2.0
合流三通 分流三通(图③)	3.0		急弯双弯头	2.0	2.0	2.0	2.0	2.0	2.0
直流四通(图④)	2.0		缓弯双弯头	1.0	1.0	1.0	1.0	1.0	1.0
分流四通(图⑤)	3.0								
方形补偿器	2.0								
套管补偿器	0.5								

热水供暖系统局部阻力系数 ＝1 的局部损失（动压头）值　　$\Delta p_{\mathrm{d}}=\rho v^2/2$ （Pa）　　附录 4-3

v	$\Delta p_{\mathrm d}$	v	$\Delta p_{\mathrm d}$	v	$\Delta p_{\mathrm d}$	v	$\Delta p_{\mathrm d}$	v	$\Delta p_{\mathrm d}$	v	$\Delta p_{\mathrm d}$
0.01	0.05	0.13	8.31	0.25	30.73	0.37	67.30	0.49	118.04	0.61	182.93
0.02	0.2	0.14	9.64	0.26	33.23	0.38	70.99	0.50	122.91	0.62	188.98
0.03	0.44	0.15	11.06	0.27	35.84	0.39	74.78	0.51	127.87	0.65	207.71
0.04	0.79	0.16	12.59	0.28	38.54	0.4	78.66	0.52	132.94	0.68	227.33
0.05	1.23	0.17	14.21	0.29	41.35	0.41	82.64	0.53	138.10	0.71	247.83
0.06	1.77	0.18	15.93	0.3	44.26	0.42	86.72	0.54	143.36	0.74	269.21
0.07	2.41	0.19	17.75	0.31	47.25	0.43	90.90	0.55	148.72	0.77	291.48
0.08	3.15	0.20	19.66	0.32	50.34	0.44	95.18	0.56	154.17	0.8	314.64
0.09	3.98	0.21	21.68	0.33	53.54	0.45	99.55	0.57	159.73	0.85	355.20
0.10	4.92	0.22	23.79	0.34	56.83	0.46	104.03	0.58	165.38	0.9	398.22
0.11	5.95	0.23	26.01	0.35	60.22	0.47	108.6	0.59	171.13	0.95	443.70
0.12	7.08	0.24	28.32	0.36	63.71	0.48	113.27	0.60	176.98	1.0	491.62

注：本表按 $t_{\mathrm g}=95℃$、$t_{\mathrm h}=70℃$，整个供暖季的平均水温 $t\approx60℃$，相应水的密度 $\rho=983.284\mathrm{kg/m^3}$ 编制的。

一些管径的 λ/d 值和 A 值　　　　　　　　　　　　　附录 4-4

公称直径 （mm）	15	20	25	32	40	50	70	89×3.5	108×4
外径（mm）	21.25	26.75	33.5	42.25	48	60	75.5	89	108
内径（mm）	15.75	21.25	27	35.75	41	53	68	82	100
$\dfrac{\lambda}{d}$ 值(1/m)	2.6	1.8	1.3	0.9	0.76	0.54	0.4	0.31	0.24
A 值$\dfrac{\mathrm{Pa}}{(\mathrm{kg/h})^2}$	1.03×10^{-3}	3.12×10^{-4}	1.2×10^{-4}	3.89×10^{-5}	2.25×10^{-5}	8.06×10^{-6}	2.97×10^{-7}	1.41×10^{-7}	6.36×10^{-7}

注：本表按 $t_{\mathrm g}=95℃$、$t_{\mathrm h}=70℃$，整个供暖季的平均水温 $t\approx60℃$，相应水的密度 $\rho=983.284\mathrm{kg/m^3}$ 编制的。

按 $\Sigma_{zh}=1$ 确定热水供暖系统管段压力损失的管径计算表　　　附录 4-5

项目	公称直径 DN（mm）									流速 v （m/s）	压力损失 Δp （Pa）
	15	20	25	32	40	50	70	80	100		
水流量 G （kg/h）	76	138	223	391	514	859	1415	2054	3059	0.11	5.95
	83	151	243	427	561	937	1544	2241	3336	0.12	7.08
	90	163	263	462	608	1015	1628	2428	3615	0.13	8.31
	97	176	283	498	655	1094	1802	2615	3893	0.14	9.64
	104	188	304	533	701	1171	1930	2801	4170	0.15	11.06
	111	201	324	569	748	1250	2059	2988	4449	0.16	12.59
	117	213	344	604	795	1328	2187	3175	4727	0.17	14.21
	124	226	364	640	841	1406	2316	3361	5005	0.18	15.93
	131	239	385	675	888	1484	2445	3548	5283	0.19	17.75
	138	251	405	711	935	1562	2573	3734	5560	0.20	19.66
	145	264	425	747	982	1640	2702	3921	5838	0.21	21.68
	152	276	445	782	1028	1718	2830	4108	6116	0.22	23.79
	159	289	466	818	1075	1796	2959	4295	6395	0.23	26.01
	166	301	486	853	1122	1874	3088	4482	6673	0.24	28.32
	173	314	506	889	1169	1953	3217	4668	6951	0.25	30.73
	180	326	526	924	1215	2030	3345	4855	7228	0.26	33.23

项目	公 称 直 径 DN（mm）									流速 v（m/s）	压力损失 Δp（Pa）
	15	20	25	32	40	50	70	80	100		
水流量 G（kg/h）	187	339	547	960	1262	2109	3474	5042	7507	0.27	35.84
	193	351	567	995	1309	2187	3602	5228	7784	0.28	38.54
	200	364	587	1031	1356	2265	3731	5415	8063	0.29	41.35
	207	377	607	1067	1402	2343	3860	5602	8341	0.30	44.25
	214	389	627	1102	1449	2421	3989	5789	8619	0.31	47.25
	221	402	648	1138	1496	2499	4117	5975	8897	0.32	50.34
	228	414	668	1173	1543	2577	4246	6162	9175	0.33	53.54
	235	427	688	1209	1589	2655	4374	6349	9453	0.34	56.83
	242	439	708	1244	1636	2733	4503	6535	9731	0.35	60.22
	249	452	729	1280	1683	2811	4632	6722	10009	0.36	63.71
	256	464	749	1315	1729	2890	4760	6909	10287	0.37	67.30
	263	477	769	1351	1766	2968	4889	7096	10565	0.38	70.99
	276	502	810	1422	1870	3124	5146	7469	11121	0.40	78.66
	290	527	850	1493	1963	3280	5404	7842	11677	0.42	86.72
	304	552	891	1564	2057	3436	5661	8216	12233	0.44	95.18
	318	577	931	1635	2150	3593	5918	8590	12789	0.46	104.03
	332	603	972	1706	2244	3749	6176	8963	13345	0.48	113.27
	345	628	1012	1778	2337	3905	6433	9336	13902	0.50	122.91
	380	690	1113	1955	2571	4296	7076	10270	15292	0.55	148.72
	415	753	1214	2133	2805	4686	7719	11203	16681	0.60	176.98
	449	816	1316	2311	3038	5076	8363	12137	18072	0.65	207.71
	484	879	1417	2489	3272	5467	9006	13071	19462	0.70	240.90
		1004	1619	2844	3740	6248	10293	14938	22242	0.80	314.64
				3200	4207	7029	11579	16806	25023	0.90	398.22
						7810	12866	18673	27803	1.00	491.62
								22407	33363	1.20	707.94

注：按 $G=(\Delta p/A)^{0.5}$ 公式计算，其中 Δp 按附录 5-3，A 值按附录 5-4 计算。

单管顺流式热水供暖系统立管组合部件的 ξ_{zh} 值　　附录 4-6

组合部件名称		图　式	ξ_{zh}	管　径（mm）			
				15	20	25	32
立管	回水干管在地沟内		$\xi_{zh·z}$	15.6	12.9	10.5	10.2
			$\xi_{zh·j}$	44.6	31.9	27.5	27.2
	无地沟，散热器单侧连接		$\xi_{zh·z}$	7.5	5.5	5.0	5.0
			$\xi_{zh·j}$	36.5	24.5	22.0	22.0
	无地沟，散热器双侧连接		$\xi_{zh·z}$	12.4	10.1	8.5	8.3
			$\xi_{zh·j}$	41.4	29.1	25.5	25.3
散热器单侧连接			ξ_{zh}	14.2	12.6	9.6	8.8

组合部件名称	图　式	ξ_{zh}	管　径（mm）			
			15	20	25	32

散热器 双侧连接	d_1 d_2	ξ_{zh}	管　径 $d_1 \times d_2$							
			15×15	20×15	20×20	25×15	25×20	25×25	32×20	32×25
			4.7	15.7	4.1	40.6	10.7	3.5	32.8	10.7

注：1. $\xi_{zh \cdot z}$——代表立管两端安装闸阀；

$\xi_{zh \cdot j}$——代表立管两端安装截止阀。

2. 编制本表的条件为：

(1) 散热器及其支管连接：散热器支管长度，单侧连接，$l_z = 1.0$m；双侧连接，$l_z = 1.5$m。每组散热器支管均装有乙字弯。

(2) 立管与水平干管的几种连接方式见图式所示。立管上装设两个闸阀或截止阀。

3. 计算举例：以散热器双侧连接 $d_1 \times d_2 = 20 \times 15$ 为例。

首先计算通过散热器及其支管这一组合部件的折算阻力系数 ξ_{zh}

$$\xi_{zh} = \frac{\lambda}{d} l_z + \Sigma \xi = 2.6 \times 1.5 \times 2 + 11.0 = 18.8$$

其中，$\frac{\lambda}{d}$ 值查附录 5-4；支管上局部阻力有：分流三通 1 个，合流三通 1 个，乙字管 2 个及散热器，查附录 5-2，可得 $\Sigma \xi = 3.0 + 3.0 + 2 \times 1.5 + 2.0 = 11.0$；

设进入散热器的进流系数 $a = G_z/G_1 = 0.5$，则按下式可求出该组合部件的当量阻力系数 ξ_0 值（以立管流速的动压头为基准的 ξ 值）。

$$\xi_0 = \frac{d_1^4}{d_2^4} a^2 \xi_z = \left(\frac{21.25}{15.72}\right)^4 \times 0.5^2 \times 18.8 = 15.7$$

单管顺流式热水供暖系统立管的 ξ_{zh} 值　　　　　　附录 4-7

层数	单向连接立管管径（mm）				双向连接立管管径（mm）							
					15	20		25			32	
					散热器支管直径（mm）							
	15	20	25	32	15	15	20	15	20	25	20	32
（一）整根立管的折算阻力系数 ξ_{zh} 值 （立管两端安装闸阀）												
3	77	63.7	48.7	43.1	48.4	72.9	38.2	141.7	52.0	30.4	115.1	48.8
4	97.4	80.6	61.4	54.1	59.3	92.6	46.6	185.4	65.8	37.0	150.1	61.7
5	117.9	97.5	74.1	65.0	70.3	112.5	55.0	229.1	79.6	43.6	185.0	74.5
6	138.3	114.5	86.9	76.0	81.2	132.5	63.5	272.9	93.5	50.3	220.0	87.4
7	158.8	131.4	99.6	86.9	92.2	152.4	71.9	316.6	107.3	56.9	254.9	100.2
8	179.2	148.3	112.3	97.9	103.1	172.3	80.3	360.3	121.1	63.5	290.0	113.1
（二）整根立管的折算阻力系数 ξ_{zh} 值 （立管两端安装截止阀）												
3	106	82.7	65.7	60.1	77.4	91.7	57.2	158.7	69.0	47.4	132.1	65.8
4	126.4	99.6	78.4	71.1	88.3	111.6	65.6	202.4	82.8	54	167.1	78.7
5	146.9	116.5	91.1	82.0	99.3	131.5	74.0	246.1	96.6	60.6	202	91.5
6	167.3	133.5	103.9	93.0	110.2	151.5	82.5	289.9	110.5	67.3	237	104.4
7	187.8	150.4	116.6	103.9	121.2	171.4	90.9	333.6	124.3	73.9	271.9	117.2
8	208.2	167.3	129.3	114.9	132.1	191.3	99.3	377.3	138.1	80.5	307	130.1

注：1. 编制本表条件：建筑物层高为 3.0m，回水干管敷设在地沟内（见附录 5-6 图式）；

2. 计算举例：如以三层楼 $d_1 \times d_2 = 20 \times 15$ 为例。

层立管之间长度为 $3.0 - 0.6 = 2.4$m，则层立管的当量阻力系数 $\xi_{0.1} = \frac{\lambda_1}{d_1} \cdot l_1 + \Sigma \xi_1 = 1.8 \times 2.4 + 0 = 4.32$。

设 n 为建筑物层数，ξ_0 代表散热器及其支管的当量阻力系数，ξ_0' 代表立管与供、回水干管连接部分的当量阻力系数，则整根立管的折算阻力系数 ξ_{zh} 为：

$$\xi_{zh} = n\xi_0 + n\xi_{0.1} + \xi_0' = 3 \times 15.6 + 3 \times 4.32 + 12.9 = 72.7$$

供暖系统形式	摩擦损失	局部损失	供暖系统形式	摩擦损失	局部损失
重力循环热水供暖系统	50	50	高压蒸汽供暖系统	80	20
机械循环热水供暖系统	50	50	室内高压凝水管路系统	80	20
低压蒸汽供暖系统	60	40			

低压蒸汽供暖系统管路水力计算表（表压力 $p_b=5\sim20\mathrm{kPa}$，$K=0.2\mathrm{mm}$）　附录 6-1

比摩阻 R (Pa/m)	上行：通过热量 Q（W）；下行：蒸汽流速 v（m/s）；水煤气管（公称直径）						
	15	20	25	32	40	50	70
5	790	1510	2380	5260	8010	15760	30050
	2.92	2.92	2.92	3.67	4.23	5.1	5.75
10	918	2066	3541	7727	11457	23015	43200
	3.43	3.89	4.34	5.4	6.05	7.43	8.35
15	1090	2490	4395	10000	14260	28500	53400
	4.07	4.88	5.45	6.65	7.64	9.31	10.35
20	1239	2920	5240	11120	16720	33050	61900
	4.55	5.65	6.41	7.8	8.83	10.85	12.1
30	1500	3615	6350	13700	20750	40800	76600
	5.55	7.01	7.77	9.6	10.95	13.2	14.95
40	1759	4220	7330	16180	24190	47800	89400
	6.51	8.2	8.98	11.30	12.7	15.3	17.35
60	2219	5130	9310	20500	29550	58900	110700
	8.17	9.94	11.4	14	15.6	19.03	21.4
80	2570	5970	10630	23100	34400	67900	127600
	9.55	11.6	13.15	16.3	18.4	22.1	24.8
100	2900	6820	11900	25655	38400	76000	142900
	10.7	13.2	14.6	17.9	20.35	24.6	27.6
150	3520	8323	14678	31707	47358	93495	168200
	13	16.1	18	22.15	25	30.2	33.4
200	4052	9703	16975	36545	55568	108210	202800
	15	18.8	20.9	25.5	29.4	35	38.9
300	5049	11939	20778	45140	68360	132870	250000
	18.7	23.2	25.6	31.6	35.6	42.8	48.2

低压蒸汽供暖系统管路水力计算用动压头（Pa）　　附录 6-2

v (m/s)	$\frac{v^2}{2}\rho$ (Pa)	v (m/s)	$\frac{v^2}{2}\rho$ (Pa)	v (m/s)	$\frac{v^2}{2}\rho$ (Pa)	v (m/s)	$\frac{v^2}{2}\rho$ (Pa)
5.5	9.58	10.5	34.93	15.5	76.12	20.5	133.16
6.0	11.4	11.0	38.34	16.0	81.11	21.0	139.73
6.5	13.39	11.5	41.9	16.5	86.26	21.5	146.46
7.0	15.53	12.0	45.63	17.0	91.57	22.0	153.36
7.5	17.82	12.5	49.5	17.5	97.04	22.5	160.41
8.0	20.28	13.0	53.5	18.0	102.66	23.0	167.61
8.5	22.89	13.5	57.75	18.5	108.44	23.5	174.89
9.0	25.66	14.0	62.1	19.0	114.38	24.0	182.51
9.5	28.6	14.5	66.6	19.5	120.48	24.5	190.19
10.0	31.69	15.0	71.29	20.0	126.74	25.0	198.03

蒸汽供暖系统干式和湿式自流凝结水管管径选择表

凝水管径 （mm）	形成凝水时，由蒸汽放出的热（kW）					
	干式凝水管			湿式凝水管（垂直或水平的）		
	低压蒸汽		高压蒸汽	计算管段的长度（m）		
	水平管段	垂直管段		50 以下	50～100	100 以上
1	2	3	4	5	6	7
15	4.7	7	8	33	21	9.3
20	17.5	26	29	82	53	29
25	33	49	45	145	93	47
32	79	116	93	310	200	100
40	120	180	128	440	290	135
50	250	370	230	760	550	250
76×3	580	875	550	1750	1220	580
89×3.5	870	1300	815	2620	1750	875
102×4	1280	2000	1220	3605	2320	1280
114×4	1630	2420	1570	4540	3000	1600

注：1. 第 5、6、7 栏计算管段的长度系指由最远散热器到锅炉的长度；
    2. 干式水平凝水管坡度 0.005。

室内高压蒸汽供暖系统管径计算表（蒸汽表压力 $p_b=200\text{kPa}$，$K=0.2\text{mm}$） 附录 6-4

公称直径		15		20		25		32		40	
内径（mm）		15.75		21.25		27		35.75		41	
外径（mm）		21.25		26.75		32.50		42.25		48	
Q	G	R	v	R	v	R	v	R	v	R	v
4000	7	71	5.7								
6000	10	154	8.6	34	4.7	10	2.9				
8000	13	270	11.5	58	6.3	17	3.9				
10000	17	418	14.4	89	7.9	26	4.9				
12000	20	597	17.2	127	9.5	37	5.9	9	3.3		
14000	23	809	20.1	172	11.1	50	6.8	12	3.9		
16000	27	1052	23.0	223	12.6	65	7.8	16	4.5	8	3.4
18000	30			281	14.2	82	8.8	20	5.0	10	3.8
20000	33			345	15.8	100	9.8	24	5.6	12	4.2
24000	40			494	18.9	143	11.7	34	6.7	17	5.1
28000	47			670	22.1	194	13.7	46	7.8	23	5.9
32000	53			871	25.3	252	15.6	59	8.9	29	6.8
36000	60			1100	28.4	317	17.6	74	10.0	37	7.6
40000	67			1355	31.6	390	19.6	91	11.2	45	8.5
44000	73			1636	34.7	471	21.5	110	12.3	54	9.3
50000	83			2108	39.5	606	24.4	141	13.9	70	10.6
60000	100					868	29.3	202	16.7	100	12.7
70000	116					1178	34.2	274	19.5	135	14.8
80000	133					1535	39.1	356	22.3	175	17.0
90000	150							449	25.1	220	19.1
100000	166							553	27.9	271	21.2
140000	233							1077	39.0	527	29.7
180000	299							1774	50.2	868	38.2
220000	366									1292	46.6

公称直径	50		70		公称直径	50			70	
内径（mm）	53		68		内径（mm）	53			68	
外径（mm）	60		75.5		外径（mm）	60			75.5	
Q	G	R	v	R	v	Q	G	R	v	R	v
28000	47	6	3.6			100000	166	72	12.7	20	7.7
32000	53	8	4.1			140000	233	139	17.8	38	10.8
36000	60	10	4.6			180000	299	228	22.8	63	13.9
40000	67	12	5.1	3	3.1	220000	366	339	27.9	93	17.0
44000	73	15	5.6	4	3.4	260000	433	472	33.0	129	20.0
48000	80	17	6.1	5	3.7	300000	499	626	38.1	171	23.1
50000	83	19	6.3	5	3.9	340000	566	803	43.1	219	26.2
60000	100	27	7.6	7	4.6	380000	632	1001	48.2	273	29.3
70000	116	36	8.9	10	5.4	420000	699			333	32.4
80000	133	46	10.1	13	6.2	460000	765			398	35.5
90000	150	58	11.4	16	6.9	500000	832			470	38.5

注：1. 制表时假定蒸汽运动黏度为 $8.21 \times 10^{-3} \text{m}^2/\text{s}$，汽化潜热 $r = 2164 \text{kJ/kg}$，密度 $\rho = 1.651 \text{kg/m}^3$；

2. 按公式 $\lambda = 0.11 \left(\dfrac{K}{d} + \dfrac{68}{Re} \right)^{0.25}$ 确定摩擦系数；

3. 表中符号：Q—管段热负荷，W；G—管段蒸汽流量，kg/h；R—比摩阻，Pa/m；v—流速，m/s。

室内高压蒸汽供暖管路局部阻力当量长度（$K=0.2 \text{mm}$） 附录 6-5

局部阻力名称	公 称 直 径 （mm）												
	15	20	25	32	40	50	70	80	100	125	150	175	200
	½″	¾″	1″	1¼″	1½″	2″	2½″	3″	4″	5″	6″		
双柱散热器	0.7	1.1	1.5	2.2	—	—	—	—	—	—	—	—	—
钢制锅炉	—	—	—	—	2.6	3.8	5.2	7.4	10.0	13.0	14.7	17.6	20.0
突然扩大	0.4	0.6	0.8	1.1	1.3	1.9	2.6						
突然缩小	0.2	0.3	0.4	0.6	0.7	1.0	1.3						
截止阀	6.0	6.4	6.8	9.9	10.4	13.3	18.2	25.9	35.0	45.5	51.3	61.6	70.7
斜杆截止阀	1.1	1.7	2.3	2.8	3.3	3.8	5.2	7.4	10.0	13.0	14.7	17.6	20.2
闸阀	—	0.3	0.4	0.6	0.7	1.0	1.3	1.9	2.5	3.3	3.7	4.4	5.1
旋塞阀	1.5	1.5	1.5	2.2	—	—	—	—	—	—	—	—	—
方形补偿器	—	—	1.7	2.2	2.6	3.8	5.2	7.4	10.0	13.0	14.7	17.6	20.2
套管补偿器	0.2	0.3	0.4	0.6	0.7	1.0	1.3	1.9	2.5	3.3	3.7	4.4	5.1
直流三通 ⊥→	0.4	0.6	0.8	1.1	1.3	1.9	2.6	3.7	5.0	6.5	7.3	8.8	10.0
旁流三通 ⊥↑	0.6	0.8	1.1	1.7	2.0	2.8	3.9	5.6	7.5	9.8	11.0	13.2	15.1

局部阻力名称	公 称 直 径 (mm)												
	15	20	25	32	40	50	70	80	100	125	150	175	200
	½″	¾″	1″	1¼″	1½″	2″	2½″	3″	4″	5″	6″		
分流合流三通 ↑↓	1.1	1.7	2.2	3.3	3.9	5.7	7.8	11.1	15.0	19.5	22.0	26.4	30.3
直流四通 ╫	0.7	1.1	1.5	2.2	2.6	3.8	5.2	7.4	10.0	13.0	14.7	17.6	20.2
分流四通 ╫→	1.1	1.7	2.2	3.3	3.9	5.7	7.8	11.1	15.0	19.5	22.0	26.4	30.3
弯头	0.7	1.1	1.1	1.7	1.3	1.9	2.6	—	—	—	—	—	—
90°煨弯及乙字弯	0.6	0.7	0.8	0.9	1.0	1.1	1.3	1.9	2.5	3.3	3.7	4.4	5.1
括弯	1.1	1.1	1.5	2.2	2.6	3.8	5.2	7.4	10.0	13.0	14.7	17.6	20.2
急弯双弯	0.7	1.1	1.5	2.2	2.6	3.8	5.2	7.4	10.0	13.0	14.7	17.6	20.2
缓弯双弯	0.4	0.6	0.8	1.1	1.3	1.9	2.6	3.7	5.0	6.5	7.3	8.8	10.1

热水管网水力计算表

附录 8-1

($K=0.5$mm，$t=100$℃，$\rho=958.38$kg/m³，$v=0.295\times10^{-6}$m²/s)

表中采用单位：水流量 G (t/h)；流速 v (m/s)；比摩阻 R (Pa/m)

公称直径 (mm)	25		32		40		50		70		80		100		125		150	
外径×壁厚 (mm)	32×2.5		38×2.5		45×2.5		57×3.5		76×3.5		89×3.5		108×4		133×4		159×4.5	
G	v	R	v	R	v	R	v	R	v	R	v	R	v	R	v	R	v	R
0.6	0.3	77	0.2	27.5	0.14	9												
0.8	0.41	137.3	0.27	47.7	0.18	15.8	0.12	5.6										
1.0	0.51	214.8	0.34	73.1	0.23	24.4	0.15	8.6										
1.4	0.71	420.7	0.47	143.2	0.32	47.4	0.21	19.8	0.11	3.0								
1.8	0.91	695.3	0.61	236.3	0.42	84.2	0.27	26.1	0.14	5								
2.0	1.01	858.1	0.68	292.2	0.46	104	0.3	31.9	0.16	6.1								
2.2	1.11	1038.5	0.75	353	0.51	125.5	0.33	36.2	0.17	7.4								
2.6			0.88	493.3	0.6	175.5	0.38	53.4	0.2	10.1								
3.0			1.02	657	0.69	234.4	0.44	71.2	0.23	13.2								
3.4			1.15	844.4	0.78	301.1	0.5	91.4	0.26	17								
4.0					0.92	415.8	0.59	126.5	0.31	22.8	0.22	9						
4.8					1.11	599.2	0.71	182.4	0.37	32.8	0.26	12.9						

公称直径 (mm)	25		32		40		50		70		80		100		125		150	
外径×壁厚 (mm)	32×2.5		38×2.5		45×2.5		57×3.5		76×3.5		89×3.5		108×4		133×4		159×4.5	
G	v	R	v	R	v	R	v	R	v	R	v	R	v	R	v	R	v	R
5.6							0.83	252	0.43	44.5	0.31	17.5	0.21	6.4				
6.2							0.92	304	0.48	54.6	0.34	21.8	0.23	7.8	0.15	2.5		
7.0							1.03	387.4	0.54	69.6	0.38	27.9	0.26	9.9	0.17	3.1		
8.0							1.18	506	0.62	90.9	0.44	36.3	0.3	12.7	0.19	4.1		
9.0							1.33	640.4	0.7	114.7	0.49	46	0.33	16.1	0.21	5.1		
10.0							1.48	790.4	0.78	142.2	0.55	56.8	0.37	19.8	0.24	6.3		
11.0							1.63	957.1	0.85	171.6	0.6	68.6	0.41	23.9	0.26	7.6		
12.0									0.93	205	0.66	81.7	0.44	28.5	0.28	8.8	0.2	3.5
14.0									1.09	278.5	0.77	110.8	0.52	38.8	0.33	11.9	0.23	4.7
15.0									1.16	319.7	0.82	127.5	0.55	44.5	0.35	13.6	0.25	5.4
16.0									1.24	363.8	0.88	145.1	0.59	50.7	0.38	15.5	0.26	6.1
18.0									1.4	459.9	0.99	184.4	0.66	64.1	0.43	19.7	0.3	7.6
20.0									1.55	568.8	1.1	227.5	0.74	79.2	0.47	24.3	0.33	9.3
22.0									1.71	687.4	1.21	274.6	0.81	95.8	0.52	29.4	0.36	11.2
24.0									1.86	818.9	1.32	326.6	0.89	113.8	0.57	35	0.39	13.3
26.0									2.02	961.1	1.43	383.4	0.96	133.4	0.62	41.1	0.43	16.7
28.0											1.54	445.2	1.03	154.9	0.66	47.6	0.46	18.1
30.0											1.65	510.9	1.11	178.5	0.71	54.6	0.49	20.8
32.0											1.76	581.5	1.18	203	0.76	62.2	0.53	23.7
34.0											1.87	656.1	1.26	228.5	0.8	70.2	0.56	26.8
36.0											1.98	735.5	1.33	256.9	0.85	78.6	0.59	30
38.0											2.09	819.8	1.4	286.4	0.9	87.7	0.62	33.4

公称直径 (mm)	100		125		150		200		250		300	
外径×壁厚 (mm)	108×4		133×4		159×4.5		219×6		273×8		325×8	
G	v	R	v	R	v	R	v	R	v	R	v	R
40	1.48	316.8	0.95	97.2	0.66	37.1	0.35	6.8	0.22	2.3		
42	1.55	349.1	0.99	106.9	0.69	40.8	0.36	7.5	0.23	2.5		
44	1.63	383.4	1.04	117.7	0.72	44.8	0.38	8.1	0.25	2.7		

公称直径 (mm)	100		125		150		200		250		300	
外径×壁厚 (mm)	108×4		133×4		159×4.5		219×6		273×8		325×8	
G	v	R	v	R	v	R	v	R	v	R	v	R
45	1.66	401.1	1.06	122.6	0.74	46.9	0.39	8.5	0.25	2.8		
48	1.77	456	1.13	140.2	0.79	53.3	0.41	9.7	0.27	3.2		
50	1.85	495.2	1.18	152.0	0.82	57.8	0.43	10.6	0.28	3.5		
54	1.99	577.6	1.28	177.5	0.89	67.5	0.47	12.4	0.3	4.0		
58	2.14	665.9	1.37	204	0.95	77.9	0.5	14.2	0.32	4.5		
62	2.29	761	1.47	233.4	1.02	88.9	0.53	16.3	0.35	5.0		
66	2.44	862	1.56	264.8	1.08	101	0.57	18.4	0.37	5.7		
70	2.59	969.9	1.65	297.1	1.15	113.8	0.6	20.7	0.39	6.4		
74			1.75	332.4	1.21	126.5	0.64	23.1	0.41	7.1		
78			1.84	369.7	1.28	141.2	0.67	25.7	0.44	8.2		
80			1.89	388.3	1.31	148.1	0.69	27.1	0.45	8.6		
90			2.13	491.3	1.48	187.3	0.78	34.2	0.5	11		
100			2.36	607	1.64	231.4	0.86	42.3	0.56	13.5	0.39	5.1
120			2.84	873.8	1.97	333.4	1.03	60.9	0.67	19.5	0.46	7.4
140					2.3	454	1.21	82.9	0.78	26.5	0.54	10.1
160					2.63	592.3	1.38	107.9	0.89	34.6	0.62	13.1
180							1.55	137.3	1.01	43.8	0.7	16.6
200							1.72	168.7	1.12	54.1	0.77	20.5
220							1.9	205	1.23	65.4	0.85	24.8
240							2.07	243.2	1.34	77.9	0.93	29.5
260							2.24	285.4	1.45	91.4	1.01	34.7
280							2.41	331.5	1.57	105.9	1.08	40.2
300							2.59	380.5	1.68	121.6	1.16	46.2
340							2.93	488.4	1.9	155.9	1.32	55.9
380							3.28	611	2.13	195.2	1.47	74
420							3.62	745.3	2.35	238.3	1.62	90.5
460									2.57	286.4	1.78	108.9
500									2.8	348.1	1.93	128.5

热水管网局部阻力当量长度表 (K=0.5mm)（用于蒸汽管网 K=0.2mm，乘修正系数 β=1.26)

名称	局部阻力系数 ξ	32	40	50	70	80	100	125	150	175	200	250	300	350	400	450	500	600	700	800
截止阀	4~9	6	7.8	8.4	9.6	10.2	13.5	18.5	24.6	39.5	—	—	—	—	—	—	—	—	—	—
闸阀	0.5~1	—	—	0.65	1	1.28	1.65	2.2	2.24	2.9	3.36	3.73	4.17	4.3	4.5	4.7	5.3	5.7	6	6.4
旋启式止回阀	1.5~3	0.98	1.26	1.7	2.8	3.6	4.95	7	9.52	13	16	22.2	29.2	33.9	46	56	66	89.5	112	133
升降式止回阀	7	5.25	6.8	9.16	14	17.9	23	30.8	39.2	50.6	58.8	—	—	—	—	—	—	—	—	—
套筒补偿器（单向）	0.2~0.5	—	—	—	—	—	0.66	0.88	1.68	2.17	2.52	3.33	4.17	5	10	11.7	13.1	16.5	19.4	22.8
套筒补偿器（双向）	0.6	—	—	—	—	—	1.98	2.64	3.36	4.34	5.04	6.66	8.34	10.1	12	14	15.8	19.9	23.3	27.4
波纹管补偿器（无内套）	1.7~1	—	—	—	—	—	5.57	7.5	8.4	10.1	10.9	13.3	13.9	15.1	16					
波纹管补偿器（有内套）	0.1	—	—	—	—	—	0.38	0.44	0.56	0.72	0.84	1.1	1.4	1.68	2					
方形补偿器																				
三缝焊弯 R=1.5d	2.7	—	—	—	—	—	—	—	17.6	22.1	24.8	33	40	47	55	67	76	94	110	128
锻压弯头 R=(1.5~2)d	2.3~3	3.5	4	5.2	6.8	7.9	9.8	12.5	15.4	19	23.4	28	34	40	47	60	68	83	95	110
焊弯 R≥4d	1.16	1.8	2	2.4	3.2	3.5	3.8	5.6	6.5	8.4	9.3	11.2	11.5	16	20					
弯头																				
45°单缝焊接弯头	0.3	—	—	—	—	—	—	—	1.68	2.17	2.52	3.33	4.17	5	6	7	7.9	9.9	11.7	13.7
60°单缝焊接弯头	0.7	—	—	—	—	—	—	—	3.92	5.06	5.9	7.8	9.7	11.8	14	16.3	18.4	23.2	27.2	32
锻压焊接弯头 R=(1.5~2)d	0.5	0.38	0.48	0.65	1	1.28	1.65	2.2	2.8	3.62	4.2	5.55	6.95	8.4	10	11.7	13.1	16.5	19.4	22.8
煨弯 R=4d	0.3	0.22	0.29	0.4	0.6	0.76	0.98	1.32	1.68	2.17	2.52	3.3	4.17	5	6	—	—	—	—	—
除污器	10	—	—	—	—	—	—	—	56	72.4	84	111	139	168	200	233	262	331	388	456

名称	局部阻力系数 ξ	32	40	50	70	80	100	125	150	175	200	250	300	350	400	450	500	600	700	800
																				当量长度(m)
分流三通:																				
直通管	1.0	0.75	0.97	1.3	2	2.55	3.3	4.4	5.6	7.24	8.4	11.1	13.9	16.8	20	23.3	26.3	33.1	38.8	45.7
分支管	1.5	1.13	1.45	1.96	3	3.82	4.95	6.6	8.4	10.9	12.6	16.7	20.8	25.2	30	35	39.4	49.6	58.2	68.6
合流三通:																				
直通管	1.5	1.13	1.45	1.96	3	3.82	4.95	6.6	8.4	10.9	12.6	16.7	20.8	25.2	30	35	39.4	49.6	58.2	68.6
分支管	2.0	1.5	1.94	2.62	4	5.1	6.6	8.8	11.2	14.5	16.8	22.2	27.8	33.6	40	46.6	52.5	66.2	77.6	91.5
三通汇流管	3.0	2.25	2.91	3.93	6	7.65	9.8	13.2	16.8	21.7	25.2	33.3	41.7	50.4	60	69.9	78.7	99.3	116	137
三通分流管	2.0	1.5	1.94	2.62	4	5.1	6.6	8.8	11.2	14.5	16.8	22.2	27.8	33.6	40	46.6	52.5	66.2	77.6	91.5
焊接异径接头（按小管径计算）																				
$F_1/F_0=2$	0.1	—	0.1	0.13	0.2	0.26	0.33	0.44	0.56	0.72	0.84	1.1	1.4	1.68	2	2.4	2.6	3.3	3.9	4.6
$F_1/F_0=3$	0.2~0.3	—	0.14	0.2	0.3	0.38	0.98	1.32	1.68	2.17	2.52	3.3	4.17	5	5.7	5.9	6.0	5.5	7.8	9.2
$F_1/F_0=4$	0.3~0.49	—	0.19	0.26	0.4	0.51	1.6	2.2	2.8	3.62	4.2	5.55	6.35	7.4	7.8	8	8.9	9.9	11.6	13.7

公称直径（mm）

235

室外高压蒸汽管径计算表 （$K=0.2$mm，$\rho=1$kg/m³）

公称直径	65		80		100		125		150		175		200		250	
外径×壁厚	73×3.5		89×3.5		108×4		133×4		159×4.5		194×6		219×6		273×7	
G (t/h)	v (m/s)	R (Pa/m)	v (m/s)	R (Pa/m)	v (m/s)	R (Pa/m)	v (m/s)	R (Pa/m)	v (m/s)	R (Pa/m)	v (m/s)	R (Pa/m)	v (m/s)	R (Pa/m)	v (m/s)	R (Pa/m)
2.0	164	5213.6	105	1666	70.8	585.1	45.3	184.2	31.5	71.4	21.4	26.5				
2.1	171.6	5754.6	111	1832.6	74.3	644.8	47.6	201.9	33.0	78.8	22.4	28.9				
2.2	180.4	6310.2	116	2018.8	77.9	707.6	49.8	220.5	34.6	86.7	23.5	31.6				
2.3	188.1	6902.1	121	2205	81.4	774.2	52.1	240.1	36.2	94.6	24.6	34.4				
2.4	195.8	7507.8	126	2401	85	842.8	54.4	260.7	37.8	102.9	25.6	37.2				
2.5	204.6	8149.7	132	2597	88.5	914.3	56.6	282.2	39.3	110.7	26.7	41.1	20.7	21.8		
2.6	212.3	8816.1	137	2812.6	92	989.8	59.9	311.6	40.9	119.6	27.8	43.5	21.5	23.5		
2.7	221.1	9508	142	3038	95.6	1068.2	62.2	329.3	42.5	129.4	28.9	47	22.3	25.5		
2.8	228.8	10224.3	147	3263.4	99.1	1146.6	63.4	354.7	44.1	138.2	29.9	51	23.1	27.2		
2.9	237.6	10965.2	153	3498.6	103	1234.8	67.7	380.2	45.6	145.0	31	53.9	24	28.4		
3.0	245.3	11730.6	158	3743.6	106	1313.2	68	406.7	47.2	156.8	32.1	57.8	24.8	30.4		
3.1	253	12533	163	3998.4	110	1401.4	70.2	434.1	48.8	167.6	33.1	61.7	25.6	32.1		
3.2	261.8	13349	168	4263	113	1499.8	72.5	462.6	50.3	179.2	34.2	65.7	26.4	34.8		
3.3	269.5	14200	174	4527.6	117	1597.4	74.8	492	51.9	190.1	35.3	69.6	27.3	37.0		
3.4	278.3	15072	179	4811.8	120	1695.4	77	522.3	53.5	200.9	36.3	73.7	28.1	39.2		
3.5	286	15966	184	5096	124	1793.4	79.3	494.9	55.1	212.7	37.4	78.4	29	41.9		
3.6			190	5390	127	1891.4	81.6	588	56.6	224.4	38.5	83.3	30	44.1		
3.7			195	5693.8	131	1999.2	83.8	619.4	58.2	237.4	39.5	87.2	30.6	46.1		
3.8			200	6007.4	135	2116.8	86.1	652.7	59.8	250.9	40.6	92.6	31.4	49		
3.9			205	6330.8	138	2224.6	88.4	688	61.4	263.6	41.7	97.5	32.2	51.7		
4.0			211	6664	142	2342.2	90.6	723.2	62.9	277.3	42.7	99.6	33	54.4		
4.2			221	7340.2	149	2577.4	97.4	835.9	66.1	305.8	44.9	112.7	34.7	58.8		
4.4			232	8055.6	156	2832.8	99.7	875.1	69.2	336.1	47.0	122.5	36.4	64.7		
4.6			242	8810.2	163	3096.8	104	956.5	72.4	366.5	49.1	133.3	38	70.1		
4.8			253	9584.4	170	3371.2	109	1038.8	75.5	399.8	51.3	145.0	39.7	76.4		
5.0			263	10407.6	177	3655.4	113	1127	78.7	433.2	53.4	157.8	41.3	84.3		
6.0					210	5262.6	136	1626.8	94.4	624.3	64.1	226.4	49.6	117.1	31.7	37
7.0					248	8232	170	2538.2	118	975.1	80.2	253.8	62	180.3	39.6	57
8.0					283	9359	181	2891	126	1107.4	85.5	401.8	66.1	204.8	42.2	64.4
9.0					319	11848	204	3665.2	142	1401.4	96.2	508.6	74.4	259.7	47.5	81.1
10.0							227	4517.8	157	1734.6	107	628.6	82.6	320.5	52.8	99
11.0							249	5468.4	173	2097.2	118	760.5	90.9	387.1	58	119.6
12.0							272	6507.2	189	2499	128	905.5	99.1	460.6	63.3	142.1

注：编制本表时，假定蒸汽动力黏滞性系数为 2.05×10^{-6}kg·s/m，进行验算蒸汽流态，对阻力平方区，摩擦系数用式 $\lambda=\dfrac{1}{\left(1.14+2\lg\dfrac{d}{K}\right)^2}$ 计算；对紊流过渡区，查得数值有误差，但不大于 5% 。

压 力 (10⁵Pa)	饱和温度 (℃)	比体积（m³/kg）		比焓（kJ/kg）		
p	t	饱和水 v_i	饱和蒸汽 v_q	饱和水 i_i	汽化潜热 Δi	饱和蒸汽 i_q
1.0	99.63	0.0010434	1.6946	417.51	2258.2	2675.7
1.2	104.81	0.0010476	1.4289	439.36	2244.4	2683.8
1.4	109.32	0.0010513	1.2370	458.42	2232.4	2690.8
1.6	113.32	0.0010547	1.0917	475.38	2221.4	2696.8
1.8	116.93	0.0010579	0.9778	490.70	2211.4	2702.1
2.0	120.23	0.0010608	0.8859	504.7	2202.2	2706.9
2.5	127.43	0.0010675	0.7188	535.4	2181.8	2717.2
3.0	133.54	0.0010735	0.6059	561.4	2164.1	2725.2
3.5	138.88	0.0010789	0.5243	584.3	2148.2	2732.5
4.0	143.62	0.0010839	0.4624	604.7	2133.8	2738.5
4.5	147.92	0.0010885	0.4139	623.2	2120.6	2743.8
5.0	151.85	0.0010928	0.3748	640.1	2108.4	2748.5
6.0	158.84	0.0011009	0.3156	670.4	2086.0	2756.4
7.0	164.96	0.0011082	0.2727	697.1	2065.8	2762.9
8.0	170.42	0.0011150	0.2403	720.9	2047.5	2768.4
9.0	175.36	0.0011213	0.2148	742.6	2030.4	2773.0
10.0	179.88	0.0011274	0.1943	762.6	2014.4	2777.0
11.0	184.06	0.0011331	0.1774	781.1	1999.3	2780.4
12.0	137.96	0.0011386	0.1632	798.4	1985.0	2783.4
13.0	191.60	0.0011438	0.1511	814.7	1971.3	2786.0

始端压力 p_1 (10⁵Pa) (abs)	末端压力 p_3（10⁵Pa）（abs）										
	1	1.2	1.4	1.6	1.8	2.0	3.0	4.0	5.0	6.0	7.0
1.2	0.01										
1.5	0.022	0.012	0.004								
2	0.039	0.029	0.021	0.013	0.006						
2.5	0.052	0.043	0.034	0.027	0.02	0.014					
3	0.064	0.054	0.046	0.039	0.032	0.026					
3.5	0.074	0.064	0.056	0.049	0.042	0.036	0.01				
4	0.083	0.073	0.065	0.058	0.051	0.045	0.02				
5	0.098	0.089	0.081	0.074	0.067	0.061	0.036	0.017			
8	0.134	0.125	0.117	0.11	0.104	0.098	0.073	0.054	0.038	0.024	0.012
10	0.152	0.143	0.136	0.129	0.122	0.117	0.093	0.074	0.058	0.044	0.032
15	0.188	0.18	0.172	0.165	0.161	0.154	0.13	0.112	0.096	0.083	0.071

闭式余压回水凝结水管径计算表

（$p=30\text{kPa}$）漏汽加二次蒸发汽量按 15% 计算，$K=0.5\text{mm}$，$p=30\text{kPa}$，$\rho=5.26\text{kg/m}^3$

R (Pa/m)	在下列管径时通过的热量（kW）											
	15	20	25	32	40	50	70	80	100	125	150	219×6
20	3.64	7.99	15.0	30.5	43.6	95	168	275	521	691	1510	2490
40	5.05	11.3	23.3	43.5	60.7	135	238	390	738	974	2140	4130
60	6.22	13.9	26.1	53.3	74.6	164	291	477	904	1160	2810	5070
80	7.16	15.0	30.1	61.0	86.9	189	336	552	1040	1370	3030	6070
100	7.99	17.9	33.7	68.4	97.2	213	376	613	1160	1540	3380	6550
120	8.81	19.5	36.4	75.2	106	233	409	669	1270	1680	3700	7140
150	9.87	21.8	39.9	83.4	119	260	458	752	1410	1880	4130	7970
200	11.4	25.2	47.2	96.5	137	301	528	866	1640	2170	4770	9210
250	12.8	28.4	53.0	108	153	337	595	975	1800	2430	5270	10300
300	14.0	30.8	57.8	117	169	366	646	1060	2020	2650	5840	11300
350	15.0	33.5	62.5	128	182	397	701	1140	2180	2870	6350	12200
400	16.1	35.6	66.9	136	195	426	752	1230	2330	3080	6790	13500
450	17.0	38.1	71.2	146	207	451	792	1310	2470	3250	7180	13800
500	19.3	40.0	74.9	152	218	474	834	1370	2610	3430	7530	14600

主 要 参 考 文 献

1. 陆亚俊主编. 暖通空调. 北京：中国建筑工业出版社，2002.
2. 贺平，孙刚主编. 供热工程. 北京：中国建筑工业出版社，2001.
3. 王宇清主编. 供热工程：哈尔滨：哈尔滨工业大学出版社，2001.
4. 涂光备主编. 供热计量技术. 北京：中国建筑工业出版社，2003.
5. 李向东，于晓明主编. 分户热计量供暖系统设计与安装. 北京：中国建筑工业出版社，2004.
6. 徐伟，邹瑜主编. 供暖系统温控与热计量技术. 北京：中国计划出版社，2001.
7. 陆耀庆主编. 实用供热通风设计手册（第二版）. 北京：中国建筑工业出版社，2008.
8. 朱林主编. 暖通空调常用数据手册. 北京：中国建筑工业出版社，2002.
9. 通风与空调工程施工规范. 北京：中国建筑工业出版社，2011.
10. 李岱森主编. 简明供热设计手册. 北京：中国建筑工业出版社，1999.
11. 民用建筑供暖通风与空气调节设计规范 GB 50736—2012. 北京：中国计划出版社，2012.
12. 城镇供热管网设计规范 GJJ 34—2010. 北京：中国建筑工业出版社，2010.
13. 工业设备及管道绝热工程设计规范 GB 50264—97. 北京：中国计划出版社，1997.
14. 民用建筑热工设计规范 GB 50176—93. 北京：中国计划出版社，1993.
15. 城镇供热系统节能技术规范 CJJT 185—2012. 北京：中国建筑工业出版社，2012.
16. 全国民用建筑工程设计技术措施（暖通空调动力）2009—JSCS—4.
17. 暖通空调制图标准 GB/T 50114—2010. 北京：中国建筑工业出版社，2010.
18. 供热工程制图标准 CJJ/T 78—2010. 北京：中国计划出版社，2010.